Joachim Wloka

Korrosionsuntersuchungen an scandiumhaltigen AlZnMgCu-Legierungen

Joachim Wloka

Korrosionsuntersuchungen an scandiumhaltigen AlZnMgCu-Legierungen

unter besonderer Berücksichtigung des Einflusses intermetallischer Phasen

Südwestdeutscher Verlag für Hochschulschriften

Impressum / Imprint
Bibliografische Information der Deutschen Nationalbibliothek: Die Deutsche Nationalbibliothek verzeichnet diese Publikation in der Deutschen Nationalbibliografie; detaillierte bibliografische Daten sind im Internet über http://dnb.d-nb.de abrufbar.

Bibliographic information published by the Deutsche Nationalbibliothek: The Deutsche Nationalbibliothek lists this publication in the Deutsche Nationalbibliografie; detailed bibliographic data are available in the Internet at http://dnb.d-nb.de.

Verlag / Publisher:
Südwestdeutscher Verlag für Hochschulschriften
ist ein Imprint der / is a trademark of
OmniScriptum GmbH & Co. KG
Heinrich-Böcking-Str. 6-8, 66121 Saarbrücken, Deutschland / Germany
Email: info@svh-verlag.de

Herstellung: siehe letzte Seite /
Printed at: see last page
ISBN: 978-3-8381-1150-6

Zugl. / Approved by: Erlangen, Friedrich-Alexander-Universität, Dissertation, 2006

Korrosionsuntersuchungen an scandiumhaltigen AlZnMgCu-Legierungen unter besonderer Berücksichtigung des Einflusses intermetallischer Phasen

Der Technischen Fakultät der
Universität Erlangen-Nürnberg
zur Erlangung des Grades

DOKTOR – INGENIEUR

vorgelegt von

Joachim Peter Wloka

Erlangen – 2007

Als Dissertation genehmigt von
der Technischen Fakultät der
Universität Erlangen-Nürnberg

Tag der Einreichung: 02. April 2007
Tag der Promotion: 06. Juni 2007
Dekan: Prof. Dr.-Ing. A. Leipertz
1. Berichterstatter: Prof. Dr. sc. techn. S. Virtanen
2. Berichterstatter: Prof. Dr.-Ing. R. F. Singer

Inhaltsverzeichnis

Zusammenfassung

Ziel der vorliegenden Arbeit ist es, den Einfluss von Scandium auf die Korrosionseigenschaften von schweißbaren AlZnMgCu(Sc)-Legierungen zu untersuchen. Dazu wurden zunächst standardisierte Untersuchungen nach ASTM[1] durchgeführt. Trotz sehr aggressiver Bedingungen zeigten sich in Abhängigkeit des Scandiumgehaltes Unterschiede im Korrosionsverhalten. Diese sind allerdings nicht eindeutig, da sich scandiuminduzierte Mikrostrukturänderungen teilweise konträr auf die Korrosionseigenschaften auswirken.

Eingehend wurde das Korrosionsverhalten von AlZnMgCu mit und ohne Scandiumzugabe unter Ruhepotentialbedingungen untersucht. Mit Hilfe mikroelektrochemischer Methoden ließ sich der makroskopische Ruhepotentialverlauf und die dadurch auftretenden Materialschädigungen auf einzelne intermetallische Phasen zurückführen. Erstmals wurde die Auflösung kleinster $MgZn_2$-Ausscheidungen messtechnisch erfasst. Die Rolle dieser Phase im Korrosionsmechanismus der AlZnMgCu-Legierungen wird genauer dargelegt. Für die anodische Mg_2Si-Phase wurde eine selektive Magnesiumkorrosion nachgewiesen. Dabei bildet sich ein potenziell korrosionsauslösender Mikrospalt.

Mit makroskopischen Polarisationsuntersuchungen wurde die Anfälligkeit der Legierungen auf Lochkorrosion untersucht. Ein wesentlicher Bestandteil sind hier die Eigenschaften einzelner intermetallischer Phasen, die mit der Mikrokapillartechnik quantifiziert wurden. Es konnte ein Einfluss von Scandium auf das elektrochemische Verhalten der ausscheidungsfreien Matrix nachgewiesen werden. Die scandiumhaltige $Al_3Sc_xZr_{1-x}$ ist zwar bezüglich AA7010 als schwach reaktive kathodische Phase einzustufen, bewirkt aber aufgrund neuer Grenzflächen eine Verschlechterung der Korrosionseigenschaften. Zudem wird eine Wechselwirkung von Scandium mit Chrom und Mangan vermutet.

Zusammenfassend lässt sich feststellen, dass zwar ein Scandiumeinfluss auf die Korrosionseigenschaften feststellbar ist, dieser aber je nach Größenordnung des Betrachtungsobjektes (Mikrostruktur, Legierung oder Bauteil) variiert. Da das Bauteil die technisch relevante Größenordnung darstellt, lässt sich folgern, dass Scandium eher einen negativen Einfluss auf die Korrosionseigenschaften hat.

Der große Vorteil der Scandiumzugabe zu AlZnMgCu-Legierungen besteht darin, dass diese durch Scandium schweißbar werden. Aus diesem Grund wurden auch zwei Laserschweißnähte auf ihre Korrosionsanfälligkeit untersucht. Die durch den Schweißprozess initiierten Gefügeveränderungen wirken sich sehr stark auf die Korrosionsbeständigkeit der Schweißverbindung aus. Die negativen Auswirkungen von Scandium auf die Korrosionseigenschaften des Grundmaterials treten dabei in den Hintergrund.

[1] ASTM = American Society for Testing and Materials

Abstract

This work aims to investigate the influence of scandium on the corrosion properties of weldable AlZnMgCu(Sc) alloys. The investigation starts with performing standardised corrosion tests according to ASTM. Despite the very aggressive environment in these test solutions, differences in corrosion behaviour depending on the scandium content could be elaborated. These differences, however, are not unambiguous because the scandium-induced modifications of the microstructure have contrariwise influences on the corrosion properties.

The corrosion behaviour of AlZnMgCu with and without small additions of scandium under open circuit conditions was investigated in detail. By means of microelectrochemical methods the macroscopic open circuit potential behaviour and the concomitant corrosion attack could be unambiguously interpreted. For the first time it was possible to measure potential and current transients as a result of $MgZn_2$-phase dissolution. The role of this phase in the corresponding corrosion mechanism of AlZnMgCu is discussed in more detail. The anodic Mg_2Si-Phase was observed to suffer selective magnesium depletion during immersion, while a potentially corrosion initiating micro-crevice is formed.

The susceptibility of the two alloy systems for pitting corrosion was investigated by means of potentiodynamic polarisations. The main focus of this work was the investigation of single intermetallic phases while they are embedded into the alloy matrix. An influence of scandium on the electrochemical behaviour of the precipitate free alloy matrix could be demonstrated. The ternary $Al_3Sc_xZr_{1-x}$ phase was found to be slightly cathodic with respect to the surrounding matrix of AA7010. Deleterious for the corrosion properties, however, is the new interface which is generated by forming this phase. Moreover, an interaction of scandium and chromium or manganese is to be expected.

In summary, an influence of scandium on the corrosion properties was observed. This effect, however, is not unambiguous. It depends on the magnitude of the object of interest (microstructural feature, alloy or structural part). As the structural part is the most relevant technical magnitude, it can be concluded that the influence of scandium on the corrosion properties is slightly negative.

The big advantage of scandium additions to AlZnMgCu alloys is that it renders these alloys weldable. Therefore two laser beam weldments were investigated concerning their corrosion susceptibility. Although scandium worsens slightly the corrosion properties of AlZnMgCu alloys, the weld-induced microstructural changes, such as the weld bead and the heat affected zone, have a more pronounced effect on the corrosion susceptibility of the whole assembly.

1 Motivation der Arbeit

Moderne Flugzeugstrukturen, wie in Abb. 1.1 schematisch dargestellt, enthalten zwar zunehmend mehr glas- und kohlefaserverstärkte Kunststoffe [1, 2]; dennoch wird der Einsatz hoch- und höchstfester Aluminiumlegierungen für lasttragende Bauteile weiterhin dominieren [3]. Die bislang verwendeten Aluminiumlegierungen vom Typ AlCuMg oder AlZnMgCu werden genietet, da sie aus verschiedenen Gründen, vor allem aber wegen des mit 1-2 % verhältnismäßig hohen Kupferanteils – der zu einer hohen Rissanfälligkeit führt – als nicht schweißgeeignet eingestuft werden.

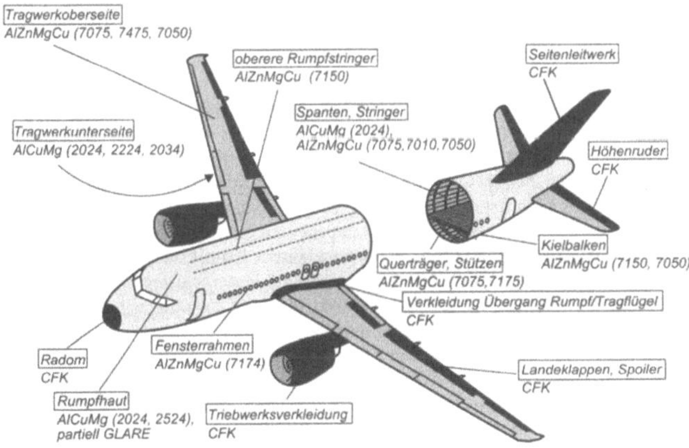

Abb. 1.1: Aluminiumlegierungen im Flugzeugbau (aus [1]).

Könnten die heute bestehenden Niet- durch Schweißverbindungen ersetzt werden, ließe sich das Flugzeuggewicht senken, was teueren Treibstoff einsparen oder die mögliche Nutzlast erhöhen würde. In der Luftfahrtindustrie gilt als Richtwert, dass sich pro eingespartem Kilogramm Flugzeuggewicht über die Gesamtlebensdauer eines Flugzeugs etwa 3'000 Liter Kraftstoff einsparen lassen [4]. Dies ist neben dem wirtschaftlichen Aspekt der ständig steigenden Kraftstoffpreise besonders vor dem Hintergrund der aktuell geführten Debatte über den Klimawandel von großem gesellschaftlichen und politischen Interesse.

Russischen Untersuchungen aus den 1980er Jahren zufolge, lässt sich durch Zugabe kleiner Mengen Scandium (bis ca. 0.25 Gew.%) das Gussgefüge von Aluminiumlegierungen derart modifizieren, dass kleinere Korngrößen resultieren [5]. Diese kornfeinende Eigenschaft des Scandiums wird in Verbindung mit der Laserschweißtechnik ausgenutzt, um die sonst nicht schweißgeeigneten AlZnMgCu-Legierungen zu verbinden. Die mechanischen Eigenschaften dieser Verbindungen sind sehr gut.

Von Chrom, Mangan, Eisen und Silizium ist bekannt, dass kleinste Beigaben von unter 0.1 Gew.% durchaus die Korrosionseigenschaften beeinflussen können. Über den Einfluss von Scandium auf die Korrosionseigenschaften von Aluminiumlegierungen ist bislang allerdings nur wenig bekannt. Abhängig vom jeweiligen Legierungssystem widersprechen sich außerdem die Quellen teilweise.

Da aufgrund dieser Literaturangaben davon auszugehen ist, dass der Einfluss von Scandium auf das Korrosionsverhalten vielschichtig ist und durchaus von weiteren Legierungselementen beeinflusst werden könnte, soll die vorliegende Arbeit den Einfluss von Scandium auf das Legierungssystem AlZnMgCu genauer untersuchen. Um eine mögliche Wechselwirkung mit anderen Legierungselementen feststellen zu können, wurden die beiden technisch relevanten Legierungen AA7010 (ohne Chrom und Mangan) und AA7349 (mit Chrom und Mangan) gewählt. Außerdem unterscheiden sich diese auch leicht in der Zinkkonzentration.

Die vorliegende Arbeit geht einleitend auf die metallurgischen Eigenschaften der AlZnMgCu Legierungen und deren Korrosionseigenschaften ein. Ein wichtiger Punkt hierbei ist die Rolle der intermetallischen Phasen in den verschiedenen Korrosionsmechanismen. Da die Zulegierung von Scandium ein verhältnismäßig neues Feld ist, werden die auf Scandium beruhenden metallurgischen Modifikationen ausführlich vorgestellt, sowie die zugänglichen Quellen über die Korrosion von scandiumhaltigen Aluminiumlegierungen zusammengefasst. Abschließend wird ein kurzer Einblick in die Wirkung von Chrom und Mangan gegeben und das Schweißverhalten von Aluminiumlegierungen umrissen.

Im experimentellen Teil werden die Materialsysteme bezüglich ihrer Zusammensetzung und Mikrostruktur vorgestellt. Die experimentellen Vorgehensweisen und das notwendige Instrumentarium sind ebenfalls Bestandteil dieses Kapitels.

Im praktischen Teil werden zunächst Ergebnisse aus standardisierten Prüfvorschriften nach ASTM vorgestellt und unter Einbezug der Mikrostruktur und Werkstoffzusammensetzung diskutiert. Daraus wird die Notwendigkeit genauerer Untersuchungen abgeleitet. Diese bestehen zunächst aus Messungen des Ruhepotentialverhaltens der Legierungen. Besondere Details konnten durch mikroelektrochemische Verfahrensweisen gewonnen werden. Potentiodynamische Messungen zielen darauf ab, das Durchbruchverhalten der verschiedenen Legierungen zu vergleichen und Aussagen über den Korrosionsmechanismus zu erhalten. Dies wird ergänzt durch eingehende mikroelektrochemische Untersuchungen der intermetallischen Phasen, wobei besonders die Rolle dieser Phasen im zeitlichen Ablauf des Korrosionsangriffs im Vordergrund steht.

Abschließend werden exemplarisch zwei Laserschweißverbindungen untersucht; die Ergebnisse aus diesen Untersuchungen werden als Exkurs erörtert. Hier steht neben den Werkstoffeinflüssen auch ein Vergleich geeigneter Messgeräte im Fokus.

Die Arbeit wird durch eine umfassende Diskussion, in der sämtliche Ergebnisse in Relation gesetzt werden, abgeschlossen. Weiterhin wird eine Modellvorstellung zur Korrosionsschadensentwicklung aus den Befunden abgeleitet. Es schließen sich Schlussfolgerungen und ein kurzer Ausblick auf weitere Entwicklungsmöglichkeiten an.

2 Entwicklung der hochfesten Aluminiumlegierungen

Metallisches Aluminium wurde erstmals in unreiner Form im Jahre 1825 von H.C. Oersted in Dänemark und 1827 von F. Wöhler in Deutschland dargestellt. Die erste kommerzielle Gewinnung fand 30 Jahre später in Frankreich durch H. Sainte-Claire Deville statt, der Aluminiumchlorid mit Natrium reduzierte. Napoleon III. wollte daraus leichte Brustpanzer für seine Soldaten fertigen lassen. Da aber Aluminium damals trotzdem teurer als Gold blieb, kam es nicht zu einer Massenfabrikation [6, 7].

Erst nach 1886, als Hall in den Vereinigten Staaten und Héroult in Frankreich ein Verfahren entwickelt hatten, das es erlaubte, kostengünstig verhältnismäßig reines Aluminium herzustellen, stand der großtechnischen Verwendung von Aluminium nichts mehr im Wege [6].

Weitere 20 Jahre später, 1906, entdeckte A. Wilm den Legierungstyp AlCuMg, der es ermöglichte durch Ausscheidungshärtung (Θ-Phase: Al_2Cu) hohe Festigkeitswerte zu erreichen. Weiterentwicklungen in Deutschland haben die Aluminiumlegierung „Duralumin“[2] hervorgebracht, die ab 1914 zum Bau der Zeppelinluftschiffe eingesetzt wurde [8].

Zu Beginn der 1930er Jahre kamen die ersten warmaushärtenden AlZnMgCu-Legierungen auf, die aber wegen der schlechten Verformbarkeit und der hohen Spannungsrisskorrosionsanfälligkeit praktisch bedeutungslos blieben. Erst durch Zugabe von Chrom wurde das Spannungsrisskorrosionsverhalten verbessert. Bereits während des Zweiten Weltkrieges wurde in den USA die Standardlegierung AA7075 in großem Umfang für hoch beanspruchte Teile im Flugzeugbau verwendet [8]. Bis heute wird diese Legierung noch eingesetzt und erforscht (siehe z.B. [9-11] und darin enthaltene Literaturangaben).

Gemäß der Klassifizierung der Aluminum Association gehören die AlZnMg(Cu)-Legierungen der AA7xxx Klasse an [12]. Im Folgenden werden diese Bezeichnungen synonym verwendet, obwohl die AA7xxx Klasse nur durch das Hauptlegierungselement Zink definiert ist.

Die in dieser Arbeit untersuchten Legierungssysteme AA7010 und AA7349 wurden bereits 1975 bzw. 1994 im Aluminiumindex [12] registriert.

[2] Duralumin ist ein geschütztes Markenwort der Dürener Metallwerke.
Zusammensetzung von Duralumin: Al-3.5Cu-0.5Mg-0.5Mn

3 Theoretische Grundlagen

3.1 Metallurgische Eigenschaften höchstfester 7xxx Legierungen

Höchstfeste 7xxx Legierungen sind aufgrund des großen Erstarrungsintervalls, was zu Heißsprödigkeit (engl. *hot shortness*) führt, schlecht gieß- und schweißbar [13]. Daher zählen sie zu den Knetlegierungen.

Die Herstellung eines einsetzbaren 7xxx-Platten- oder Blechmaterials umfasst zahlreiche Produktionsschritte, angefangen vom Gießen über Diffusionsglühen, Vorheizen, Warmwalzen, Lösungsglühen, Abschrecken bis zum (Warm-)Auslagern. All diese thermomechanischen Schritte wirken sich auf die Mikrostruktur und die damit verbundenen Eigenschaften aus [14]. Entsprechend dieser Verfahrensschritte wird nachfolgend die Mikrostruktur und deren Änderung beschrieben. Der Einfluss bestimmter Legierungselemente spielt dabei eine wichtige Rolle.

Die Gießtemperatur von Aluminiumlegierungen liegt üblicherweise bei über 700 °C (710 °C [15]). Bei diesen Temperaturen sind alle Legierungselemente in der Aluminiumschmelze gelöst.

Beim Gießen kommt es i.d.R. zur heterogenen Keimbildung der Körner an beispielsweise chrom-, zirkon- oder scandiumhaltigen Dispersoiden. Während der Erstarrung der Schmelze treten Segregationseffekte auf; Legierungselemente und Verunreinigungen werden von der Erstarrungsfront vor sich hergeschoben. Aufgrund des großen Erstarrungsintervalls sind die Primärkristalle von einem dünnen Film eutektischer Zusammensetzung umgeben, woraus intermetallische Verbindungen entstehen. Die beim Abkühlen auftretenden Schrumpfkräfte trennen an den (noch nicht) erstarrten eutektischen Phasen verformungslos die Körner, was als Heißsprödigkeit bezeichnet wird [16].

Die intermetallischen Phasen, die sich am wahrscheinlichsten während des Abkühlens bilden, sind die hexagonale η-Gleichgewichtsphase, deren Zusammensetzung von $MgZn_2$ bis MgAlCu reicht und am passendsten durch $Mg(Zn,Al,Cu)_2$ [17] beschrieben werden kann, die orthorhombische S-Phase (Al_2CuMg) und die kubische T-Phase ($Al_{32}(Mg,Zn)_{49}$ bzw. $Al_2Mg_3Zn_3$) [18, 19]. Bei der η-Phase handelt es sich um eine Lavesphase: Wegen des großen Atomradienunterschieds ist keine Mischkristallbildung möglich und das Auftreten wird durch geometrische Faktoren bestimmt, wodurch sich die große Bandbreite der Zusammensetzung erklären lässt [20, 21]. Da die T-Phase ebenfalls eine beträchtliche Menge Kupfer lösen kann (bis zu ca. 30 Gew.% in AA7055, [15]), ist auch die Schreibweise $Al_2Mg_3Zn_3Cu_{3-x}$ gebräuchlich [15]. Thermodynamisch betrachtet, wären auch noch die binären Phasen Θ-(Al_2Cu) und Z-(Mg_2Zn_{11}) möglich [22]. Sie kommen aber in kommerziellen Legierungen praktisch nicht vor. Dagegen enthalten industrielle Legierungen häufig noch kohärente oder semikohärente Vorstufen (η', S') dieser Phasen. Bis zu einem Kupfergehalt von etwa 2.5 Gew.% ist dieses Legierungselement vorwiegend in η- und T-Phase gelöst und bildet daher keine eigenen Ausscheidungen, wie S- oder Θ-Phase [13, 15]. Über einem Kupfergehalt von 2.5 Gew.% bildet dieses vornehmlich die S-Phase [15]. Verunreinigungselemente, allen voran Eisen, führen zur Bildung unerwünschter Primärphasen, die sich beispielsweise durch Al(Fe,Me)Si (mit Me = V, Cr, Mn, Mo, W, Cu), Al_3Fe, $Al_6(Fe,Mn)$ oder Al_7Cu_2Fe beschreiben lassen [13, 23, 24]. Durch eine Absenkung des kombinierten Fe + Si-Gehaltes kann die Primärphasenbildung eingeschränkt werden, was aber andererseits die Hochtemperaturduktilität erniedrigt und zu einer höheren Anfälligkeit auf Abschreckrissbildung führt [25].

Die entstehenden Phasen können bezüglich ihres Bildungszeitpunktes und ihrer Größe in verschiedene Gruppen eingeteilt werden, wie sie in Tab. 3.1 zusammengefasst sind.

Tab. 3.1: Einteilung auftretender Phasen bezüglich ihres Bildungszeitpunktes und ihrer Größe (nach u.a. [23, 24, 26]).

Ausscheidung	übliche Größe in µm
Primärausscheidungen (engl. *constituent particles*) entstehen beim Abkühlen aus der Schmelze (L → Phase + α) (Al(Fe,Me)Si, Al_7Cu_2Fe, Al_3Fe, Al_3Zr, Al_3Sc, ...)	1 - 30
Sekundärausscheidungen (engl. *dispersoids*) entstehen durch (unkontrollierte) Entmischung des übersättigten Mischkristalls (α_{ss} → Phase + α) Dispersoidbildner (Cr, Ti, Zr, Mn) sind schlecht in Aluminium löslich (Al_3Zr, Al_3Ti, Al_6Mn, $Al_{20}Cu_2Mn_3$, ...)	0.05 – 0.5
Härtungsphasen (engl. *precipitates*) entstehen durch (kontrollierte) Entmischung des übersättigten Mischkristalls beim Auslagern (α_{ss} → Phase + α) (GP-Zonen, η'-$MgZn_2$, Θ'-Al_2Cu, ...)	0.005 - 0.05

Nach dem Gießen erfolgt i.d.R. eine Diffusionsglühung, um Segregationseffekte auszugleichen und unerwünschte intermetallische Phasen aufzulösen. Durch eine gute Prozessführung lässt sich die η- und die T-Phase bei Magnesiumanteilen von weniger als 2.6 Gew.% (7010, 7050, 7349) vollständig auflösen [22]. Dies wird durch die hohen Diffusionsgeschwindigkeiten von Zink, Magnesium und Kupfer erleichtert [26]. Probleme treten lediglich bei weniger gut löslichen Elementen mit niedrigerer Diffusionsgeschwindigkeit [26, 27], wie Eisen, Silizium, Mangan, Chrom und Zirkon auf, die in groben Partikeln gelöst die mechanischen Eigenschaften massiv verschlechtern. Darüber hinaus kann es beim Glühen zu einer weiteren Ausscheidung von Sekundärphasen (vgl. Tab. 3.1) kommen [26].

Durch Umformprozesse, wie Walzen oder Strangpressen, die in der Regel bei Temperaturen unterhalb der eutektischen Temperatur durchgeführt werden, bleiben die groben intermetallischen Primärphasen (wie Al_7Cu_2Fe), weitgehend erhalten. Sie werden durch die beim Umformen wirksamen hohen mechanischen Kräfte geschert und formen partikelreiche Bänder entlang der Walz- oder Pressrichtung [6, 13, 23, 27]. Dort stellen sie Risskeime dar. Der Anteil der groben Ausscheidungen nimmt mit steigendem Kupfergehalt der Legierung zu, während die Magnesiumkonzentration keinen Einfluss auf den Anteil dieser Ausscheidungen hat [22]. Dies impliziert, dass Kupfer eine wichtige Rolle bei der Bildung grober Partikel spielt.

Nach dem Umformen schließt sich üblicherweise eine kontrollierte Wärmebehandlung an, um ein definiertes Gefüge einzustellen. Die Lösungsglühung, die bei Temperaturen von 450 bis 480 °C für circa 35 h durchgeführt wird [28], hat das Ziel, die primären und sekundären Phasen (besonders auch S- und T-Phasen) aufzulösen und eine gleichmäßige Verteilung von Magnesium und Zink zu erreichen. Eutektische Phasen lösen sich beim Homogenisierungsglühen schnell auf, während große eisenhaltige Primärphasen (z.B. Al_7Cu_2Fe), sowie S-, T- und Mg_2Si-Phasen bei den gewählten Temperaturen unterhalb der Solidusline unlöslich sind und eher vergröbern [14, 15, 27].

Während des Abschreckens kann es zur erneuten Ausscheidung von intermetallischen Phasen kommen. Dadurch werden dem Mischkristall Legierungselemente entzogen, was die Möglichkeiten der Ausscheidungshärtung reduziert [29]. Beispielsweise nukleiert die η-Phase bei 400 °C heterogen an Al_3Zr-Dispersoiden und die S-Phase (Al_2CuMg) an den schon vorhandenen groben Al_7Cu_2Fe Korngrenzenausscheidungen [30]. Diese vorzeitige Ausscheidung wird als Abschreckempfindlichkeit bezeichnet; sie ist umso höher, je größer der Zink-, Magnesium- und Kupfergehalt der Legierung ist [13]. Außerdem wird sie von einer Vielzahl an Gefügeinhomogenitäten, wie intermetallische Phasen, Ausscheidungen, Dispersoide, Korn- und Subkorngrenzen beeinflusst [29]. Die Nukleation von Ausscheidungen und ihre Wachstumskinetik definieren einen kritischen Temperaturbereich von ca. 400 bis 290 °C, in dem die Abkühlgeschwindigkeit größer als 100 °C/s sein muss, um nach dem Lösungsglühen eine wirksame Warmauslagerung zur Festigkeitssteigerung durchführen zu können. Bei chromhaltigen abschreckempfindlichen Legierungen, wie AA7075, muss die Abkühlrate sogar 300 °C/s übersteigen. Allerdings können dann Abschreckrisse auftreten. In der Praxis besteht die Schwierigkeit darin, einen Mittelweg zwischen der Abschreckempfindlichkeit, für die eine hohe Abkühlrate vorteilhaft ist, und dem Einfrieren interner Spannungen, was sich durch eine niedrige Abkühlrate vermeiden lässt, zu finden [6, 30].

Der Anteil der rekristallisierten Körner hängt ebenfalls stark von den Abkühlbedingungen nach dem Lösungsglühen ab und ist deutlich größer, wenn langsam abgekühlt wurde [14]. Um das Ausmaß der Rekristallisation zu minimieren, ist es notwendig, die Bildung großer Ausscheidungen zu verhindern, was durch die Zugabe von Zirkon – das Al_3Zr-Dispersoide bildet – erreicht werden kann [18].

Trotz der hohen Löslichkeit von Zink in Aluminium (bis 70 Gew.%) ist die Mischkristallhärtung nur schwach ausgeprägt [6], weswegen die Ausscheidungshärtung ausgenutzt wird. Unter den aushärtbaren Aluminiumlegierungen haben die AlZnMg-Legierungen das höchste Potential [2]. Nach dem Lösungsglühen (450-480 °C, 35 h [28]) und Abschrecken liegt ein übersättigter Mischkristall vor, aus dem sich bei Temperaturen bis 190 °C [31] nach folgendem Schema [2, 29, 32] Härtungsphasen bilden:

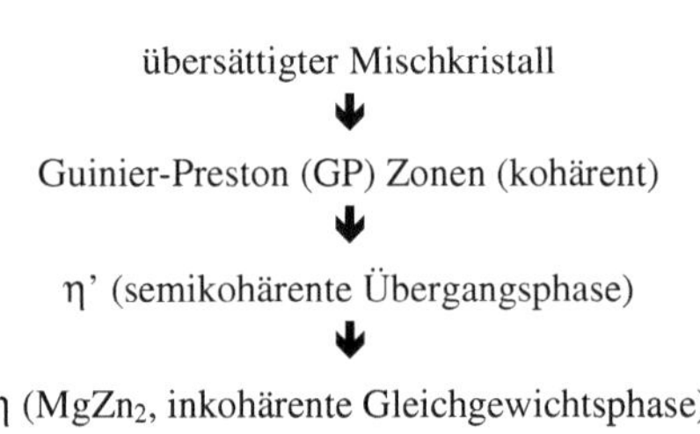

Der Verfestigungsmechanismus von AlZnMgCu-Legierungen basiert hauptsächlich auf Behinderung der Versetzungsbewegung durch GP-Zonen und metastabile η'-Dispersoide im Nanometermaßstab [31]. Die inkohärente η-Gleichgewichtsphase bildet sich hauptsächlich an Korngrenzen [17] und trägt nicht zur Festigkeitssteigerung bei. Abhängig von der Wärmebehandlung haben die η'-Phasen eine Größe von etwa 3-10 nm, η-Phasen von 5-40 nm [33]. Während über die Zusammensetzung der η-Gleichgewichtsphase Einigkeit herrscht, werden für die härtende η'-Übergangsphase verschiedene stöchiometrische Zusammensetzungen mit steigendem Zinkgehalt von $MgZn_2$ über $Mg_4Zn_{11}Al$ bis zu $Mg_4Zn_{13}Al_2$ vorgeschlagen [34].

Für die Legierung AA7010 sind aus dem in Abb. 3.1 gezeigten Zeit-Temperatur-Umwandlungsschaubild die Bildungs- und Stabilitätsbereiche verschiedener Phasen ersichtlich [18].

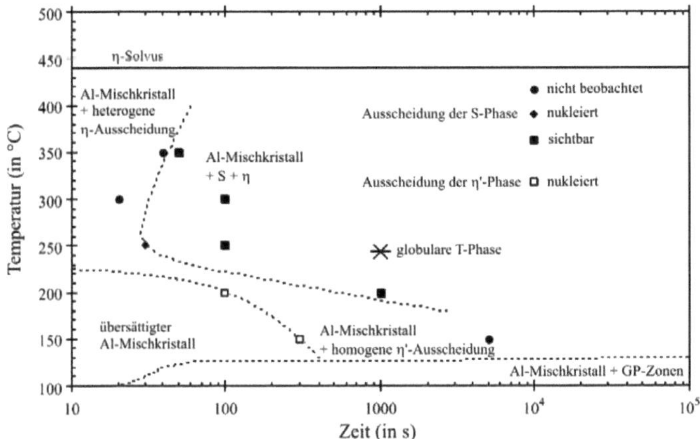

Abb. 3.1: Bildungs- und Stabilitätsbereiche verschiedener Phasen in AA7010 (nach [18]).

Aus Abb. 3.1 ist zu entnehmen, dass bei Temperaturen über ca. 250 °C zunächst die η-Phase, dann die S- und T-Phase aus dem übersättigten Mischkristall ausgeschieden werden. Bei Temperaturen unter ca. 200 °C kann nur die homogene Ausscheidung von η' beobachtet werden. Bei noch tieferen Temperaturen werden lediglich GP-Zonen gebildet. Die Primärphasen Al_7Cu_2Fe und Mg_2Si kommen in Abb. 3.1 nicht vor, da sie keinen Beitrag zur Ausscheidungshärtung leisten und sich unterhalb von 475 °C nicht auflösen [18]. Oberhalb von 500 °C beginnt die Legierung zu erweichen [14].

Kaltaushärten (T3, T4) und beschleunigtes Kaltaushärten bis 60 °C führen i.d.R. zu vergleichbaren Festigkeitswerten. Die Festigkeitssteigerung ist auf die hohe Gitterverspannung durch GP-Zonen zurückzuführen [26, 35], welche sich aufgrund ihrer geringen Keimbildungsenergie bereits bei tiefen Temperaturen bilden. Durch Diffusionsvorgänge können auch bei Raumtemperatur kohärente Ausscheidungen in teil- oder inkohärente Ausscheidungen umgewandelt werden. Die maximale Festigkeit wird in kontrollierbaren Zeiten nicht erreicht, weswegen die Warmaushärtung vorherrscht.

Beim Warmauslagern (120-160 °C) können sich aufgrund der modifizierten metallurgischen Prozesse andere Ausscheidungsphasen bilden, die zu abweichenden Festigkeitswerten führen [28, 35]. Durch diese geänderte Ausscheidungskinetik und –thermodynamik ergeben sich zwangsläufig auch andere Größenverteilungen und Anordnungen der Phasen, was sich neben den mechanischen Eigenschaften (siehe Abb. 3.2) auch auf das Korrosionsverhalten auswirkt [36, 37]. Bei höheren Auslagerungstemperaturen werden aufgrund der thermischen Aktivierung teil-(η') oder inkohärente (η) Phasen ausgeschieden. Nach einer Warmauslagerung führen η'-Ausscheidungen zu einem Festigkeitsanstieg [26].

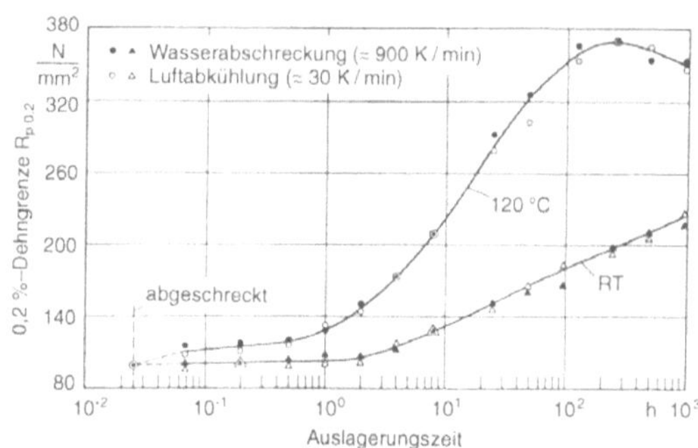

Abb. 3.2: Streckgrenzenerhöhung von AlZnMg1 beim Warm- und Kaltauslagern (aus [35]).

Aus Abb. 3.2 ist deutlich zu erkennen, dass nach der für die Keimbildung notwendigen Inkubationszeit bei der Warmauslagerung schneller eine Festigkeitszunahme erfolgt als bei der Kaltauslagerung. Nach Überschreiten des Festigkeitsmaximums tritt durch übermäßiges Wachstum und Koagulation der Ausscheidungen Überalterung ein. Während beispielsweise im Zustand höchster Festigkeit (T6) die metastabilen η'-Ausscheidungen in AA7108 einen mittleren Radius von 24.3 Å haben, wachsen diese bei Überalterung (T7) auf 38 Å und wandeln sich teilweise in stabile η-Phasen um [38]. Da der Volumenanteil (ca. 2.5 %) der Phasen sich bei Überalterung nicht ändert [38], nimmt die Anzahl der Ausscheidungsteilchen und somit die Festigkeit ab.

Anders als bei den AlCu-Legierungen (2xxx) hat eine mechanische Verformung vor dem Auslagerungsvorgang kaum einen Einfluss auf das Ausscheidungsverhalten. Daher werden 7xxx Legierungen hauptsächlich in den Wärmebehandlungszuständen T6 (Zustand maximaler Festigkeit) oder T7 (überaltert) eingesetzt [2]. Neuere Untersuchungen haben jedoch gezeigt, dass die Kinetik der Ausscheidungssequenz durch starke Verformung des übersättigten Mischkristalls nach der Homogenisierungsglühung – z. B. durch den ECAP-Prozess[3] – beschleunigt werden kann, was die Kaltaushärtbarkeitseigenschaften verbessert [39]. Eine Modifikation der Ausscheidungssequenz findet jedoch nicht statt.

---

[3] ECAP = equal-channel angular pressing; durch massive mechanische Verformung (SPD, severe plastic deformation) wird ein sehr feinkörniges Gefüge erzeugt.

Wie aus Tab. 3.2 zu entnehmen ist, haben die Zink-, Magnesium- und Kupfergehalte entscheidenden Einfluss auf die mechanischen Eigenschaften der AlZnMg(Cu)-Legierungen. Diese drei Legierungselemente werden beim Lösungsglühen i.d.R. vollständig gelöst und bilden nach dem Abschrecken mit der Aluminiummatrix einen übersättigten Mischkristall als Startbedingung für den Ausscheidungshärtungsprozess.

Tab. 3.2: Zink und Magnesiumgehalte und –verhältnisse einiger AlZnMg und AlZnMgCu Legierungen (nach [6, 39-41]).

	Legierung	Zn (%)	Mg (%)	Zn + Mg (%)	Zn : Mg	Zustand	R_m (MPa)	Dehnung (%)
mittelfeste	AA7005	4.5	1.4	5.9	3.2	T53	395	15
Al-Zn-Mg	AA7020	4.3	1.2	5.5	3.6			
schweißgeeignet								
höherfeste	AA7039	4.0	2.8	6.8	1.4	T61	415	13
Al-Zn-Mg-(Cu)	AA7046	7.1	1.3	8.4	5.5			
schweißgeeignet	RU1970	5.4	2.0	7.4	2.7	Sc-haltig	490	13
höchstfeste	AA7001	7.4	3.0	10.4	2.5	T6	675	9
Al-Zn-Mg-Cu	AA7010	6.2	2.5	8.7	2.5	T6	545	12
gelten als nicht-	AA7010	6.1	2.3	8.4	2.6	T7451	484	7
schweißgeeignet	AA7049	7.7	2.5	10.2	3.1	T73	530	11
	AA7050	6.2	2.3	8.5	2.7	T736	550	11
	AA7075	5.6	2.5	8.1	2.2	T6	570	11
	AA7075	5.6	2.5	8.1	2.2	T4	530	21
	AA7075ECAP	5.6	2.5	8.1	2.2	ECAP-T4	720	8

Mittelfeste AlZnMg-Legierungen haben wenig oder kein Kupfer und sind leicht schweißbar mit dem Vorteil, dass sie nach dem Schweißen wieder kaltaushärten [6]. Kleine Kupfergehalte wirken sich nur schwach auf die Festigkeitswerte aus, erniedrigen aber die Spannungsrisskorrosionsanfälligkeit [40, 42]. Durch Erhöhung des Ruhepotentials ermöglichen sie den anodischen Korrosionsschutz mit kupferfreien AlZn-Legierungen [13, 40]. Kupferzugaben bis 1 % bleiben in fester Lösung und verändern die Ausscheidungssequenz nicht, sie beschleunigen allerdings die Ausscheidungskinetik [13]. Durch den schnelleren Übergang der GP-Zonen in die teilkohärente η'-Phase und durch Stabilisierung der η-Phase [32, 43] lässt sich die höhere Festigkeit kupferhaltiger Legierungen im warmausgehärteten Zustand erklären. Außerdem trägt gelöstes Kupfer durch Mischkristallhärtung zu einem weiteren Anstieg der Festigkeit bei. Höhere Kupferbeigaben führen zu einer Substitution des Zinks in $MgZn_2$ (oder $Mg_3Zn_3Al_2$) durch Kupfer und Aluminium [2, 13, 44].

Magnesium und Zink kontrollieren durch aktive Teilnahme maßgeblich den Aushärtungsprozess, während alle weiteren Legierungselemente nur Begleiteffekte haben. Unter 2-5 % kombiniertem Zink- und Magnesiumgehalt (abhängig vom Zn : Mg-Verhältnis) findet keine Ausscheidungshärtung statt, wohingegen maximale Ausscheidungshärtung bei 12-14 % (für hohe Mg : Zn-Verhältnisse) bis 20-25 % (für hohen Zinkgehalt) erreicht wird.

Je höher der Zn + Mg-Gehalt der 7xxx Legierung ist, desto höher ist auch die Zugfestigkeit. Jedoch sollte er für eine schweißbare Legierung nicht über 6 % liegen, weil sonst die

Rissanfälligkeit, insbesondere auch die Spannungsrisskorrosionsanfälligkeit steigt [42]. Bis 8 % steigen die Festigkeitswerte, wobei die Schweiß- und Formbarkeit erhalten bleiben. Über 9 % werden höchste Festigkeiten mit dem Nachteil schlechter Formbarkeit, Schweißbarkeit und Korrosionsbeständigkeit erreicht [19].

Das Zn : Mg-Verhältnis hat einen entscheidenden Einfluss auf das Spannungsrisskorrosionsverhalten (SpRK) [40]. Idealerweise sollte es zwischen 2.7 und 2.9 liegen. Hohe Zn : Mg-Verhältnisse führen zu einer hohen Festigkeit und zu gutem Ansprechverhalten auf Wärmebehandlungen, allerdings auch zu der höchsten Anfälligkeit auf SpRK [13]. Um dieses Problem zu umgehen, werden 7xxx Legierungen im Flugzeugbau nur dort eingesetzt, wo Druckspannungen herrschen. Neben hohen Festigkeiten zeichnet sie ein hoher Widerstand gegenüber Beulen und Knicken aus, was für Anwendungen an der Tragflächenoberseite oder Rumpfunterseite (vgl. Abb. 1.1) von Bedeutung ist [45].

Niedrige Zn : Mg-Verhältnisse ermöglichen die beste Schweißbarkeit und die geringste Abschreckempfindlichkeit [13]. Das Zn : Mg-Verhältnis bestimmt das Auftreten zinkhaltiger Phasen. Für ein Verhältnis größer als 2 bildet sich $MgZn_2$, für kleinere Verhältnisse Mg_3Zn_3Al [13].

Durch geeignete Herstellungsverfahren lässt sich im Einzelfall durch Scandiumzugabe die Zugfestigkeit auf über 900 MPa erhöhen [31]. Etwas geringer fällt der Festigkeitsanstieg von 530 MPa auf 730 MPa bei Durchlaufen der ECAP-Route aus [39]. Zudem lässt sich durch Herabsenken des Verunreinigungsgehaltes an Eisen und Silizium die Bruchzähigkeit steigern [6]. Allerdings sind all diese Maßnahmen mit dem Nachteil höherer Produktionskosten verbunden.

Während homogen verteilte (semi-)kohärente Ausscheidungen die mechanischen Eigenschaften verbessern, werden diese von groben inkohärenten Teilchen verschlechtert, da diese Risskeime darstellen. Außerdem sind große intermetallische Phasen für die Korrosionseigenschaften von Nachteil. Die relativen Häufigkeiten, mit denen bestimmte Phasen auftreten ist in Abb. 3.3 exemplarisch für AA7075-T651 dargestellt.

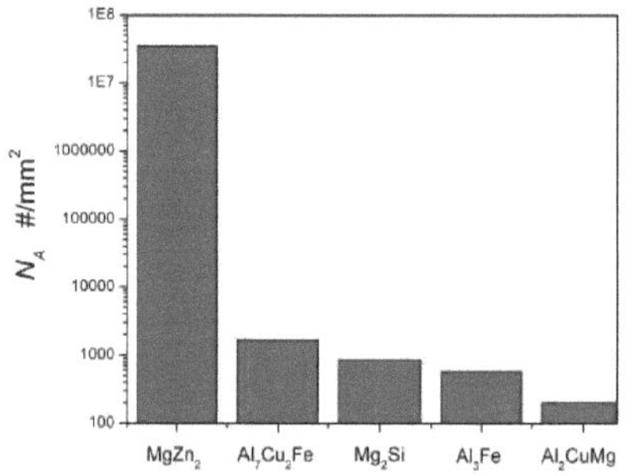

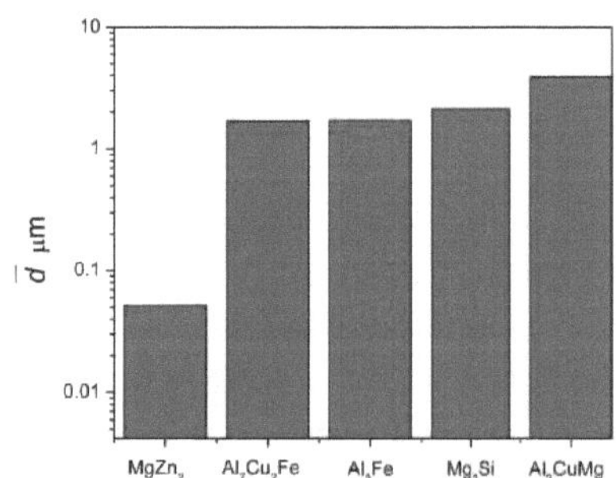

Abb. 3.3: Partikeldichte N_A und mittlerer Äquivalentdurchmesser d verschiedener intermetallischer Phasen in AA7075-T651 (aus [46]).

Es ist deutlich zu erkennen, dass die $MgZn_2$-Phasen (η und η') weitaus am häufigsten anzutreffen sind [46]. Unabhängig von der genauen Größe und Zusammensetzung lässt sich eine Partikeldichte von etwa 1×10^3 μm^{-3} feststellen [31]. Grobe intermetallische Partikel (Al_7Cu_2Fe und Mg_2Si) kommen etwa 10'000 mal seltener vor. Allerdings ist ihr mittlerer Durchmesser deutlich größer (Abb. 3.3).

3.2 Korrosion von AlZnMg(Cu)-Legierungen

3.2.1 Allgemeine Korrosionseigenschaften

Reines Aluminium besitzt eine äußerst gute Korrosionsbeständigkeit [47]. In neutralen Medien bildet sich eine sehr gut schützende, isolierende Passivschicht, die sich allerdings in sauren und alkalischen Medien auflöst, wobei die Auflösungsgeschwindigkeit im Alkalischen höher ist (vgl. Abb. 3.4).

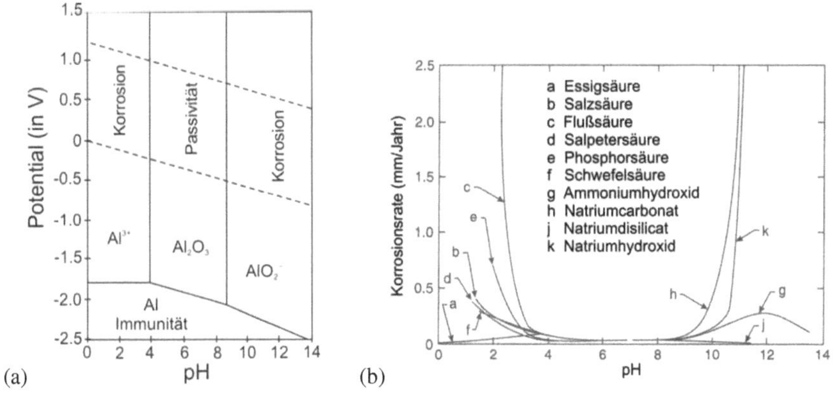

Abb. 3.4: (a) vereinfachtes Pourbaix-Diagramm für das System Al/H_2O (10^{-6} mol/l Al^{3+}-Ionen) und (b) Korrosionsraten von Aluminium als Funktion des pH-Wertes (nach [47]).

Ausscheidungsfreie Aluminiumlegierungen, wie AlMg, zeigen in der Regel ein ebenso gutes Korrosionsverhalten. Zu Problemen kommt es jedoch, wenn sich (grobe) intermetallische Phasen bilden, die auf unterschiedliche Weise korrosionsinitiierend wirken können.

3.2.2 Eigenschaften intermetallischer Phasen

Grundsätzlich wird zwischen anodischen und kathodischen Phasen unterschieden [24]. Anodische Phasen sind durch ein negativeres Ruhepotential bezüglich der umgebenden Legierungsmatrix gekennzeichnet und werden daher bevorzugt aufgelöst. Sie enthalten häufig Zink und Magnesium [24]. Kathodische Phasen besitzen ein positiveres Ruhepotential, was dazu führt, dass hier die kathodische Gegenreaktion bevorzugt ablaufen kann. Diese Phasen enthalten größere Mengen Kupfer und Eisen. Allerdings sagt der Ruhepotentialunterschied noch nicht ausreichend viel über das tatsächliche Schädigungspotential der entsprechenden Phase aus. Wesentlich ist der auftretende Korrosionsstrom, wenn auf das Ruhepotential der

Legierungsmatrix polarisiert wird [24]. Es lassen sich zwei Schädigungsmechanismen der kathodischen Phasen unterscheiden (siehe Abb. 3.5) [24]. Bei der galvanischen Kopplung herrschen vergleichbare Bedingungen wie bei der Kontaktkorrosion vor. Ausschlaggebend für die Schädigung ist hier der relative (thermodynamische) Potentialunterschied. Die Reichweite des Angriffs wird von der Kurzschlussstromdichte bestimmt, die maßgeblich vom Elektrolytwiderstand abhängt [48]. Die kathodische Korrosion wird hauptsächlich von der Kinetik der Sauerstoffreduktion an der kathodischen Phase kontrolliert. Diese führt zu einer lokalen Alkalisierung des umgebenden Elektrolyten, was eine Auflösung des Al_2O_3-Passivfilms (vgl. Abb. 3.4) zur Folge hat [49]. In den meisten Fällen führt die kathodische Korrosion zu einem Herausfallen der Partikel [24]. Die Reichweite und Gefährdung der kathodischen Korrosion hängt wesentlich von der pH-Wertänderung ab.

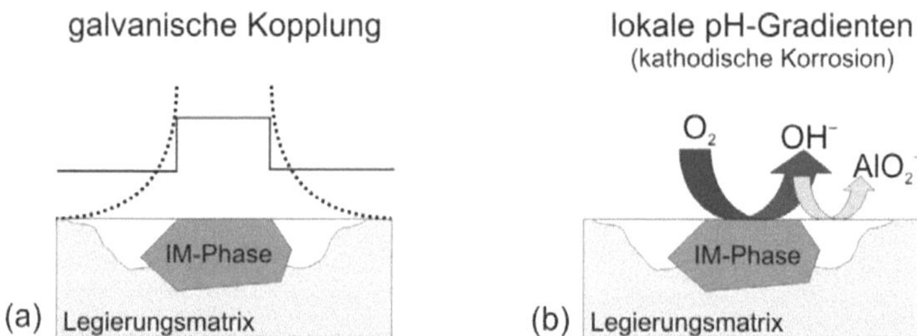

Abb. 3.5: Modellvorstellung zum Schädigungsmechanismus durch kathodische intermetallische Phasen: (a) galvanische Kopplung, durchgezogene Linie: relativer Potentialverlauf, gepunktet: schematischer Auflösungsstrom, (b) kathodische Korrosion durch lokale pH-Gradienten.

An synthetisierten intermetallischen Phasen wurden die in Tab. 3.3 zusammengefassten elektrochemischen Daten ermittelt [24].

Tab. 3.3: Übersicht der elektrochemische Eigenschaften intermetallischer Phasen in AlZnMg(Cu)-Legierungen (nach [24]).

Zusammensetzung	Phase	Korrosionspotential E_{korr} (in mV_{SCE})	Korrosionsrate bei E_{korr} (in A/cm^2)	Stromdichte bei E_{korr}(AA7075) (in A/cm^2)
Mg_2Si	β	-1538	7.7×10^{-6}	1.9×10^{-4}
$MgZn_2$	M, η	-1029	8.4×10^{-5}	1.0×10^{-3}
$Al_{32}Zn_{49}$	T'	-1004	1.4×10^{-5}	2.9×10^{-4}
Mg(AlCu)	-	-943	2.3×10^{-5}	-1.2×10^{-5}
Al_2CuMg	S	-883	2.0×10^{-6}	-2.1×10^{-6}
Al_6Mn	-	-779	6.3×10^{-6}	-1.2×10^{-4}
Al_3Zr	β	-776	2.5×10^{-6}	-8.1×10^{-5}
Al_2Cu	Θ	-665	7.3×10^{-6}	-4.7×10^{-4}
Al_3Ti	β	-603	5.6×10^{-7}	-2.7×10^{-4}
$Al_{20}Cu_2Mn_3$	-	-565	3.4×10^{-7}	-1.9×10^{-5}
Al_7Cu_2Fe	-	-551	6.3×10^{-6}	-3.1×10^{-4}
Al_3Fe	β	-539	2.1×10^{-6}	-9.9×10^{-5}

Das Problem der Untersuchung von dünnfilmanalogen Proben besteht darin, dass keine direkte Kopplung mit der Legierungsmatrix besteht. Auch ist davon auszugehen, dass die Matrix direkt neben einer Ausscheidung eine andere Zusammensetzung aufweist, wie eine „synthetisierte" Matrix.

Weiterhin wurden grobe intermetallische Phasen in AA7075 mit SKPFM[4] und Mikrokapillartechniken untersucht [9-11]. Im Folgenden werden die wichtigsten Erkenntnisse der Phasenuntersuchungen zusammengefasst.

3.2.2.1 Elektrochemisches Verhalten anodischer Phasen

Die sich beim Erstarren der Legierung bildende Mg_2Si-Phase weist nach Tab. 3.3 das niedrigste Korrosionspotential der in 7xxx Legierungen vorkommenden intermetallischen Phasen auf. Dies führt zu einer bevorzugten Auflösung dieser Phase, die aber aufgrund des niedrigen Auflösungsstroms beim Korrosionspotential der Legierung nur langsam abläuft [24]. Bezogen auf die umgebende AA7075-T6-Legierungsmatrix wurde mittels SKPFM ein Voltapotentialunterschied von –100 bis –180 mV gemessen, was den anodischen Charakter dieser Phase in-situ bestätigt [10]. Somit ist verständlich, dass nach Auslagerung in chloridhaltiger Lösung Lochbildung durch vollständige Phasenauflösung [24, 46] bzw. bei Kontakt mit Wasser selektive Herauslösung des Magnesiums berichtet wird [10].

Für eine lösungsgeglühte AA7075-Matrix wird berichtet, dass die Mg_2Si-Phase ein um 100-340 mV positiveres Voltapotential besitzt [10]. Beim Lösungsglühen werden die η-Phasen aufgelöst und es kommt zu einer Anreicherung von Zink und Magnesium in der Matrix. Gelöstes Zink senkt das Durchbruchpotential ab [13, 50]. Selbst bei 10 % Zink in der Matrix (E_{korr} = -1030 mV [13]) müsste die Mg_2Si-Phase (E_{korr} = -1538 mV [24]) immer noch etwa 500 mV anodischer sein, was nicht im Einklang mit den Voltapotentialunterschieden ist. Dies schränkt die Aussagekraft der SKPFM-Messungen [10] oder der Messungen an synthetisierten Dünnfilmproben [24] ein und erfordert weitere Untersuchungen.

Die η-$MgZn_2$-Phase bildet sich vorzugsweise an den Korngrenzen, während die teilkohärente Übergangsphase η' mit gleicher nomineller Zusammensetzung als Härtungsphase aus den GP-Zonen im Korninneren entsteht [46]. Für die elektrochemischen Eigenschaften ist jedoch die chemische Zusammensetzung, die von $MgZn_2$ bis MgAlCu variieren kann, und nicht die Änderung der Gitterparameter ausschlaggebend [24, 36, 46].

Allgemein lässt sich die η-Phase als $Mg(Zn,Cu,Al)_2$ beschreiben [36]. Während eine Veränderung des Aluminiumanteils nicht zu einer Änderung der elektrochemischen Eigenschaften führt, wird sowohl das Ruhepotential als auch das Durchbruchpotential mit steigendem Kupfergehalt signifikant positiver [36, 51]. Der Durchbruch ist mit der selektiven Herauslösung des Zinks verknüpft [36]. Die η-Phase weist i.d.R. ein Durchbruchpotential auf, das deutlich unter dem der entsprechenden Legierung liegt und unterliegt daher selektiver Auflösung [36]. Die extreme Zusammensetzung MgAlCu hingegen, die auch in 7xxx-Legierungen nachgewiesen wurde, verhält sich in Bezug zur Legierungsmatrix kathodisch [24].

[4] SKPFM: Scanning Kelvin Probe Force Microscopy, eine AFM-basierte Rastersondentechnik zur Messung von Potentialunterschieden.

In der Regel variiert der Kupfergehalt der η-Phase mit der Wärmebehandlung [37], wodurch die Auflösungseigenschaften und somit vor allem die interkristallinen Korrosionseigenschaften modifiziert werden.

3.2.2.2 Elektrochemisches Verhalten kathodischer Phasen

Für AlCuMg-Legierungen, wie AA2024, wurde die S-Phase (Al_2CuMg), die auch bei der Korrosion einiger AA7xxx-Legierungen eine wichtige Rolle spielt, eingehend untersucht. Es wurde beobachtet, dass das Ruhepotential dieser Phase in einer Chloridlösung die in Abb. 3.6 gezeigte Zeitabhängigkeit aufweist. Der anfänglich starke Anstieg wird auf selektive Herauslösung von Magnesium und Aluminium zurückgeführt [24, 52]. Durch die oberflächliche Kupferanreicherung wird das Ruhepotential angehoben, was die Phase edler erscheinen lässt.

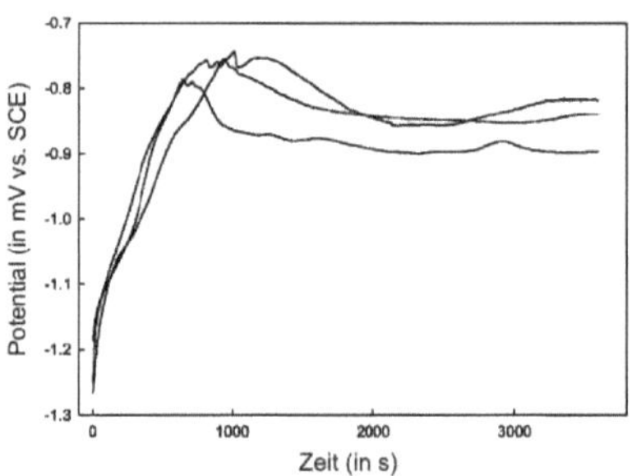

Abb. 3.6: Ruhepotentialverhalten der Al_2CuMg S-Phase in 0.5M NaCl (nach [52]).

In Bezug auf die Legierungsmatrix von AA7075 ist die S-Phase zunächst aufgrund ihres niedrigen Korrosionspotentials anodisch, wird aber durch die selektive Legierungskorrosion und die damit verbundene Kupferanreicherung kathodisch [24].

Die Dispersoide Al_6Mn, Al_3Zr, Al_3Fe und Al_3Ti sind zwar edler als die umgebende Legierungsmatrix, zeigen aber lediglich eine geringe elektrochemische Aktivität. Durch ihren kleinen kathodischen Strom und ihre geringe Größe tragen sie nur bedingt zur korrosiven Schädigung von AA7xxx bei [24].

Als besonders gefährlich einzustufen sind große kathodische intermetallische Phasen, wie Al_7Cu_2Fe, die elektrochemisch besonders aktiv sind [23, 24]. Kürzlich wurde die Al_7Cu_2Fe-Phase als eine der kathodisch aktivsten Phasen in AA7xxx identifiziert. Abhängig von der Chloridkonzentration und dem pH-Wert sind Sauerstoffreduktionsstromdichten von bis zu 2 mA/cm^2 möglich. Dies führt zu dem in Abb. 3.7 gezeigten grabenförmigen korrosiven Angriff der umgebenden Matrix, der als Grabenbildung (engl. *trenching*) bzw. umschließender Lochfraß (engl. *peripheral pitting*) bezeichnet werden kann.

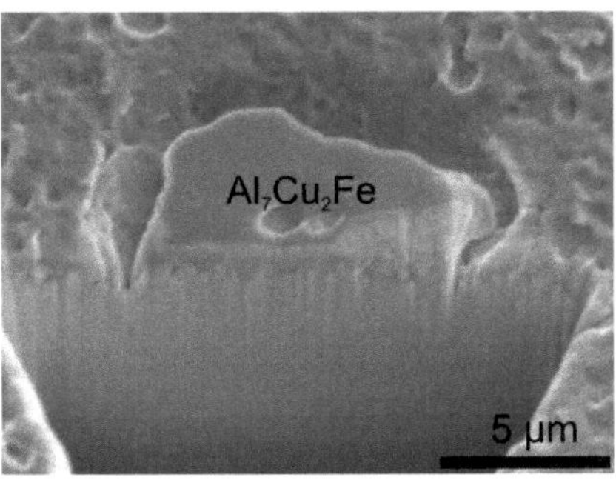

Abb. 3.7: FIB[5]-Querschnitt durch eine Al_7Cu_2Fe-Phase in AA7075-T651, 10 h in 0.1M NaCl ausgelagert (aus [23]).

Mittels SKPFM wurden Voltapotentialunterschiede zwischen der Al_7Cu_2Fe-Phase und der umgebenden AA7075-T6-Matrix von 320-480 mV gemessen (Abb. 3.8) [10], während die $(Al,Cu)_6(Fe,Cu)$-Phasen lediglich um 250-400 mV edler als die umgebende Matrix waren. Da eine lineare Beziehung zwischen dem an Luft gemessenen Voltapotential und dem Ruhepotential besteht, wurde gefolgert, dass die Al_7Cu_2Fe-Phase um 50-100 mV kathodischer als die $(Al,Cu)_6(Fe,Cu)$-Phase ist [10]. Die geringere kathodische Aktivität der $(Al,Cu)_6(Fe,Cu)$-Phase wird auf das Cu : Fe-Verhältnis von 0.3 gegenüber 1.6 bei Al_7Cu_2Fe zurückgeführt [9, 10].

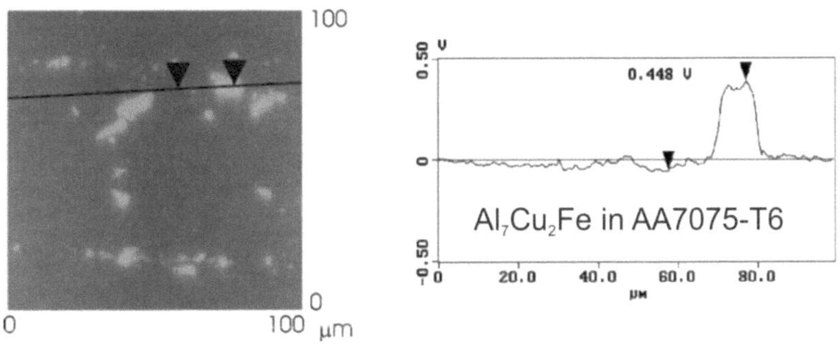

Abb. 3.8: AFM-Voltapotentialkarte und Schnitt durch eine Al_7Cu_2Fe-Phase (aus [10]).

Somit wurde für die Al_7Cu_2Fe-Phase sowohl eine starke galvanische Kopplung als auch ein hohes Gefährdungspotential bezüglich der kathodischen Korrosion nachgewiesen.

[5] FIB = focussed ion beam, fokussierter Ionenstrahl zum gezielten Materialabtrag.

3.2.3 Lochkorrosion

Lochkorrosion lässt sich nach Szklarska-Smialowska in 4 Stadien einteilen [53]:

1. Initiierungsprozesse auf dem Passivfilm oder an der Grenzfläche Passivfilm-Elektrolyt
2. Prozesse im Passivfilm ohne sichtbare mikroskopische Veränderung
3. Bildung metastabiler Lochkeime
4. stabiler Lochfraß oberhalb eines kritischen Lochfraßpotentials

Das kritische Lochfraßpotential ist üblicherweise die Größe, mit der die Anfälligkeit auf Lochkorrosion abgeschätzt wird. In ausscheidungsfreien Aluminiumlegierungen wird es durch Kupfer erhöht [53] und durch Zink erniedrigt [50].

In homogenen, passiven Metallen wird die Entstehung der Lochkorrosion üblicherweise anhand des Penetrations-, Adsorptions- oder Schichtrissmechanismus erklärt [48]. Bei Legierungen mit zahlreichen Ausscheidungen, dominieren hingegen diese Makrodefekte durch ihre elektrochemischen Eigenschaften, Verteilung und Größe den Initiierungsprozess [53]. Wesentlich für die Lochbildung sind die Adsorption und der Einbau von Chloridionen in den elektrisch isolierenden Aluminiumoxidfilm [53]. Die Chloridadsorptionskinetik hängt dabei stark vom angelegten Potential, der Temperatur und der Anwesenheit weiterer Anionen ab [53]. Besonders in der Initiierungsphase ist die galvanische Kopplung und/oder lokale pH-Änderung ausschlaggebend (vgl. Abb. 3.5).

Kleine, metastabile Löcher, die sich unterhalb des Lochfraßpotentials bilden, können repassivieren. Als Kriterium für stabilen Lochfraß wird $I_{pit}/r_{pit} > 4\times10^{-2}$ A/cm mit dem Lochstrom I_{pit} und dem Lochradius r_{pit} angegeben [53]. Besonders bei größeren Löchern wird die Repassivierung durch die Lochchemie erschwert [54]. Durch Freisetzung von Aluminiumionen und durch aus Elektroneutralitätsgründen nachdiffundierenden Chloridionen kommt es im Loch zu einer starken Ansäuerung, wodurch stabiles Lochwachstum auch unterhalb des kritischen Lochfraßpotentials möglich wird [54, 55]. Ein notwendiges Kriterium für stabiles Lochwachstum ist die Bildung eines Salzfilms ($AlCl_3$, $Al(OH)_2Cl$ und $Al(OH)Cl_2$) am Lochgrund, welcher eine gesättigte Salzlösung im Lochelektrolyt sicherstellt [53]. Durch die starke Ansäuerung ($pH < 1$) kommt es sogar zur Wasserstoffentwicklung im Loch.

Besonders in der Initiierungsphase wird häufig kristallographischer Lochfraß beobachtet. In einem solchen Fall kam es noch nicht zu einer Salzfilmbildung und das Lochwachstum erfolgt unter Aktivierungskontrolle [53]. Stabiles Lochwachstum hingegen ist transportkontrolliert und führt zu halbkugelförmigen Löchern [48].

Zur detaillierteren Betrachtung der Vorgänge beim Lochfraß sei an dieser Stelle auf entsprechende Lehrbücher [48, 56] verwiesen.

3.2.4 Interkristalline Korrosion

Als interkristalline Korrosion (IK) wird die selektive Auflösung von Korngrenzenausscheidungen oder der an Legierungselementen verarmten korngrenzennahen Bereiche ohne nennenswerte Korrosion der Mischkristallmatrix oder des Korninneren bezeichnet. Auch die selektive Korrosion an Seigerungen fällt unter die interkristalline Korrosion; es sind folglich nicht unbedingt Ausscheidungen nötig [57].

In AlZnMg(Cu) Legierungen können sich je nach Legierungszusammensetzung und Wärmebehandlungszustand verschiedene Phasen an den Korngrenzen ausscheiden. Die magnesium- und zinkhaltigen Phasen (Mg_2Al_3, $MgZn_2$, Al_xZn_xMg) werden, da sie anodisch in Bezug zur Mischkristallmatrix sind, bevorzugt aufgelöst, während die kupferhaltigen Phasen ($CuAl_2$, MgAlCu) als lokale Kathoden wirken können und somit die Auflösung der aufgrund des Ausscheidungsprozesses an diesen Elementen verarmten korngrenzennahen Säume begünstigen. Wesentlich für das Auftreten interkristalliner Korrosion ist ein weitgehend durchgängiger korrosionsaktiver Pfad durch das Metall, wie er häufig bei warmausgelagerten Werkstoffen durch feinste (perlschnurartig angeordneten) Korngrenzenausscheidungen gegeben ist (vgl. Abb. 3.9). Bei überalterten Strukturen vergröbern die Korngrenzenausscheidungen, wodurch Zwischenräume entstehen. Somit ist der korrosionsaktive Pfad unterbrochen und die interkristalline Korrosionsrate wird erniedrigt [58].

Abb. 3.9: Schematische Darstellung der Korngrenzenausscheidungen in einem (a) warmausgehärteten und einem (b) überalterten Zustand.

Darüber hinaus ändert sich mit der Wärmebehandlung auch die chemische Zusammensetzung der Korngrenzenausscheidungen und korngrenzennahen Säume [36, 37], was dazu führt, dass bei überalterten Legierungen der Durchbruchpotentialunterschied zwischen Matrix und Korngrenze und somit die Triebkraft für eine selektive Auflösung kleiner wird.

Interkristalline Korrosion stellt einen verhältnismäßig gefährlichen Schadensmechanismus dar, da bei dieser stark lokal ausgeprägten Korrosionsart nur wenig Material aufgelöst wird. Bei Sichtprüfungen ist daher eine Schädigung nur schwer zu erkennen, obwohl durch die Auflösung der Korngrenzen (oder korngrenzennahen Bereiche) der mechanische Zusammenhalt der Körner nicht mehr gegeben ist und somit das Bauteil unter Umständen seine Funktion nicht mehr erfüllen kann. Durch die geringe Materialauflösung ist der Korrosionsfortschritt auch schwer im Sinne eines *Corrosion Monitoring* überwachbar. Einzig durch metallografische Querschliffe ließe sich eine Schädigung feststellen.

Während die Kornform über Kornlänge (L) und Kornbreite (W) die Eindringtiefe der Schädigung bestimmt, wird durch die Wärmebehandlung die galvanische Wechselwirkung zwischen Korngrenzenausscheidungen und Matrix eingestellt, was die Auflösungsgeschwindigkeit definiert. Die *interkristalline Korrosionsrate* v_{IK} ergibt sich somit als [58, 59]:

$$v_{IK} = \frac{(N \times L/2) + (N \times W)}{Zeit}$$

Nachteilig ist bei der Bestimmung der interkristallinen Korrosionsrate, dass die Anzahl der penetrierten Körner (N), aus wenigen Querschliffen gewonnen wird. Somit sind globale Aussagen nicht gerechtfertigt.

Um Daten größerer Flächen zu erhalten, bietet sich beispielsweise die Folienpenetrationsmethode an, womit die interkristalline Korrosionskinetik in Abhängigkeit der Kornorientierung von Blechen untersucht wurde. Die sehr starke Richtungsabhängigkeit der interkristallinen Korrosionsrate ist in Abb. 3.10 dargestellt [60]. Die Nomenklatur der verschiedenen Richtungen wird in Abb. 3.11 veranschaulicht.

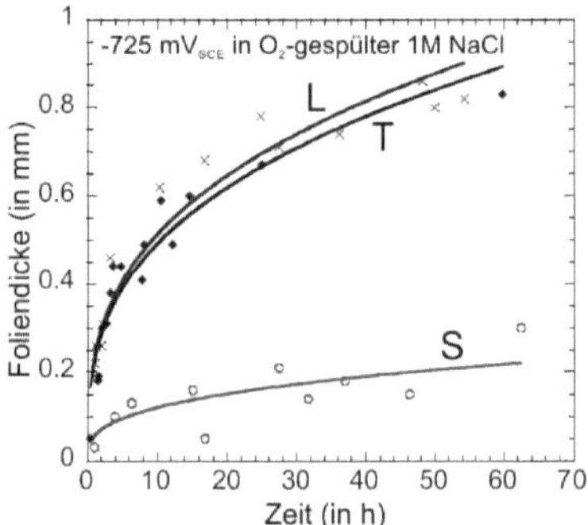

Abb. 3.10: Penetrationsraten von AA7178-Tragflächenmaterial in drei verschiedenen Orientierungsrichtungen bei –725 mVSCE in 1.0 M NaCl (nach [60]).

Die Korrosionspfade in S-Richtung umgehen zick-zack-förmig die Körner, während sie in L- und T-Richtung nahezu gerade verlaufen. Somit ist der zurückzulegende Weg um eine bestimmte Blechdicke zu penetrieren in S-Richtung deutlich länger als in L- oder T-Richtung. Bei gleicher Auflösungsrate an den Korngrenzen ist die Penetrationszeit in S-Richtung folglich länger (vgl. Abb. 3.10) [60, 61].

Die interkristalline Korrosionsgeschwindigkeit lässt sich auch mittels Röntgenradiografie untersuchen [62]. Die auf diese Weise ermittelten Geschwindigkeiten liegen unter den Werten, die durch die Folienpenetrationsmethode ermittelt werden. Da bei der Folienpenetration nur die am schnellsten wachsenden Korrosionspfade ermittelt werden, während die Mehrzahl der aktiven Pfade teils erheblich langsamer voranschreitet, liefert sie ebenfalls ein verzerrtes Bild [62].

3.2.5 Schichtkorrosion

Schichtkorrosion (engl. *exfoliation, layer corrosion* oder *lamellar corrosion*) lässt sich als eine Überlagerung von interkristalliner Korrosion und Spannungsrisskorrosion verstehen. Eine wichtige Voraussetzung für das Auftreten von Schichtkorrosion ist eine stark anisotrope Kornstruktur (flache, langgezogene Körner, sog. *pancake-shaped grains*), wie sie typisch für Bleche oder Strangpressprofile ist (vgl. Abb. 3.11) [63].

Schichtkorrosion von 7xxx Legierungen ist bei Flugzeugen besonders auf der Tragflächenoberseite an Nietlöchern ein Problem [64], wo der Korrosionsangriff an im Bohrloch freigelegten Körnern beginnt. Üblicherweise führt Schichtkorrosion nicht direkt zu einem Versagen von Flugzeugkomponenten, sie kann aber den krafttragenden Querschnitt verringern oder als Ansatzstelle für Spannungsriss- oder Ermüdungsrisskorrosion wirken [65]. Sie begünstigt Rissbildung und Risswachstum durch Materialverlust, Wasserstoffversprödung oder sonstige chemische Effekte. Neben dem wirtschaftlichen Schaden stellt die Schichtkorrosion auch ein erhebliches Sicherheitsrisiko dar [64].

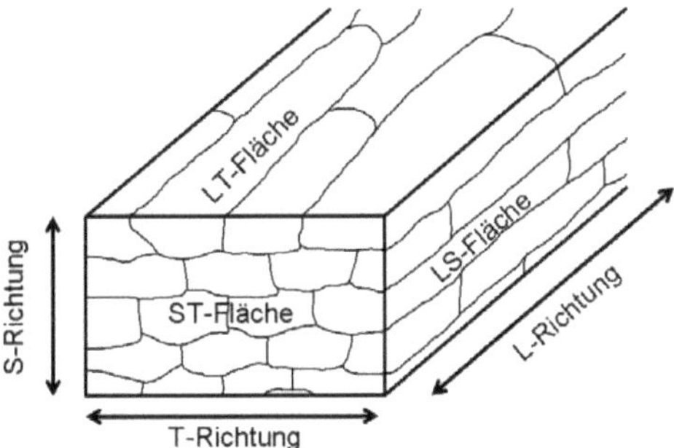

Abb. 3.11: Schematische Darstellung der Kornstruktur kaltverformter Aluminiumlegierungen, bei der Schichtkorrosion auftreten kann.

Ausgehend von Korrosionskeimen, wie beispielsweise Lochfraß oder interkristalliner Korrosion, schreitet der Angriff entlang der aktiven Korrosionspfade voran [63]. Es kann beobachtet werden, wie sich an der Oberfläche Blasen bilden oder einzelne Kornlagen ablösen. Modellrechnungen zeigen, dass die Eindringtiefe der Schichtkorrosion nicht von der Kornform, sondern nur von der Anfälligkeit auf interkristalline Korrosion abhängt. Die Kornform hingegen bestimmt die Schadensmorphologie, wie Blasenbildung, Abblättern oder Abbröseln einzelner Kornreihen [63]; runde Körner zeigen eher Lochfraß [58]. Nimmt das Länge-zu-Dicke-Verhältnis der Körner ab, reißen die Blasen leichter auf und es entsteht ein anderes Schadensbild [66], was zu Problemen bei der Beurteilung der Angriffsintensität nach der ASTM-Norm[6] führen kann [58]. Das Auffächern einzelner Kornreihen ist auf die Keilwirkung der voluminösen Korrosionsprodukte aus der interkristallinen Korrosion zurückzu-

[6] ASTM G34: standardisierte Testvorschrift zur Beurteilung der Anfälligkeit auf Schichtkorrosion.

führen, die auf die Korngrenzen Zugspannungen ausüben, sobald das Volumen der Korrosionsprodukte das des aufgelösten Metalls übersteigt [63]. Außerdem wird diskutiert, ob über die Kaltverformung eingebrachte Eigenspannungen zusätzlich einen Spannungsbeitrag leisten. Eine strikte Trennung zwischen interkristalliner Korrosion und Schichtkorrosion ist in der Praxis schwer möglich, da bei der interkristallinen Korrosion auch immer Korrosionsprodukte entstehen, die gewisse Zugspannungen auf die Korngrenzen ausüben. Sie müssen aber nicht immer so stark sein, dass es wirklich zu einem Abplatzen einzelner Kornreihen kommt.

Mit dem in Abb. 3.12 b gezeigten Aufbau, der über eine poröse Keramik den Zutritt korrosiver Lösungen zur Probe und die Weiterleitung von Druckkräften an eine Kraftmessdose erlaubt, lassen sich die bei der Schichtkorrosion von den voluminösen Korrosionsprodukten ausgehenden Keilkräfte messen [58, 67].

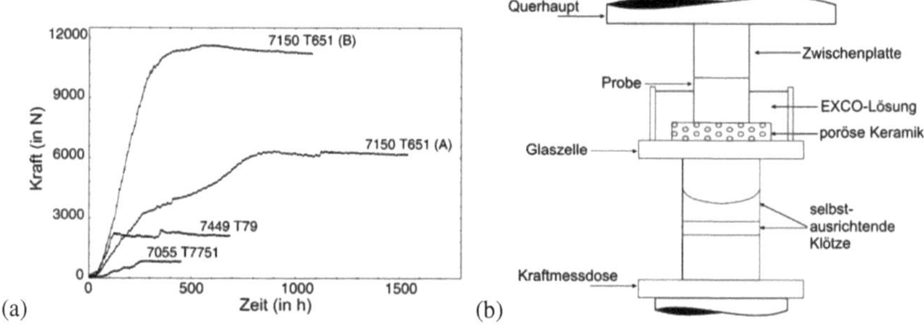

Abb. 3.12 (a) Keilkräfte während eines Schichtkorrosionsversuchs, gemessen mit der rechts abgebildeten Apparatur (b) (nach [58]).

In Abhängigkeit der Kornform steigt die gemessene Keilkraft zunächst schnell an, um dann ein Plateau, das etwa 10 % der Streckgrenze entspricht, zu erreichen (siehe Abb. 3.12 a). Die überalterten Legierungen zeigen sowohl einen geringen Schichtkorrosionsangriff als auch eine geringere Keilkraft. Da Korrosion zur Bildung voluminöser Korrosionsprodukte führt, ist eine Verknüpfung der interkristallinen Korrosionsgeschwindigkeit mit der Keilkraft sinnvoll. Zudem lässt sich ein Zusammenhang zwischen den Keilkräften und dem kritischen Spannungsintensitätsfaktor K_{ISCC} herstellen, was auf eine mechanistische Verknüpfung zur Spannungsrisskorrosion hindeutet [58].

Äußere mechanische Kräfte beeinflussen die Schichtkorrosionsgeschwindigkeit. Wirken die Kräfte so, dass sie ein Abblättern begünstigen, führt dies zu verstärkter Korrosion, wohingegen Kräfte, die ein Abblättern verhindern, die Korrosionsgeschwindigkeit herabsenken [65, 67].

Die Intensität des Schichtkorrosionsangriffs wird von der Kornform beeinflusst. Je größer das Länge-zu-Dicke-Verhältnis der Körner ist, desto stärker ist der Schichtkorrosionsangriff. Da bei Plattenmaterial die Körner in Plattenmitte das größte Länge-zu-Dicke-Verhältnis haben, ist dort der Schichtkorrosionsangriff am stärksten, Abb. 3.13 [59].

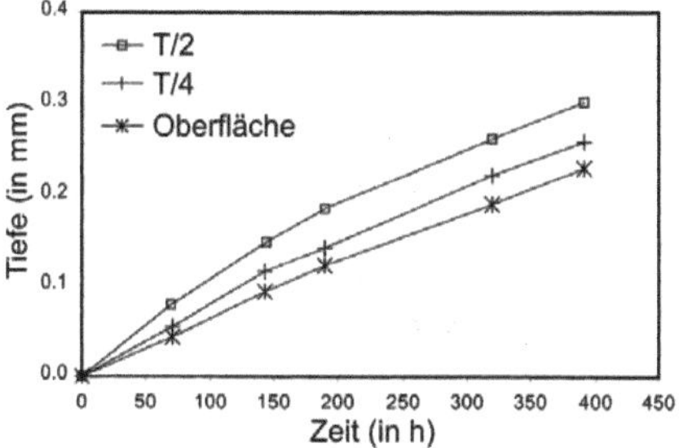

Abb. 3.13: Einfluss der Kornform auf die Tiefe des Schichtkorrosionsangriff von AA2024. Die Körner in Plattenmitte (T/2) hatten das größte, die an der Oberfläche das geringste Länge-zu-Dicke-Verhältnis (nach [59]).

Dies wurde darauf zurückgeführt, dass die interkristalline Korrosionsgeschwindigkeit bei langgezogenen Körnern größer ist als bei eher äquiaxialen Körnern [59, 68]. Auch Mikrostrukturfluktuationen im Material oder unterschiedlichen Eigenspannungen bewirken ein verändertes Schichtkorrosionsverhalten [68].

Das Fortschreiten der Schichtkorrosion hängt stark von der Luftfeuchtigkeit ab und kommt bei relativen Luftfeuchten von unter 60 % gänzlich zum Erliegen [69]. Allerdings kann dann das Wachstum scharfer, nadelstichartiger interkristalliner Risse beobachtet werden [70]. Die Schichtkorrosionsgeschwindigkeit reagiert schnell auf Änderungen in der Umgebung (vgl. Abb. 3.14 a), was auf eine gute Wechselwirkung zwischen dem eingeschlossenen Elektrolyt und der Umgebung hinweist. Außerdem ist der Schichtkorrosionsangriff bei gleicher Luftfeuchte im Zustand T6 deutlich stärker als im überalterten Zustand T7 (Abb. 3.14 b) [69]. Dies ist auf den unterschiedlichen Zinkgehalt an den Korngrenzen und im korngenzennahen Bereich zurückzuführen. Dort, wo die ausscheidungsfreien Säume an Zink verarmt sind, wird aufgrund des positiveren Potentials dieser Säume ein geringerer Angriff beobachtet [68].

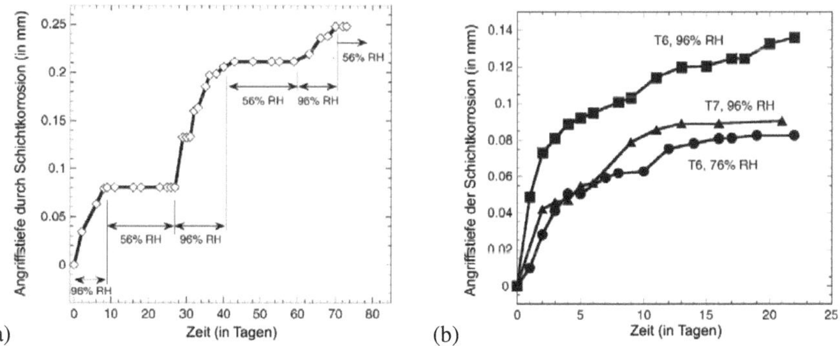

Abb. 3.14: Einfluss der (a) relativen Luftfeuchte und des (b) Wärmebehandlungszustandes auf die Schichtkorrosionsrate von AA7178 (nach [65]).

Der pH-Wert der EXCO-Lösung (nach ASTM G34) steigt innerhalb der ersten 60 h von ursprünglich 0.4 auf 4 an, was dazu führt, dass die Angriffsmorphologie sich in diesem Zeitraum von lochfraßartiger Initiierung zu einem interkristallinen Angriff entwickelt [71].

Für die Korrosionsrate ist neben der Auflösung der anodischen Korngrenzenphase auch die Anwesenheit einer Lokalkathode nötig. In kupferfreien Legierungen übernehmen im Wesentlichen eisenhaltige intermetallische Phasen, wie α-Al(Fe,Me)Si oder Al_7Cu_2Fe diese Funktion [26], während in kupferhaltigen Legierungen sich nach der Initiierungsphase an den Kornflanken oder an der Oberfläche aus der Legierung herausgelöstes Kupfer niederschlägt und die Funktion einer flächigen Kathode übernimmt [72].

Untypisch für 7xxx-Legierungen (nicht aber für 3xxx und 5xxx) ist transkristalline Schichtkorrosion entlang von Gleitebenen [47]. In einigen Fällen wurde diese Korrosionsart allerdings auch bei kupferfreien AlZnMg-Legierungen beobachtet [26, 73]. Innerhalb schmaler Zonen in der zink- und magnesiumhaltigen Matrix der Legierung Al-5%Zn-1%Mg wurden im kalt- und im warmausgelagerten Zustand $MgZn_2$-Phasenansammlungen als Lokalanoden identifiziert [26]. In beiden Fällen sind in Streifen angeordnete α-Al(Fe,Me)Si (Me = V, Cr, Mn, Mo, W, Cu) Phasen die Kathoden. In rekristallisiertem Material wurde transkristalline Korrosion als Hauptschadensursache beobachtet. Haupteinflussfaktoren sind der Eisengehalt, der für die Ausbildung der Kathode nötig ist, und der Wärmebehandlungszustand, der die Korngrenzenausscheidungen kontrolliert [26]. Die Entstehung der ausscheidungsfreien Säume an den Korngrenzen wird mit zwei Mechanismen begründet. Zum einen fehlen im korngrenzennahen Bereich Leerstellen, womit die Diffusionsgeschwindigkeit gesenkt wird und somit die Ausscheidungsbildung verlangsamt wird [26]. Meist wird aber angeführt, dass es aufgrund der Bildung von Korngrenzenausscheidungen zu einer Verarmung an Legierungselementen (verlangsamte Nachdiffusion) kommt [26]. Wesentlich für das transkristalline Schichtkorrosionsverhalten ist bei kupferfreien Legierungen neben dem Eisengehalt eine faserige Mikrostruktur mit einer kontinuierlichen Anordnung anodischer Zonen, die parallel zur Vorzugsrichtung angeordnet sind [73].

Eine Möglichkeit die Schichtkorrosion von Aluminium nicht-zerstörend im Rahmen eines *Corrosion Monitoring* zu untersuchen, stellt die Erfassung akustischer Ereignisse dar [66]. Aufgrund der Schallemission lässt sich der Korrosionsfortschritt verfolgen, wobei entsprechend der Schallsignalform zwischen Gasblasenbildung und Bruchereignissen unterschieden werden kann.

3.3 Metallurgische Modifikationen durch Scandiumzugabe

Aufgrund der physikalischen Eigenschaften von Scandium, wie der geringen Dichte (3 g/cm^3) und dem hohen Schmelzpunkt (1541°C), könnte dieses Metall technologisch interessant werden. Dem steht allerdings der hohe Preis von derzeit etwa 2000 US$ pro kg Scandium entgegen [5].

Als Mikrolegierungselement (Gehalte < 0.5 Gew.%) in Aluminium erhöht Scandium die Festigkeit, verzögert die Rekristallisation und wirkt im Gussgefüge als Kornfeiner. Abhängig vom Legierungsbasissystem verteuert Scandium die Legierung etwa um den Faktor 3-4 [5].

3.3.1 Intermetallische scandiumhaltige Phasen

Aus dem Aluminium-Scandium-Phasendiagramm (Abb. 3.15) ist zu entnehmen, dass diese beiden Elemente vier intermetallische Phasen (Al_3Sc, Al_2Sc, AlSc, $AlSc_2$) bilden, wobei die Phase Al_3Sc ($L1_2$-Struktur, kubisch mit a = 4.10 Å) mit Aluminium im thermodynamischen Gleichgewicht steht. Diese Gleichgewichtsphase entsteht beim Abkühlen aus der Schmelze bei 655 °C durch die eutektische Reaktion Liq. → α_{Al} + Al_3Sc [5].

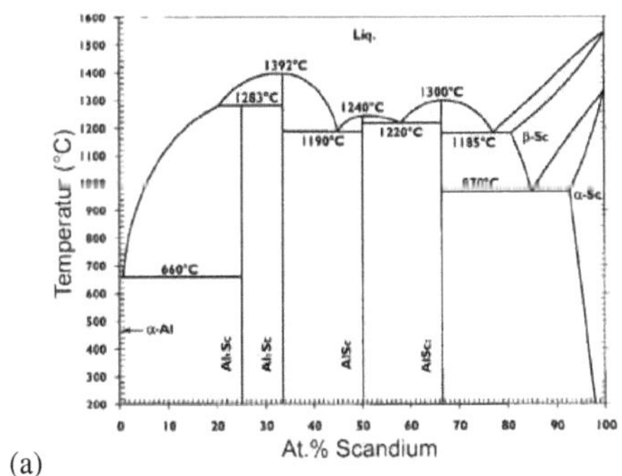

(a)

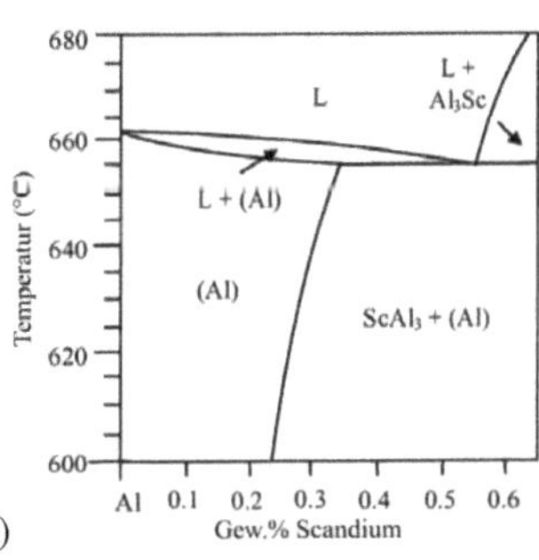

(b)

Abb. 3.15: (a) Vollständiges Phasendiagramm von Aluminium-Scandium, (b) aluminiumreicher Teil des Phasendiagramms von Aluminium-Scandium (nach [5, 74]).

Wie Abb. 3.15 b zu entnehmen ist, beträgt die maximale Löslichkeit von Scandium in Aluminium lediglich etwa 0.4 Gew.%; der eutektische Punkt liegt bei 0.55 Gew.% Scandium. Der Diffusionskoeffizient von Scandium in festem oder flüssigem Aluminium ist sehr klein, was die Bildung eines übersättigten Mischkristalls begünstigt [75]. Bei 430 °C ist Scandium nur noch zu 0.025 Gew.% in der Aluminiummatrix löslich, wobei die Löslichkeit durch weitere Legierungselemente, wie beispielsweise Magnesium zusätzlich reduziert wird [5]. Im Gegenzug senkt Scandium die Löslichkeit anderer Legierungselemente, wie Magnesium, Kupfer oder Mangan [5]. Während die Existenz ternärer Al-Cu-Sc ($W(Al_{5.4-8}Cu_{6.6-4}Sc)$) und Al-Sc-Si ($V(AlSc_2Si_2)$) Phasen belegt ist, konnten ternäre Al-Mg-Sc und Al-Sc-Zn Phasen bislang nicht nachgewiesen werden [5, 75]. Die scandiumhaltige W-Phase ($Al_{5.4-8}Cu_{6.6-4}Sc$) ist nur bis zu einem Magnesiumgehalt von etwa 1 Gew.% existent [76]. Darüber hinaus bildet Scandium mit Eisen, Cobalt und Nickel stabile Verbindungen [77]. Kommerzielle scandiumhaltige Legierungen enthalten üblicherweise auch Zirkon, das als Dispersoidbildner zugegeben wird. Wie Abb. 3.16 zu entnehmen ist, bildet sich keine neue ternäre Al-Sc-Zr Phase. Jedoch kann die Al_3Sc Phase bis zu 35 Gew.% Zirkon und die Al_3Zr Phase bis zu 5 Gew.% Scandium aufnehmen [5, 42]. Die sich bildenden Dispersoide werden üblicherweise mit $Al_3Sc_xZr_{1-x}$ (mit x = 1 ÷ 0.6 [77]) angegeben. Diese Schreibweise erscheint zweckmäßig, da fast 50 % der Scandiumgitterplätze von Zirkon besetzt werden können [5, 75]. Darüber hinaus löst die Al_3Sc-Phase bis zu 11 Gew.% Chrom [78]. Ebenso kann ein Teil der Scandiumgitterplätze durch Titan (ca. 10 % [75]) besetzt werden, womit die sich bildende Phase als $Al_3(Sc,Zr,Ti)$ beschrieben wird [79].

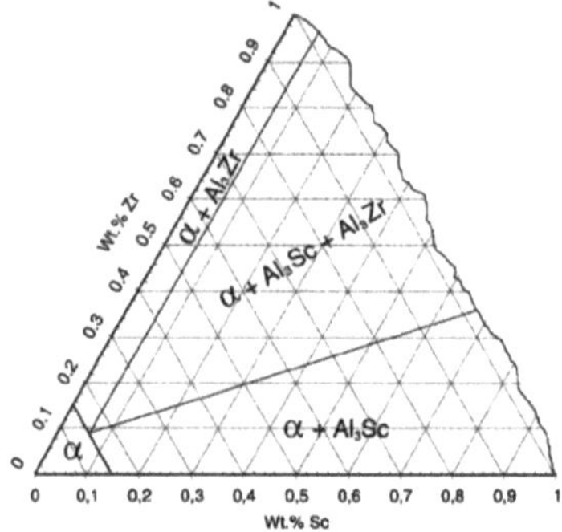

Abb. 3.16: Isothermer Ausschnitt der Aluminiumecke des Al-Sc-Zr Phasendiagramms bei 600 °C (aus [5]).

In einer detaillierten Studie zur Phasenbildung in AlZnMgCuZrSc-Legierungen wurden keine neuen intermetallischen Phasen, als die von niederen Systemen bereits bekannten, festgestellt [5, 76].

In kommerziellen Aluminiumlegierungen ist die Al_3Sc (bzw. $Al_3Sc_xZr_{1-x}$)-Phase die Wichtigste; sie kann auf vier verschiedenen Wegen gebildet werden [5, 80]:

1. Erstarrung einer hypereutektischen ($c_{Sc} > c_E$) Al-Sc-Legierung beginnt mit: Liq. $\rightarrow$ Al_3Sc
2. Erstarrung einer hypo- oder hypereutektischen Legierung endet mit: Liq. $\rightarrow$ $\alpha_{Al} + Al_3Sc$
3. Diskontinuierliche Ausscheidung aus übersättigtem Mischkristall: $\alpha_{Al}^* \rightarrow \alpha_{Al} + Al_3Sc$
4. Kontinuierliche Ausscheidung (Keimbildung und Wachstum) aus übersättigtem Mischkristall: $\alpha_{Al}^* \rightarrow \alpha_{Al} + Al_3Sc$

Da bei der diskontinuierlichen Ausscheidung die Al_3Sc Phase an einer wandernden Korngrenze ausgeschieden wird, entstehen charakteristische Ausscheidungsbänder (vgl. Abb. 3.17 a) [80, 81]. Bei dieser Art der Ausscheidung ist der Festigkeitsanstieg geringer als bei der kontinuierlichen Ausscheidung.

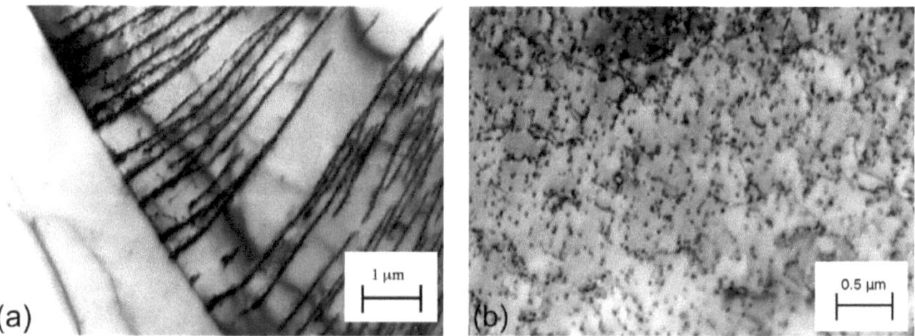

Abb. 3.17: (a) diskontinuierliche und (b) kontinuierliche Ausscheidung von Al_3Sc in einer Al-0,2 Gew.% Sc-Legierung (aus [81]).

Die kontinuierliche Ausscheidung von Al_3Sc (vgl. Abb. 3.17 b) kann sowohl homogen als auch inhomogen an Versetzungen oder Korngrenzen ablaufen [5]. Für große Scandiumgehalte soll gemäß eines numerischen Modells die homogene, für kleine Scandiumgehalte die heterogene Ausscheidung dominieren [5].

Die Kinetik des Ausscheidungsvorgangs wird von den meisten Legierungselementen nicht oder nur wenig beeinflusst. Allerdings scheinen beispielsweise Magnesium und Kupfer die diskontinuierliche Ausscheidung von Al_3Sc zu unterdrücken, während Zink und Silizium diese verstärkt [5]. Für kommerzielle Legierungen ist von Bedeutung, dass Zirkon die Keimbildung von Al_3Sc nicht beeinflusst, die Vergröberung der $Al_3Sc_xZr_{1-x}$ Phase aber verlangsamt. Außerdem besteht der Kern der $Al_3Sc_xZr_{1-x}$ Phasen aus Al_3Sc, während der Zirkonanteil nach außen hin zunimmt [5].

3.3.2 Auswirkung von Scandium auf Mikrostruktur und Eigenschaften von Aluminiumknetlegierungen

Durch Bildung der Al_3Sc- bzw. $Al_3Sc_xZr_{1-x}$-Phase beeinflusst Scandium die Mikrostruktur und die Eigenschaften von Aluminiumlegierungen auf dreierlei Weise:

1. Während der Erstarrung beim Gießen oder Schweißen können sich primäre Al_3Sc Partikel bilden, die als Nukleationskeime für Aluminium wirken und somit zu einer Kornfeinung führen (z.B. [80]).
2. Bei hohen Prozesstemperaturen (Diffusionsglühung, Warmwalzen oder Strangpressen) können feine (20-100 nm) Al_3Sc-Dispersoide ausgeschieden werden, die zu einem guten Rekristallisationswiderstand (z.B. [82]) oder Superplastizität [5] führen.
3. Eine Wärmebehandlung im Temperaturbereich von 250-350 °C kann zu Ausscheidungshärtung durch 2-6 nm große Al_3Sc-Phasen führen (z.B. [83]).

Eine Kornfeinung während der Erstarrung wird fast immer angestrebt, da kleine globulare (equiaxiale) Körner besser als lange Dendriten den Schmelzenachfluss in Hohlräume ermöglichen und somit die Heißrissanfälligkeit und die Schrumpfporosität reduzieren; außerdem wird die Verteilung von intermetallischen Phasen gleichmäßiger [80]. Während für die Kornfeinung in reinem Aluminium eine übereutektische Scandiumkonzentration (> 0.55 Gew.%) nötig ist, lässt sich der Scandiumbedarf auf 0.25 Gew.% senken, wenn zusätzlich 0.25 Gew.% Zirkon zugegeben wird [80]. Die kornfeinende Wirkung von Scandium beruht auf der hohen Nukleationskeimdichte (Al_3Sc-Partikel) sowie der Ähnlichkeit der Gitterstrukturen von Al_3Sc und der Aluminiummatrix (etwa 1.5 % Fehlpassung) [5, 75]. Die Gitterfehlpassung von α-Al und Al_3Sc lässt sich durch Substitution des Scandiums in Al_3Sc durch Zirkon, Hafnium und Titan derart modifizieren, dass sie unter besonderen Bedingungen sogar 0 betragen kann [5, 80]. Eine kleinere Gitterfehlpassung erleichtert die heterogene Keimbildung an den $Al_3Sc_xZr_{1-x}$-Partikel und führt so zu einer kleineren Korngröße. In höheren Legierungssystemen wird durch Wechselwirkung mit anderen Legierungselementen die eutektische Konzentration von Scandium beeinflusst, sodass sie beispielsweise in ternären AlMgSc-Legierungen mit 7 Gew.% Magnesium bei nur noch 0.5 Gew.% Scandium liegt [5]. Auch für dieses Legierungssystem ist die synergistische Wirkung von Scandium und Zirkon belegt. Beispielsweise bewirkt die gemeinsame Zugabe von 0.2 Gew.% Scandium und 0.1 Gew.%

Zirkon zu Al-5%Mg eine deutlicher ausgeprägte Kornfeinung als jeweils 0.2 Gew.% Scandium, 0.6 Gew.% Scandium oder 0.1 Gew.% Zirkon [5]. Vergleichbare Tendenzen werden auch für Al-Cu-Li, Al-Si-Mg und Al-Zn-Mg berichtet [5, 79].

Wird nach einer mechanischen Verformung, wie Walzen oder Strangpressen, eine nicht-rekristallisierte Kornstruktur und somit eine hohe Versetzungsdichte beibehalten, so kann dies signifikant zur Festigkeit des Materials beitragen. Die rekristallisationsverzögernde Wirkung von Scandium wurde 1971 in einem Patent beschrieben und bis heute in zahlreichen Veröffentlichungen für weitere Legierungen bestätigt [5]. Scandium wird als der effizienteste Rekristallisationshemmer unter den Übergangsmetallen beschrieben (vgl. Abb. 3.18).

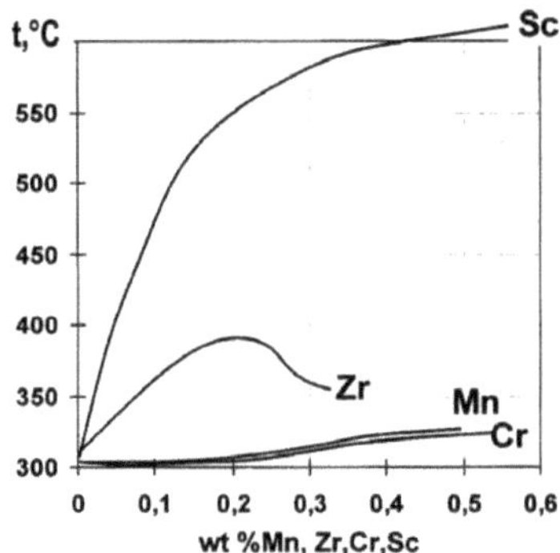

Abb. 3.18: Abhängigkeit der Rekristallisationstemperatur (50 % Rekristallisation) von kaltgewalzten binären Aluminiumlegierungen vom Gehalt an Übergangsmetallen (aus [75]).

Wesentlich für den hohen Rekristallisationswiderstand ist die hohe Dichte an ausgeschiedenen Al_3Sc Dispersoiden, die zudem völlig kohärent zur Aluminiummatrix sind und ohne eine metastabile Übergangsphase gebildet werden [75].

Der Rekristallisationswiderstand beruht auf einer Wechselwirkung der Al_3Sc Dispersoide mit den beweglichen Großwinkelkorngrenzen, d.h. den Rekristallisationsfronten. Es lassen sich drei mögliche Korngrenzen-Dispersoid-Wechselwirkungen unterscheiden [5]:

1. Der Al_3Sc Dispersoid behält seine relative Orientierung und verliert damit die Kohärenz zur umgebenden Matrix.
2. Der Al_3Sc Dispersoid rotiert, wenn die Korngrenze passiert und nimmt die gleiche kristallographische Orientierung wie die Aluminiummatrix des rekristallisierten Korns an.
3. Der Al_3Sc Dispersoid löst sich an der Korngrenze auf und scheidet sich im rekristallisierten Korn wieder aus.

Welche der drei Wechselwirkungsmöglichkeiten abläuft, hängt von der Dispersoidgröße, der Glühtemperatur sowie der Rekristallisationstriebkraft ab.

In AlMgSc-Legierungen sind die Al_3Sc Dispersoide bis zu 400-450 °C wirksam. Bei höheren Temperaturen vergröbern sie stark, was die rekristallisationshemmende Wirkung vermindert. Da die $Al_3Sc_xZr_{1-x}$ Dispersoide deutlich langsamer vergröbern als Al_3Sc, ist deren

Wirkung bezüglich der Rekristallisationshemmung auch noch bei höheren Temperaturen ausgeprägt, wie in Abb. 3.19 zu sehen ist [75]. Die stabilisierende Wirkung von Zirkon unterdrückt auch weitgehend die diskontinuierliche Ausscheidung [80].

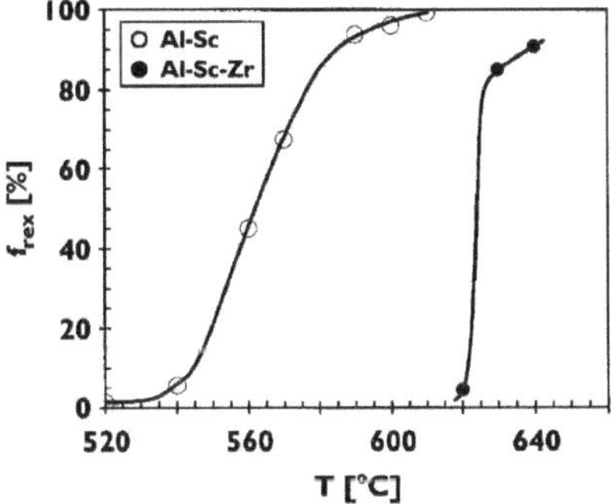

Abb. 3.19: Anteil rekristallisierter Körner in kaltgewalzten Al-0.4 Gew.% Sc und Al-0.4 Gew.% Sc-0.15 Gew.% Zr Blechen als Funktion der Glühtemperatur (aus [5, 84]).

Um Rekristallisation zu vermeiden, können Al_3Sc bzw. $Al_3Sc_xZr_{1-x}$ Dispersoide auf zweierlei Weise gebildet werden [5]:

1. Scandium und Zirkon sind vor der Verformung in fester Lösung. Bei Kaltverformung und anschließender Glühung nukleieren und wachsen die Dispersoide bevor die Keimbildung und das Wachstum von rekristallisierten Körnern stattfindet. Im Falle von Warmverformung können die Dispersoide während der Vorheizphase oder während der Warmverformung nukleieren und wachsen.
2. Die Dispersoide wurden bereits vor der Verformung gebildet.

Experimentelle Vergleiche haben gezeigt, dass der Rekristallisationswiderstand am geringsten war, wenn Scandium und Zirkon vor der Verformung in fester Lösung vorlagen und das verformte Material rasch auf Glühtemperatur gebracht wurde oder wenn sich die $Al_3Sc_xZr_{1-x}$ Dispersoide vor der Verformung bei $T_{disp} >> T_{ann}$ (T_{disp}: Dispersoidbildungstemperatur, T_{ann} Glühtemperatur) gebildet haben. Exzellenter Rekristallisationswiderstand wurde hingegen erreicht, wenn die Dispersoide bei einer Zwischenglühung des lösungsgeglühten und verformten Materials entstanden sind oder wenn sie bei $T_{disp} < T_{ann}$ vor der Verformung gebildet wurden [5].

Superplastische Eigenschaften von scandiumhaltigen Aluminiumlegierungen lassen sich darauf zurückführen, dass die Al_3Sc Dispersoide die feinkörnige Mikrostruktur stabilisieren. Der Verformungsmechanismus superplastischer AlMgSc-Legierungen wird von Korngrenzengleiten dominiert und nicht wie bei grobkörnigem Material über Versetzungsmechanismen [83]. Auch wenn mit einer gänzlich anderen Mikrostruktur gestartet wird, bildet sich während der superplastischen Verformung von AlMgSc-Legierungen eine feinkörnige Mikrostruktur mit Großwinkelkorngrenzen. Eine der effizienteren thermomechanischen Methoden, um eine ultrafeine Kornstruktur mit Großwinkelkorngrenzen zu erhalten, stellt das

ECAP[7]-Verfahren dar. In AlMgSc-Legierungen haben sich Dehnungen von über 2000 % bei verhältnismäßig schnellen Dehngeschwindigkeiten von 0.033 s^{-1} realisieren lassen.

Die Ausscheidung von Al_3Sc Partikeln im Temperaturbereich von 250-350 °C bewirkt einen signifikanten Festigkeits- bzw. Härteanstieg der Legierungen (vgl. Abb. 3.20 (ähnlich auch in [83])). Bei längeren Glühzeiten oder höheren Glühtemperaturen kommt es zu einer Vergröberung der Al_3Sc-Partikel, wodurch die Festigkeit wieder abnimmt. Die Partikelvergröberung lässt sich durch Zugabe von Zirkon minimieren [75].

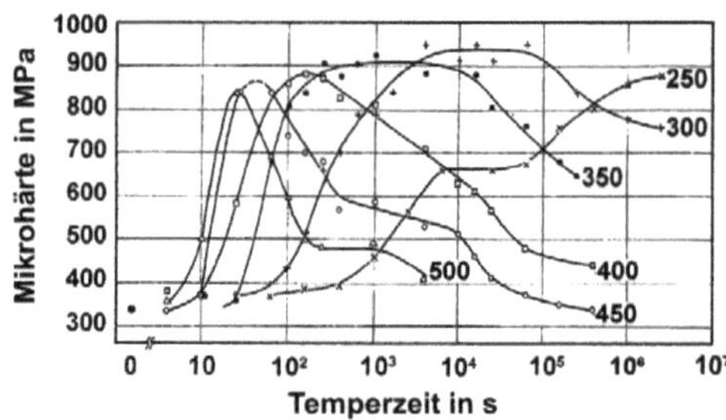

Abb. 3.20: Mikrohärte einer Al-0.41 Gew.% Sc Legierung im Gusszustand in Abhängigkeit der Glühzeit bei verschiedenen Temperaturen (nach [75]).

Scandium wird von einigen Autoren sogar als das wirksamste, ausscheidungshärtende Element (bezogen auf den Atombruchteil) bezeichnet [4, 5]. Bis zu einem Anteil von 0.24 At.% Scandium [85] bewirkt es einen Festigkeitsanstieg von $\Delta\sigma_S/\Delta c_{Sc} \approx 1000$ MPa/At.% Scandium [77]. Scandium bewirkt eine Dispersionshärtung durch fein verteilte kohärente Al_3Sc Partikel (10-15 nm) [77]. Durch die geringe Menge Scandium, die aus einem übersättigten Mischkristall ausgeschieden werden kann, relativiert sich der Härtungseffekt bei kommerziell relevanten Legierungen allerdings stark (Abb. 3.15). Auch der hohe Preis erlaubt i.d.R. den Scandiumeinsatz nur für Nischenanwendungen [5]. Außerdem befindet sich der Temperaturbereich der Al_3Sc-Warmauslagerung (250-350 °C) zwischen dem üblichen Warmauslagerungsbereich und dem Lösungsglühbereich, was die Nutzung mehrerer Ausscheidungspfade unmöglich macht. Daher bietet sich die Ausscheidungshärtung durch Al_3Sc nur bei Legierungen an, die üblicherweise als nicht ausscheidungshärtbar gelten (1xxx, 3xxx, 5xxx). Bei diesen Legierungen dient Scandium sowohl dazu, die Mikrostruktur der verformten Halbzeuge zu stabilisieren als auch einen zusätzlichen Festigungsbeitrag durch Al_3Sc Ausscheidung zu leisten [77, 86]. Dies erklärt, weshalb die AlMgSc-Legierungen für den Flugzeugbau so interessant sind, dass Airbus sie im künftigen A 350 beispielsweise für Landeklappen einsetzen will [45]. Ausschlaggebend ist hier die geringe Dichte, die gute Schweißbarkeit (FSW[8] [87]), die langsame Risswachstumsgeschwindigkeit und die gute Korrosionsbeständigkeit [45, 86].

---

[7] ECAP – equal channel angular pressing

[8] FSW = friction stir welding, Reibrührschweißen

Der Verfestigungsmechanismus durch Al_3Sc basiert darauf, dass kleine kohärente Teilchen geschnitten werden (Schneidspannung ~ $\sqrt{r}$), während größere inkohärente Teilchen nach dem Orowanmechanismus (Orowanspannung ~ r^{-1}) umgangen werden [83]. Wie aus Abb. 3.21 zu entnehmen ist, liegt der Übergang bei einem Teilchendurchmesser von etwa 2 nm. Der Teilchendurchmesser, ab dem der Orowanmechanismus wirksam wird, hängt vom Scandiumgehalt in der Legierung ab und kann für kleine Scandiumgehalte auf bis zu 6 nm steigen [85].

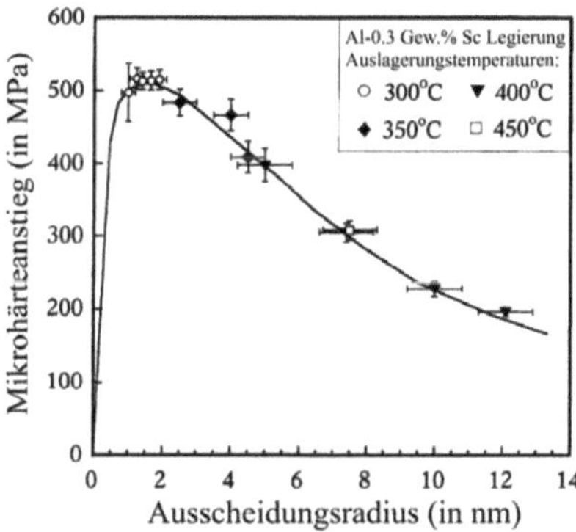

Abb. 3.21: Anstieg der Mikrohärte in Abhängigkeit des Al_3Sc-Partikelradius' (nach [83]).

Der Einfluss von Scandium auf die Ausscheidungssequenzen von üblichen aushärtbaren Aluminiumlegierungen ist kaum signifikant. Die Kinetik der Ausscheidungssequenz von AlCu-Legierungen (übersättigter Mischkristall → GP-Zonen → Θ'' → Θ' → Θ(Al_2Cu)) wird von Scandium nicht merklich beeinflusst, obwohl die härtende Θ'-Phase an Al_3Sc nukleiern kann. Außerdem entzieht Scandium durch die Bildung der W-Phase dem übersättigten Mischkristall Kupfer, so dass dieses der Ausscheidungshärtung nicht mehr zur Verfügung steht [31, 75]. Ebenso beschreibt die Mehrzahl der Veröffentlichungen, dass die Kinetik der Ausscheidungssequenz von AlMgSi-Legierungen (übersättigter Mischkristall → GP-Zonen → β''(Mg_5Si_6) → β' → β(Mg_2Si)) durch Scandium nicht beeinflusst wird. Allerdings gilt auch hier, dass Scandium durch die Bildung der V-Phase ($AlSc_2Si_2$) dem übersättigten Mischkristall Silizium entzieht und damit das Härtungsvermögen absenkt [31]. Ein Siliziumgehalt von 0.4 Gew.% genügt, um Scandium unwirksam zu machen [75]. Eine Partizipation von Scandium in den beiden letztgenannten Ausscheidungssequenzen, die üblicherweise durch Wärmebehandlungen im Temperaturbereich von 160-200 °C durchlaufen werden [5], ist als eher gering einzustufen, da sich Al_3Sc Dispersoide erst im Temperaturbereich von 250-350 °C, der bei üblichen Auslagerungsprozessen nicht erreicht wird, bilden.

3.3.3 Scandium in AlZnMg(Cu)-Legierungen

Auch bei den AlZnMg(Cu)-Legierungen konnten die typischen Auswirkungen von Scandium auf die Mikrostruktur, wie Kornfeinung, Rekristallisationshemmung und Ausscheidungshärtung durch Al_3Sc, beobachtet werden. Die Kornfeinung und die Festigkeitserhöhung sind im wesentlichen auf den Gusszustand beschränkt [88, 89]. Der Nutzen von Scandium liegt weitgehend in der Rekristallisationshemmung.

Die Schweißeignung von kupferhaltigen 7xxx Legierungen wird durch Scandiumzugabe verbessert, indem durch die kornfeinende Wirkung der eutektische Phasenanteil an den Korngrenzen der Schweißzone reduziert wird, was zu einer verminderten Heißrissanfälligkeit führt [42, 74, 75, 90]. Durch Anhebung der Rekristallisationstemperatur wird zudem die Ausdehnung der Wärmeeinflusszone beschränkt [77].

Scandium ist in seinen kornfeinenden Eigenschaften wirksamer als Zirkon oder Chrom [31]. Durch simultane Zugabe von Scandium und Zirkon können Synergieeffekte ausgenutzt werden, wodurch der benötigte Scandiumgehalt gesenkt wird [91]. Dies ist bei Mehrkomponentensystemen deutlicher ausgeprägt als in binären oder ternären Legierungen. Wie aus Abb. 3.22 zu entnehmen ist, genügt für AlZnMgZrSc-Legierungen beispielsweise ein Scandiumgehalt von 0.2-0.3 Gew.%, um eine signifikante Kornfeinung zu erreichen [5, 19, 77, 79]. Die resultierende Korngröße liegt im zitierten Fall bei etwa 25 µm, während mit über 0.7 Gew.% Scandium in Reinaluminium nur eine Korngröße von etwa 50 µm realisiert werden kann. Die kornfeinende Wirkung ist bei langsamer Abkühlung deutlicher ausgeprägt [79].

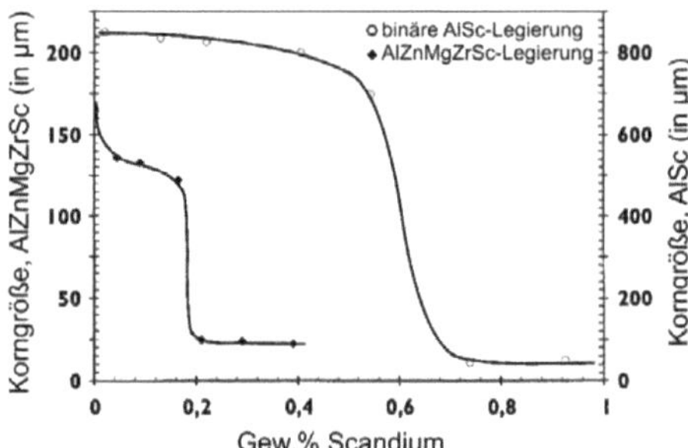

Abb. 3.22: Kornfeinung als Funktion des Scandiumgehalts in reinem Aluminium (rechts) und in einer AlZnMgZr Legierung (links) (aus [5]).

Scandium beeinflusst die Zusammensetzung der eutektischen Korngrenzenphase beim Gießen [19]. Außerdem wird eine dendritische Mikrostruktur eliminiert und es bildet sich eine feinkörnige globular-äquiaxiale Struktur [74, 75, 77, 79, 91]. Nach der Erstarrung ist Scandium in der Mikrostruktur homogen gelöst und fördert eine gleichmäßige Dispersoidverteilung [91], wodurch auch die Breite der ausscheidungsfreien Korngrenzensäume verringert wird [79]. Scandium hält Zink und Magnesium nach dem Gießen im Mischkristall und führt so bei Kaltauslagerung zu besseren Festigkeitswerten. Außerdem wird die Ausdehnung der an Zink und Magnesium verarmten Zone entlang der Korngrenzen minimiert [74].

Scandium erhöht den Rekristallisationswiderstand von AlZnMg(Cu)-Legierungen [42, 91] und hebt die Rekristallisationstemperatur von 280 °C bis auf 590 °C [75, 90]. Während rekristallisationsanfällige AlMg-Legierungen relativ hohe Scandiumgehalte (0.2-03 Gew.%) zur Vermeidung der Rekristallisation benötigen, genügen bei AlZnMg-Legierungen 0.15-0.2 Gew.% [75]. In Al-7Zn-2Mg-0.14Zr kann beispielsweise die Rekristallisation bis zum Schmelzpunkt durch Zugabe von 0.2 Gew.% Scandium verhindert werden [77]. Die Rekristallisationshemmung wird auf die Anwesenheit fein verteilter kohärenter $Al_3Sc_xZr_{1-x}$ Phasen zurückgeführt [92]. Scandium verbessert außerdem die Verarbeitungseigenschaften und die Duktilität von AlZnMgCu-Legierungen [19, 77]. Beim Walzen eines 60 mm dicken AA7075 Gussbarrens auf 1-3 mm Dicke liegt die Ausschussrate ohne Scandium bei 80 %, wohingegen eine Zugabe von 0.5 % Scandium zu 100 % Gutteilen führt [77]. Durch die gleichmäßigere Verteilung und bessere Kohärenz von $Al_3Sc_xZr_{1-x}$ gegenüber Al_3Zr Dispersoiden wird die Rekristallisation von stranggepressten AlZnMgCu-Legierungen effizienter vermieden [19], was zum Erhalt des hohen Festigkeitsniveaus [75] oder sogar zu Festigkeitssteigerungen (15 %) [90] führt. Während für die kornfeinende Wirkung eine Mindestkonzentration von etwa 0.2 Gew.% Scandium erforderlich ist, wird die Rekristallisationshemmung in zirkonhaltigen Legierungen schon bei kleineren Scandiumzugaben erreicht [79].

Auch bei AlZnMg(Cu)-Legierungen konnten superplastische Eigenschaften festgestellt werden [5, 92, 93]. Eine reibrührgefeinte AlZnMg-Legierung erreicht beispielsweise bei 310 °C, was einer homologen Temperatur von 0.6 T_m entspricht, mit relativ hohen Dehngeschwindigkeiten von 3×10^{-2} s^{-1} eine Gesamtdehnung von 1165 % [93].

Über den Einfluss von Scandium bzw. Scandium + Zirkon auf die Ausscheidungssequenz von AlZnMg-Legierungen (übersättigter Mischkristall → GP-Zonen → η' → $\eta(MgZn_2)$ herrscht in der Literatur Uneinigkeit [5]. Es wird von verlangsamter Bildung der Härtungsphase η' [31, 79] – durch Hemmung der Entmischung des Mischkristalls – über keinen Einfluss [13] bis zu einer signifikanten Beschleunigung der Ausscheidung von η' [90, 92] berichtet. Da aber die üblichen Wärmebehandlungstemperaturen von AlZnMg-Legierungen bei nur 95-180 °C liegen, dürfte der Einfluss von Scandium noch geringer sein, als bei den oben beschriebenen AlCu- und AlMgSc-Legierungen.

Scandiumbeigaben von 0.1 Gew.% verkleinern die ausscheidungsfreie Zone entlang der Korngrenze nach dem Homogenisierungsglühen von 8.5 µm Breite auf nur 0.8 µm [79]. Somit greift Scandium nicht in die Ausscheidungssequenz selbst ein, ermöglicht aber einen Festigkeitsanstieg durch Verkleinerung des ausscheidungsfreien Saums.

Die Zugabe von Scandium zu AlZnMgCu-Legierungen erhöht deren mechanische Eigenschaften sowohl im Guß- als auch im Knetzustand [89, 91]. Zwar soll Scandium zu einer Vergröberung der härtenden η' Phase führen, aber auch eine höhere Zinkkonzentration (bis zu 12 Gew.%) ohne merklichen Duktilitätsabfall zulassen. Der höhere Zinkgehalt bewirkt schließlich die Festigkeitssteigerung [19].

Scandium löst sich nicht in signifikanten Mengen in den üblichen intermetallischen Phasen (S, η, Al_7Cu_2Fe) von 7xxx Legierungen [79, 91].

3.4 Korrosion von scandiumhaltigen Legierungen

Während über die Korrosionseigenschaften von AlZnMg(Cu)-Legierungen in der Literatur ausführlich berichtet wird, wurde für AlZnMg(Cu)Sc bisher sehr wenig veröffentlicht. Auch der generelle Einfluss von Scandium auf die Korrosionseigenschaften verschiedener Aluminiumlegierungen wurde bislang nur mäßig untersucht. Erschwerend ist, dass ein Großteil der Untersuchungen aus den 1980er Jahren auf Russisch publiziert und nicht übersetzt wurde. Im Folgenden wird ein Großteil der zugänglichen Publikationen zusammengefasst.

Scandium soll das Korrosionspotential von hochreinem Aluminium (99.9999%) [94], Reinaluminium (vgl. Abb. 3.23), AlZn- [95-97], AlMg-, AlZnMg(Cu)- [98], AlCuMgMn- und AlCuLiMgAg-Legierungen anheben und die Legierungen damit beständiger machen [5]. Schon kleinste Zugaben von nur 0.05 Gew. % Sc zu Aluminium führen zu einem Anstieg des Korrosionspotentials um 40 mV, wobei dieses bis 0.5 Gew.% konstant bleibt und erst bei Zugaben über 0.5 Gew.% wieder linear ansteigt (vgl. Abb. 3.23). Außerdem führt Scandium dazu, dass der Gleichgewichtswert nach dem Eintauchen früher erreicht wird, was wohl auf die schnellere Bildung eines schützenden Oxidfilms zurückzuführen ist [94]. Weiterhin hängt das gemessene Korrosionspotential auch von der Wärmebehandlung ab, der die Legierung unterzogen wurde [5, 99].

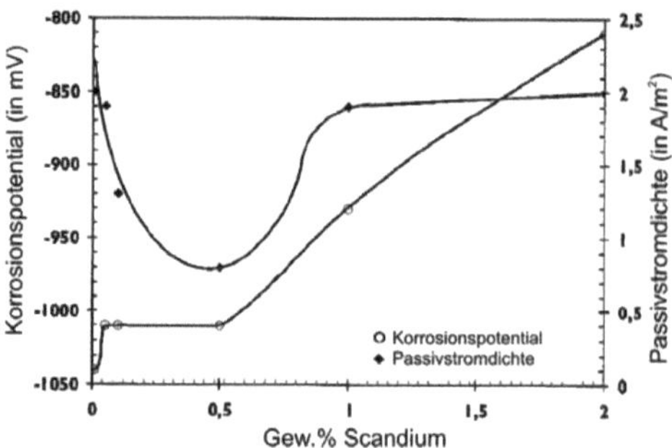

Abb. 3.23: Veränderung des Korrosionspotentials und der Passivstromdichte mit dem Scandiumgehalt in binären AlSc-Legierungen in 3% NaCl, 10 mV/s (nach [5, 100]).

Mit steigendem Scandiumgehalt wird das Lochfraßpotential von Reinstaluminium positiver und der Korrosionsstrom halbiert sich bei Zugabe von 0.1 Gew.% Sc [94]. Auch bei AlZnMg- und AlZnMgCu-Strangpressprofilen wird neben dem Korrosions- auch das Lochfraßpotential in 3 % NaCl durch Scandiumzugabe (0.2-0.5 Gew.%) minimal positiver, zudem nimmt die Korrosionsgeschwindigkeit (in g/m^2Tag) deutlich ab [98]. Diese verbesserten Korrosionseigenschaften durch Scandium werden auf die Möglichkeit der selektiven Oxidation von Scandium zu Sc_2O_3 zurückgeführt. Wie aus Abb. 3.23 zu entnehmen ist, nimmt auch die Passivstromdichte mit Scandiumzugaben bis zu 0.5 Gew.% stetig ab, was bessere Passiveigenschaften bedeutet [100]. Das verbesserte Korrosionsverhalten bei Scandiumzugaben < 0.5 Gew.% soll auf einer positiven Wirkung Al_3Sc Partikel beruhen [100].

Eingehend wurde das Korrosionsverhalten von Al-45 Gew.% Zn-Sc Legierungen in $NaVO_3$-Elektrolyten untersucht [95-97]. Vanadiumoxid, das bei der Verbrennung fossiler Energieträger entsteht, löst sich in sauren Kondensatfilmen im Abgassystem von Heizkraftwerken, Dieselmotoren oder auch Flugzeugturbinen und verstärkt dort die Korrosion [97]. Zulegieren kleiner Mengen Seltener Erden (SE) führt zu einem signifikantem Anstieg des freien Korrosionspotentials (in 0.5M $NaVO_3$: -0.99 V auf –0.59 V bei Zugabe von 0.1 Gew.% Sc [95, 96]). In potentiodynamischen Polarisationskurven in 0.5M $NaVO_3$ (pH 8-9) wurde beobachtet, dass sowohl die Passivierungsstromdichte als auch die Passivstromdichte durch Zugabe von 0.1 Gew.% Scandium um den Faktor 2-3 abnimmt [96]. In alkalischer $Na_4V_2O_7$-Lösung (pH 11) ist dieser Effekt bei Al-45 At.% Zn + SE, wie in Abb. 3.24 zu sehen ist, noch stärker ausgeprägt [97].

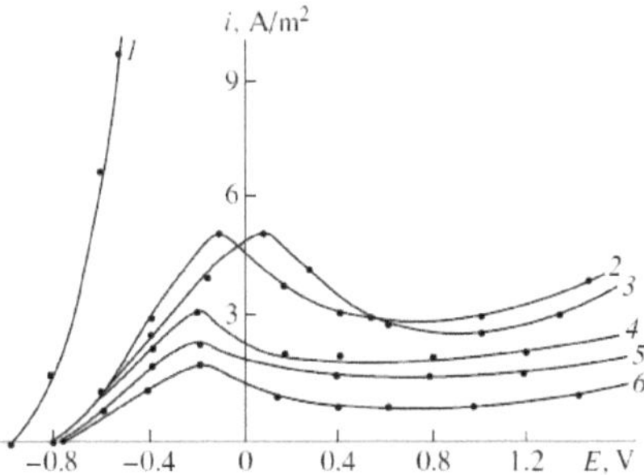

Abb. 3.24: Anodische Polarisationskurven von (1) Al-Zn (45%) und Al-Zn-SE (0.1 At.%), mit (2) Ce, (3) Y, (4) Pr, (5) Nd, (6) Sc in 0.1M $Na_4V_2O_7$ (aus [97]).

Die Wirkung der Seltenen Erden wurde auf deren desoxidierende und kornfeinende metallurgische Wirkung und der damit verbundenen Änderung der chemischen Eigenschaften der Oxidfilme zurückgeführt. Seltene Erden reichern sich an der Oxidoberfläche an und verlangsamen deren Wachstum [97]. Die Korrosionseigenschaften wurden allerdings nicht mit der Mikrostruktur korreliert [95-97].

Abweichend von den oben beschriebenen Ergebnissen wird auch eine Absenkung des Ruhe- und Lochfraßpotentials durch Scandiumzugabe berichtet [99, 101]. Auch soll bei Al-2.5Mg (0-0.15 Gew.% Sc + 0.9 Gew.% Zr) in 3.5 % NaCl die Korrosionsrate mit zunehmendem Scandiumgehalt steigen [101]. Allerdings nimmt die durchschnittliche und maximale Lochtiefe mit steigendem Scandiumgehalt in Al-2.5Mg ab, was einen homogeneren Korrosionsangriff bewirkt. Auch für die russische Legierung AlMr6 wird berichtet, dass die kombinierte Zugabe von Scandium und Zirkon das Lochfraßpotential erniedrigt und somit die Lochfraßanfälligkeit erhöht; allerdings erleichtert Scandium durch Anhebung des Repassivierungspotentials die Repassivierung [99].

Bei Aluminiumlegierungen bestimmen häufig nicht die Flächenkorrosionseigenschaften das auftretende Schadensbild, sondern eher die lokalen Korrosionsarten. Daher kann es in hypereutektischen AlSc-Legierungen zu mikrogalvanischer Korrosion neben primären Al_3Sc Partikeln kommen [98]. Die Al_3Sc-Phase ist aufgrund ihres Korrosionspotentials als kathodische Phase einzustufen. Die Kinetik der Sauerstoffreduktion auf dieser Phase ist sehr langsam, weshalb die Gefährdung durch lokale Alkalisierung als gering einzustufen ist [102].

Eine sensibilisierte AlMgSc-Legierung zeigt weniger stark ausgeprägte interkristalline Korrosion als eine gleichbehandelte scandiumfreie Legierung [86]. AlMg-Legierungen bilden bei Sensibilisierung β-Al_8Mg_5 an den Korngrenzen, was zu interkristalliner Korrosion führt. Da aber auch Wechselwirkungen von Scandium und Magnesium bekannt sind (siehe Kapitel 3.3.1), kann diese gegenseitige Beeinflussung der Löslichkeit im Mischkristall zu unterschiedlichen Ausscheidungsgraden von Al_8Mg_5 an den Korngrenzen und im Korninneren führen, was den möglichen Scandiumeinfluss erklären könnte. Dem widerspricht, dass mit steigender Scandiumkonzentration in AlMr6 sowohl die Schichtkorrosionsanfälligkeit, die maximale Angriffstiefe im interkristallinen Korrosionsversuch als auch der Massenverlust bei Langzeitauslagerungen (4320 h) steigt [99].

Bei AlMg-Legierungen in technisch relevanten Wärmebehandlungen reduziert Scandium die Spannungsrisskorrosionsanfälligkeit [5], wobei der Effekt wohl eher klein ist [86, 103]. Bei AlZnMg-Legierungen verbessert Scandium die Spannungsrisskorrosionsanfälligkeit von verformten Halbzeugen [104]. Während scandiumfreie Legierungen nach einem Tag versagten, überstanden die scandiumhaltigen Legierungen (0.38 % Sc) den 90-tägigen Test. Problematisch bei der Deutung ist, dass die Festigkeit mit zunehmendem Scandiumgehalt steigt, wodurch die relative Belastung beim Test auf Spannungsrisskorrosion folglich geringer ist. Der erhöhte Spannungsrisskorrosionswiderstand kann auf die kleinere Korngröße und die homogene Verteilung der $Al_3Sc_xZr_{1-x}$ Dispersoide gegenüber der scandiumfreien Legierung zurückgeführt werden. Unscherbare $Al_3Sc_xZr_{1-x}$ Ausscheidungen unterdrücken das ebene Abgleiten von Versetzungen und die kleinere Korngröße minimiert die Versetzungsdichte an den Korngrenzen. Somit ist die Spannungskonzentration und die Wasserstoffansammlung an den Korngrenzen deutlich reduziert, was sich auf ein besseres Spannungsrisskorrosionsverhalten auswirkt [105]. Ohne experimentelle Belege anzuführen, wird erwähnt, dass eine Scandiumzugabe zu AlZnMgCu-Legierungen den Schichtkorrosionswiderstand [92] und die Spannungsrisskorrosionsanfälligkeit verbessert [40, 90]. Bei AlZnMgSc-Legierungen und deren Schweißverbindungen verstärkt Chrom die Schichtkorrosion [75].

Bei reinem Scandium bildet sich an Luft eine etwa 5 nm dicke schützende Oxidschicht. Bei thermischer Oxidation bis 1173 K an Luft entsteht eine dreilagige Oxidschicht, die nach außen aus Sc_2O_3 und metallseitig aus ScN besteht, als Zwischenschicht liegt Sc_2O_3 + ScN vor. Der Oxidationsprozess wird durch die Diffusion von Sauerstoff und Stickstoff durch die Oxidschicht kontrolliert und folgt im Temperaturbereich von 1073-1523 K einem parabolischen Schichtwachstumsgesetz [100]. Signifikante Oxidation von Scandium beginnt ab 573 K. Intermetallische Al-Sc-Verbindungen oxidieren langsamer als eine AlSc-Legierung. Die Oxidschicht auf AlSc-Legierungen bis zu einem Scandiumgehalt von 87 % wird von Al_2O_3 dominiert. Scandium reduziert die Oxidationsneigung von Aluminium [100].

Der erhöhte Korrosionswiderstand durch Scandiumzugabe soll darauf beruhen, dass Scandium als elektrochemisch aktives Element aus dem Mischkristall und den Al_3Sc-Dispersoiden selektiv aufgelöst wird und dann einen feinen Sc_2O_3 Film auf der Oberfläche bildet [94]. Dort, wo sich Scandium aufgelöst hat, ist das Aluminium durch den eingebrachten

Defekt elektrochemisch instabiler und wird ebenfalls oxidiert. Es bildet einen dichten, fehlerarmen Al_2O_3-Film, der den Sc_2O_3-Film vor sich herschiebt. Der elektrisch isolierende, dichte Al_2O_3-Film ist letztendlich für die Reduktion der kathodischen und der anodischen Ströme und damit für den besseren Schutz verantwortlich. Eine Erweiterung dieses Mechanismus' nimmt an, dass selektiv oxidierte Sc_2O_3-Partikel sich als fein dispergierter unlöslicher Niederschlag an der Oxidoberfläche anhäufen, diese sterisch blockieren und aufgrund der starken Fehlpassung keine Mischoxide mit Aluminium bilden. Das Aluminiumoxid soll durch die Sc_2O_3-Schicht vor Auflösung geschützt werden [94, 98]. Diese Modellvorstellung wird mit der Wirkung von Chrom in Eisen-Chrom-Legierungen begründet. Aufgrund der geringen Scandiumzugabe (nur etwa 0.1-0.5 Gew.%) ist es allerdings fraglich, ob sich überhaupt ein zusammenhängender – zusätzlich passivierender – Sc_2O_3-Film nach dem Cr_2O_3-Prinzip ([Cr] > 13 %) bilden kann. Die Korrosionsmorphologie wurde in den obigen Studien nicht untersucht. Auch wurde keine Korrelation mit der Mikrostruktur versucht oder experimentelle Belege für das vorgeschlagene Modell angeführt. Allerdings wurde bei pulvermetallurgischen Proben in den äußersten 50 nm eine deutliche Scandiumanreicherung festgestellt [106]. Problematisch ist weiterhin, dass der vorgeschlagene Schutzmechanismus [94] darauf beruht, dass sich Sc_2O_3 bildet, gemäß dem Pourbaix-Diagramm von Sc-H_2O aber nur $Sc(OH)_3$ stabil ist [107]. Da dieses ein geringes Löslichkeitsprodukt von 5×10^{-37} [95] hat, ist es wahrscheinlicher anzunehmen, dass sich ein Scandiumhydroxidfilm niederschlägt [108].

Bei Durchsicht der verfügbaren Literatur fällt auf, dass in vielen Fällen noch Uneinigkeit über die Auswirkungen von Scandium in Aluminiumlegierungen besteht. Allerdings ist davon auszugehen, dass die meisten Effekte, die Scandium auf das Korrosionsverhalten von Aluminiumlegierungen hat, direkt aus den mikrostrukturellen Unterschieden folgen, da die zugegebene Menge Scandium im Regelfall sehr klein ist. Beispielsweise ist eine rekristallisierte Kornstruktur anfälliger auf Spannungsrisskorrosion. Da Scandium die Rekristallisation verhindert, müsste demzufolge eine Verbesserung zu erwarten sein. Allerdings schränkt Scandium auch die Löslichkeit von Magnesium ein, was zu vermehrter Ausscheidung der schädlichen β-Phase an den Korngrenzen führen und interkristalline Korrosion fördern kann.

3.5 Wirkung von Chrom und Mangan

Die Legierungselemente Chrom und Mangan werden den AlZnMg(Cu)-Legierungen üblicherweise nur in Spuren von maximal 0.5 Gew.% zugegeben [109]. Schon diese kleinen Gehalte können die Legierungseigenschaften signifikant verändern.

3.5.1 Metallurgische Wirkung

Mangan ist neben Kupfer bis zu einem Gehalt von etwa 0.5 At.% in binären Aluminiumlegierungen ein sehr effizienter Mischkristallhärter (vgl. Abb. 3.25). Die Härtungswirkung übersteigt die von Magnesium, das auf Gewichtsbasis sehr effektiv ist, oder Zink, das trotz seiner hohen Löslichkeit von bis zu 70 Gew.% nur einen geringen Beitrag zur Mischkristallhärtung leistet [6]. Darüber hinaus bestehen Wechselwirkungen mit anderen Legierungselementen. Beispielsweise reduziert Zink stark die Löslichkeit von Mangan im Aluminiummischkristall [13].

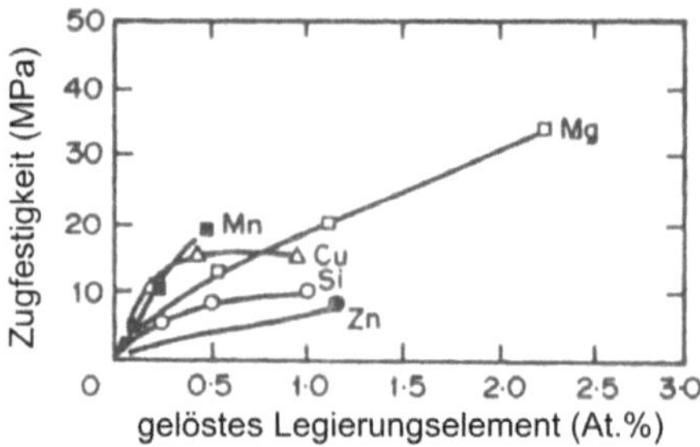

Abb. 3.25: Einfluss verschiedener Elemente auf die Mischkristallhärtung in binären Aluminiumlegierungen (nach [6]).

Das Ausmaß der Festigkeitssteigerung durch Chrom- und Manganzugaben bei AlZnMg-Legierungen wird unterschiedlich bewertet. Unstrittig ist hingegen, dass mit steigender Chrom- oder Mangankonzentration die Duktilität stark abnimmt [6, 13]. Als grober Richtwert gilt, dass die Festigkeit von AlZnMg-Legierungen pro 0.1 % Chrom- oder Manganzugabe um etwa 10 MPa ansteigt. Über einem Chromgehalt von 0.25 % hat dieses keine festigkeitssteigernde Wirkung mehr [8].

Die festigkeitssteigernde Wirkung von Chrom und Mangan in AlZnMgCu-Legierungen durch Mischkristallhärtung ist durch die geringe Löslichkeit dieser Elemente in der Aluminiummatrix beschränkt. Zwar bleiben Chrom und Mangan beim Gießen in Lösung, bilden aber beim Homogenisierungsglühen Dispersoide, die die Kornstruktur während der Herstellung und Wärmebehandlung nachhaltig beeinflussen [6]. Darüber hinaus beeinträchtigen sie merklich die Verarbeitbarkeit beim z.B. Strangpressen [8]. Sie erhöhen die Rekristallisationstemperatur und verzögern somit die Rekristallisation [2, 13, 17, 31, 110].

Chrom beeinflusst durch die Bildung der $Cr_2Mg_3Al_{18}$-Phase den Härtungsmechanismus von AlZnMg-Legierungen [13]. Beim Abschrecken bildet sich um diese Ausscheidungen ein an Kupfer und Magnesium verarmter Saum, da die $Mg_3Zn_3Al_2$-Gleichgewichtsphase [8, 13] bzw. die η-Phase [2, 111] schnell an chromhaltigen Dispersoiden nukleiert und wächst. Somit sind während der folgenden Warmauslagerung weniger gelöste Legierungselemente für die Ausscheidung von GP-Zonen oder η'-Phasen verfügbar, was zu einem Festigkeitsabfall führt [29]. Dieser durch verfrühte Entmischung des übersättigten Mischkristalls bedingte Festigkeitsabfall wird als Abschreckempfindlichkeit bezeichnet. Sie wird von Chrom und Mangan erhöht aber von Zirkon erniedrigt, wobei der Effekt von Zirkon stärker ist [2, 31].

Im Einzelfall können chromhaltige Nukleationskeime auch die Ausscheidung von $MgZn_2$ in der leerstellenverarmten Zone in der Nähe von Korngrenzen erleichtern, was dort zu besseren mechanischen Eigenschaften führt [13]. Üblicherweise dominiert aber der negative Effekt chromhaltiger Dispersoide [29]. Daher wurden sie besonders für dickere Halbzeuge durch Al_3Zr Dispersoide ersetzt, die eine geringere Abschreckempfindlichkeit bei gleichzeitigem Erhalt des gefeinten Korns bewirken.

Bei hohen Mangangehalten ist die intermetallische Verbindung $Al_6(Mn,Fe)$ vorherrschend, bei geringen Mangangehalten Al(Fe,Mn)Si [8].

3.5.2 Einfluss auf Korrosionseigenschaften

Geringe Zusätze an Mangan (ca. 0.3 %), Chrom (< 0.2 %), Vanadium (< 0.1 %) und Kupfer (0.1-0.5 %) verbessern die Spannungsrisskorrosionsanfälligkeit von AlZnMg-Legierungen [8, 13, 40, 42, 111, 112]. Während gelöstes Mangan nur einen kleinen Einfluss auf das Spannungsrisskorrosionsverhalten hat, verbessert es entscheidend das Korrosionsverhalten im spannungsfreien Zustand. Zu Problemen kommt es dagegen, wenn sich intermetallische Verbindungen wie $Al_6(Mn,Fe)$ oder Al(Fe,Mn)Si bilden, da diese aufgrund ihrer kathodischen Aktivität als Keime für Lochkorrosion wirken können [8, 26]. Gelöstes Chrom hingegen verbessert sowohl das Korrosionsverhalten ohne Spannungsbeitrag als auch das Spannungsrisskorrosionsverhalten, besonders in kupferhaltigen Legierungen [13]. In $NaCl/H_2O_2$ unterdrückt es tiefen Lochfraß und interkristalline Korrosion [8]. Durch eine Änderung der Oxidschichtstruktur erhöht Chrom das freie Korrosionspotential, das Loch- und Repassivierungspotential [112, 113]. Liegt der Chromgehalt über 0.2 %, können sich bei gleichzeitiger Anwesenheit von Mangan und Eisen Chromaluminide bilden, die die Abschreckempfindlichkeit erhöhen und zu schlechteren Korrosionseigenschaften führen [13]. Außerdem wirkt sich ein erhöhter Chromgehalt in Verbindung mit Eisenverunreinigungen negativ auf das Schichtkorrosionsverhalten aus [26], da α-Al(Fe,Cr)Si Phasen effiziente Lokalkathoden darstellen. Chrom in eisenfreien Legierungen verschlechtert das Schichtkorrosionsverhalten hingegen nicht [26].

3.6 Schweißverhalten von Aluminiumlegierungen

Die DIN 1910-T1 definiert das Schweißen von Metallen als das *Vereinigen* von metallischen Grundwerkstoffen unter Anwendung von *Wärme* oder *Druck* (oder beidem) ohne oder mit Schweißzusatzwerkstoff. Die Grundwerkstoffe werden vorzugsweise im plastischen oder flüssigen Zustand in der Schweißzone vereinigt. Die Verbindung ist *unlösbar [114].*

Sowohl im Maschinen-, Behälter- und Apparatebau als auch im Bauwesen, Straßen- und Schienenfahrzeugbau ist das Schweißen eine wichtige und häufig angewandte Fügetechnik [28]. Aufgrund der mangelhaften Schweißbarkeit der für die Rumpfstrukturen eines Flugzeuges gebräuchlichen Legierungen war Schweißen als stoffschlüssige Fügetechnik im Flugzeugbau bislang nicht gebräuchlich. Stattdessen dominierte Nieten als vorrangiges Fügeverfahren, allerdings mit den Nachteilen eines ungünstigen Kraftflusses um den Niet herum und eines höheren Gewichts. Würden sämtliche Nietverbindungen durch Schweißungen ersetzt werden, wären partielle Kosteneinsparungen von 25 % und eine Gewichtsreduktion um 10 % zu erwarten [1]. Die positiven Eigenschaften einer „integralen" Bauweise, wie verbesserte Spannungsverteilung, günstigeres Anriss- und Korrosionsverhalten, ließen sich beispielsweise durch Aufschweißen von Versteifungselementen (Stringer und Spanten) auf das Außenhautblech realisieren [1].

Durch die Entwicklung neuer Schweißverfahren, wie dem Reibrührschweißen (FSW[9]) oder dem Laserstrahlschweißen (LBW[10]) werden diese Fügetechniken auch für den Flugzeugbau immer interessanter. Beim Reibrührschweißen wird ein rotierender Dorn durch die Füge-

[9] FSW = Friction Stir Welding, Reibrührschweißen

[10] LBW = Laser Beam Welding, Laserstrahlschweißen

zone gezogen, wobei das Material durch Reibungswärme erweicht und sich beide Fügehälften miteinander verrühren lassen. Die dabei ablaufenden thermomechanischen Vorgänge sind mit denen des Strangpressens vergleichbar [72]. Aufgrund der langsamen Schweißgeschwindigkeit, der geringen Energiedichte und der starken mechanischen Verformung sind die Auswirkungen dieser Schweißnaht auf die Mikrostruktur bis weit ins Grundgefüge feststellbar.

Aufgrund der hohen Schweißgeschwindigkeit, der hohen Flexibilität des über Glasfaserkabel leitbaren Laserstrahls, der hohen Energiedichte und des daraus resultierenden niedrigen Verzugs ist das LBW für Aluminiumlegierungen besonders geeignet [115, 116]. Die Schweißeigenspannungen sind beim Laserstrahlschweißen ebenfalls gering [117]. Außerdem lässt sich durch LBW der Produktionszyklus verkürzen, das Gewicht und die Kosten senken sowie möglicherweise auch die mechanischen Eigenschaften verbessern [117]. Besonders bei den aushärtbaren Aluminiumlegierungen wird aufgrund der hohen Energiedichte des Laserstrahls die Ausdehnung der Schmelz- und Wärmeeinflusszone minimiert. Durch schnelles Aufschmelzen und rasches Erstarren ermöglicht das LBW auch die Verbindung von Metallen, die bislang als nicht-schweißgeeignet eingestuft wurden [117]. Diesen Vorteilen stehen die hohen Anschaffungs- und Betriebskosten, der große Aufspann- und Justierungsaufwand sowie hohe Sicherheitsanforderungen gegenüber [115].

Das erste Flugzeugmodell, das mittels Reibrühr- und Laserschweißverbindungen hergestellt wurde, war ein Eclipse 500 Privatjet [117]. Auch für den Airbus A318 und A380 wurde berichtet, dass Nietverbindungen der Außenhaut durch Laserschweißungen ersetzt wurden [110, 115]. Gewöhnlich sind die Anforderungen an den Werkstoff bei den Schmelzschweißverfahren höher als bei Pressschweißverbindungen, weil hier äußere Druckkräfte entfallen, die einer schweißbedingten Schrumpfung entgegenwirken können [28].

Aufgrund der besonderen physikalisch-chemischen und metallurgischen Eigenschaften des Aluminiums gestaltet sich das Schweißen von Aluminium und seinen Legierungen schwieriger als das von beispielsweise Stahl.

Aluminium bildet an Luft ein sehr stabiles hochschmelzendes Oxid, das zudem eine höhere Dichte als metallisches Aluminium aufweist. Dies führt beim Schmelzschweißen dazu, dass dieses Oxid nicht aufgeschmolzen wird. Dadurch erschwert es die Durchmischung des Schmelzbads und sinkt aufgrund seines hohen spezifischen Gewichts zur Schweißnahtwurzel ab, wo es rissauslösende Wurzeleinschlüsse bildet. Diesem Problem wird häufig durch mechanisches Entfernen der Oxidhaut und/oder durch Verwendung von Flussmitteln begegnet. Durch geeignete Polung der Elektrode beim WIG/MSG[11]-Schweißen lässt sich der sogenannte kathodische Reinigungseffekt ausnutzen, der die Oxidhaut während des Schweißens reduktiv zerstört.

Aufgrund der hohen thermischen Leitfähigkeit von Aluminiumlegierungen wird die beim Schweißen eingebrachte Wärmemenge schnell abgeleitet. Dies führt dazu, dass der zum Schweißen benötigte Wärmeeintrag trotz des gegenüber Stahl deutlich niedrigeren Schmelzbereichs etwa gleich ist.

[11] WIG = Wolfram-Inertgas, MSG = Metall-Schutzgas

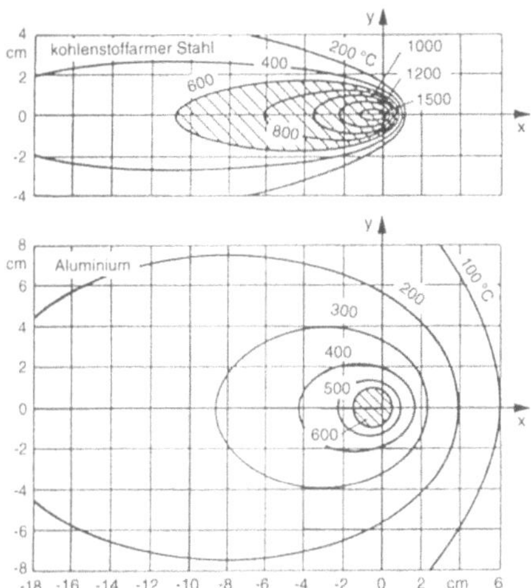

Abb. 3.26: Isothermenfelder beim Schweißen von Stahl und Aluminium (aus [35]).

Aus Abb. 3.26 geht hervor, dass das Temperaturfeld bei Aluminium eine deutlich größere Ausdehnung hat als bei einem kohlenstoffarmen Stahl. Die tatsächliche Ausdehnung hängt stark vom gewählten Schweißverfahren ab und ist umso kleiner, je höher die Energiedichte des Schweißverfahrens ist. Problematisch ist die große Ausdehnung des Temperaturfeldes, weil in diesen Bereichen mikrostrukturelle Änderungen ablaufen, die sowohl die mechanischen Eigenschaften als auch das Korrosionsverhalten stark beeinflussen.

Aluminium weist einen gegenüber Eisen um den Faktor 2 höheren linearen thermischen Ausdehnungskoeffizienten auf, was zu einem starken Verzug der geschweißten Teile führen kann. Minimiert werden kann dieser Verzug durch ein geeignetes Einspannen der Werkstücke, wodurch aber wiederum eine erhöhte Rissgefahr resultiert.

Durch ihr großes Erstarrungsintervall und die Bildung niedrigschmelzender Korngrenzeneutektika sind Aluminiumlegierungen besonders heißrissgefährdet. Daher sind Legierungszusammensetzungen nahe des Maximums des Erstarrungsintervalls zu vermeiden. Heißrissen kann durch geeignetes Vorwärmen oder Aufbringen von Presskräften vorgebeugt werden.

Die Porenbildung beruht hauptsächlich auf der unterschiedlichen Wasserstofflöslichkeit in festem und flüssigem Aluminium. Im flüssigen Zustand kann Aluminium etwa 20 mal mehr atomaren Wasserstoff lösen als im festen Zustand. Dies führt dazu, dass beim Erstarren des Aluminiums der Wasserstoff in molekularer Form Gasblasen bildet, die je nach Erstarrungsgeschwindigkeit nicht mehr entweichen können.

Neben den bereits beschriebenen Problemen können noch zahlreiche weitere verfahrens- oder werkstoffbedingte Diskontinuitäten beim Schweißen auftreten, die in der Praxis zu Schadensfällen führen können. Für eine genauere Erläuterung dieser Diskontinuitäten sei hier auf entsprechende Lehrbücher verwiesen (z.B. [35, 118]).

Trotz möglicher Probleme ist die Schweißbarkeit von Aluminiumlegierungen als gut bis sehr gut einzustufen [28]. Eine Ausnahme stellen Legierungen mit erhöhtem Kupfergehalt (> 0.2 Gew.%) dar, da diese stark zu Rissbildung neigen. Abb. 3.27 zeigt, dass sich bereits kleine Kupferzusätze signifikant negativ auf das Schweißverhalten auswirken. Der negative Einfluss von Kupfer auf die Rissbildung kann jedoch durch die kombinierte Zugabe von Scandium und Zirkon kompensiert werden [40, 42].

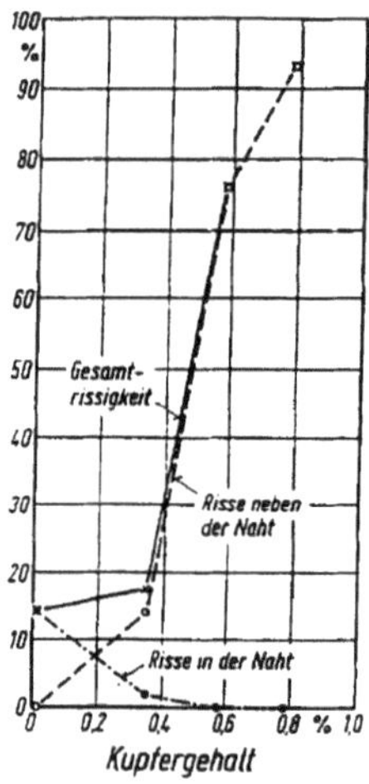

Abb. 3.27: Einfluss des Kupfergehalts von AlZn4,5Mg1 auf die Rissanfälligkeit von Schweißverbindungen mit Schweißzusatzwerkstoff SG-AlMg5 (aus [28]).

Schweißen von höchstfesten 7xxx Legierungen ist sehr schwierig, da diese Legierungen zu Rissen direkt in der Schweiß- oder Wärmeeinflusszone neigen [13]. Aufgrund dieser Heißrisse und auftretender Korrosionserscheinungen (v.a. Spannungsrisskorrosion im Schweißgut und der Wärmeeinflusszone) gelten konventionelle kupferhaltige 7xxx Legierungen zur Zeit als nicht schmelzschweißgeeignet. Durch Zugabe kleiner Mengen Scandium und Zirkon lässt sich durch Kornfeinung die Bildung eines dendritischen Gefüges in der Schweißnaht unterdrücken. Außerdem wird die Bildung von heißrissfördernden eutektischen Phasen an den Korngrenzen reduziert [40, 42, 74].

Bei 7xxx Legierungen ist zu beachten, dass Magnesium und Zink einen hohen Dampfdruck besitzen und beim Aufschmelzen leicht verdampfen (vgl. Abb. 3.28). Dieser Verlust an härtenden Legierungselementen ist über einen entsprechend höher legierten Schweißzusatzwerkstoff auszugleichen, da sonst ein Verlust an Festigkeit durch mangelnde Ausscheidungshärtung zu verzeichnen ist [116].

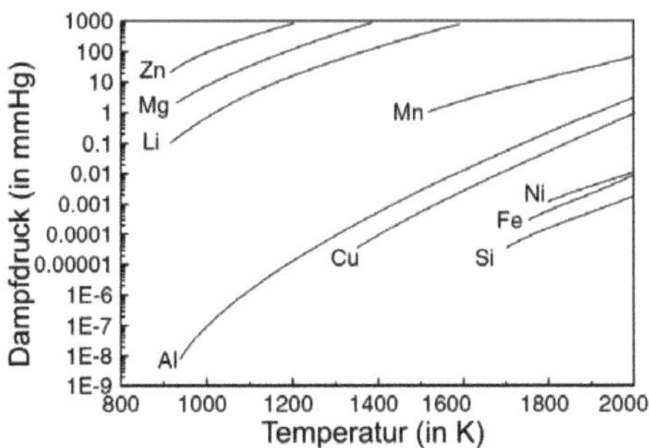

Abb. 3.28.: Gleichgewichtsdampfdruck verschiedener Metalle als Funktion der absoluten Temperatur (nach [116]).

Vorteilhaft für das Festigkeitsverhalten von AlZnMgCu-Schweißverbindungen ist die geringe Lösungsglühtemperatur von 450-480 °C. Außerdem ist der homogenisierte Zwangslösungszustand auch mit relativ geringen Abkühlraten zu erreichen. Durch Kaltaushärtung des übersättigten Mischkristalls kann der anfängliche Festigkeitsverlust, der durch thermisch induzierte Entfestigungsvorgänge in der Wärmeeinflusszone auftritt, wieder zurückgehen.

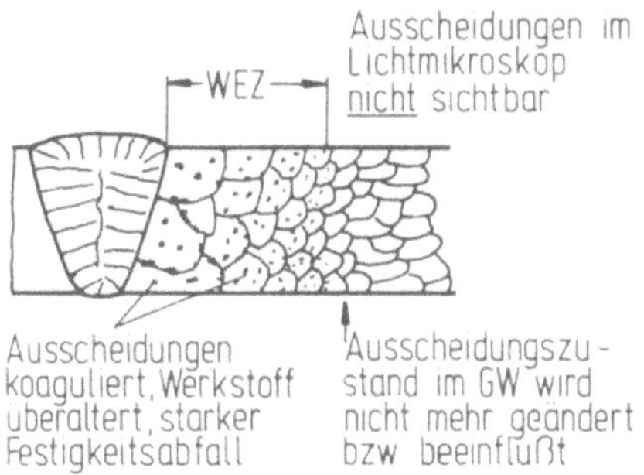

Abb. 3.29: Mikrostruktur einer Schweißnaht in einem ausscheidungsgehärteten Werkstoff (aus [16]).

Allerdings ergeben sich aus der niedrigen Homogenisierungstemperatur und der hohen thermischen Leitfähigkeit auch negative Auswirkungen auf die Wärmeeinflusszone (WEZ), die schematisch in Abb. 3.29 gezeigt ist. Im nahtnahen Bereich der Wärmeeinflusszone wird der Grundwerkstoff teilweise lösungsgeglüht und nicht aufgelöste Ausscheidungen vergröbern sich. Außerdem kommt es durch übermäßiges Kornwachstum zur Bildung einer Grobkornzone. Im Übergangsbereich zwischen Wärmeeinflusszone und Grundwerkstoff (GW) kommt es zu einer Vergröberung der Ausscheidungen, da hier die zum Lösungsglühen erforderliche Temperatur nicht mehr erreicht wurde.

Die Temperaturänderungen, verbunden mit unterschiedlichen Haltezeiten in den einzelnen Bereichen der Schweißnaht und der Wärmeeinflusszone während und nach dem Schweißen, führen zu unterschiedlichen mikrostrukturellen Änderungen. Unter diesen „unkontrollierten“ Bedingungen ist davon auszugehen, dass die Phasenzusammensetzung weitgehend kinetisch und nicht thermodynamisch kontrolliert ist [43]. Dies bedeutet, dass isothermische Zustandsdiagramme nicht mehr gültig sind. Abhängig vom herrschenden Temperaturbereich und der Heizrate kann es abweichend vom thermodynamischen Gleichgewichtszustand zu zahlreichen weiteren Phänomenen, wie Phasenauflösung, Vergröberung, Phasentransformation, sowie Phasenneubildung kommen [38]. Im Temperaturbereich von 50-150 °C lösen sich bei AlZnMg-Legierungen die GP-Zonen auf, bei höheren Temperaturen im Bereich von 200-250 °C die η’ und bei 300-350 °C die η-Ausscheidungen. Experimente und Simulationen haben gezeigt, dass die Phasenauflösung sehr schnell abläuft (innerhalb ca. 40 s bei 220 °C), während die Phasenvergröberung ein eher langsamer Prozess (>100 s bei 220 °C) ist [38].

Aufgrund der wärmeinduzierten Mikrostrukturänderungen sind Schweißverbindungen sehr anfällig auf Spannungsrisskorrosion [119]. Der Korrosionsangriff findet bevorzugt an der Grenze zwischen Schweißnaht und Wärmeeinflusszone statt. Dieser als „white zone“ bezeichnete Bereich weist aufgrund der raschen Erstarrung des Schweißgutes globulare Körner auf [119]. Die Spannungsrisskorrosionsempfindlichkeit kann durch Abbau der schädlichen Zugeigenspannungen mittels Kugelstrahlen gemindert werden [119].

Gegenüber den Laserschweißnähten, haben Reibrührschweißverbindungen einen deutlich weitreichenderen Einfluss auf die Mikrostruktur mit entsprechenden Konsequenzen für das Korrosionsverhalten [72, 91, 120-123].

Bezüglich des Bruchverhaltens zeigen sich Unterschiede zwischen LBW und FSW. LBW-Verbindungen versagen vorrangig in der Schweißnaht (i.d.R. im weicherem Schweißzusatzwerkstoff) oder direkt an der Schweißnahtgrenze (*equiaxed grains*), während FSW-Verbindungen in der thermomechanisch beeinflussten Zone und manchmal auch im Nugget versagen. Außerdem wurde festgestellt, dass der Korrosionsangriff von LBW-Proben im Wechseltauchversuch deutlich stärker war als der von FSW-Proben. Dies wurde auf die Verwendung eines Schweißzusatzwerkstoffs bei den LBW-Verbindungen und damit auf Kontaktkorrosion zurückgeführt. Die galvanische Kopplung zwischen zwei Materialien ist deutlich stärker ausgeprägt als Kopplungseffekte zwischen unterschiedlichen Wärmebehandlungsstufen des gleichen Materials [124].

3.7 Fazit und Fragestellungen

Aus obiger Zusammenstellung geht hervor, dass die Metallurgie der AlZnMg(Cu)-Legierungen sowie der Einfluss verschiedener Legierungselemente auf die mechanischen und prozesstechnischen Parameter weitgehend bekannt und technologisch beherrschbar ist. Auch die Korrosion von AlZnMg(Cu)-Legierungen auf makroskopischer Skala wird weitestgehend verstanden. Ebenso wurden synthetisierte intermetallische Phasen genauer untersucht – allerdings nicht in direktem Kontakt mit der umgebenden Legierungsmatrix. Gerade in der Nähe von intermetallischen Phasen hat die Legierungsmatrix aufgrund von Diffusionsphänomenen eine abweichende Zusammensetzung.

Große Defizite zeigen sich jedoch hinsichtlich der Auswirkungen des verhältnismäßig „jungen“ Legierungselementes Scandium auf die Korrosionseigenschaften von AlZnMg(Cu)-

Legierungen. Ein besonderer Mangel der zugänglichen Literaturangaben besteht darin, dass zwar die metallurgischen Wirkungen von Scandium bekannt sind, diese aber nicht auf die Korrosionserscheinungen übertragen werden. Dies bedeutet, dass häufig eine Korrelation der Korrosionsmorphologie mit der Mikrostruktur und den scandiuminduzierten Mikrostrukturänderungen ausbleibt. Weiterhin wurden elektrochemische Eigenschaften hauptsächlich auf – von Al_3Sc abgesehen – ausscheidungsfreien binären AlSc-Legierungen untersucht. Aus dem Kapitel über die Korrosion von AA7xxx Legierungen wird jedoch klar, dass bei dieser Legierungsklasse die intermetallischen Phasen eine entscheidende Rolle spielen. Inwieweit Scandium hier eine Veränderung bewirkt, ist bislang weitgehend unbekannt.

Bezüglich der Schweißeignung von AlZnMgCu-Legierungen ist der wesentliche Einfluss von Scandium, dass es die Rissneigung minimiert. Inwieweit sich hieraus Konsequenzen auf die Korrosionseigenschaften ergeben, wurde bislang im Detail noch nicht untersucht.

4 Material und Versuchsmethodik

4.1 Charakterisierung der Materialsysteme

4.1.1 Materialzusammensetzung

Im Rahmen dieser Arbeit wurden sieben Varianten der Legierungssysteme AA7349 und AA7010 untersucht (siehe Tab. 4.1 für genaue Zusammensetzung). Die Hauptlegierungssysteme unterscheiden sich in ihrem Zink- (7.7 bzw. 6.4 Gew.%) und geringfügig in ihrem Magnesiumgehalt. Außerdem enthält AA7349 kleine Zusätze von Chrom und Mangan, während AA7010 chrom- und manganfrei ist. Da von Chrom und Mangan bekannt ist, dass sie Auswirkungen auf die Metallurgie und Korrosionseigenschaften haben (vgl. Kapitel 3.5), wurde als Bindeglied zwischen den beiden Hauptlegierungssystemen eine Probe vom Typ AA7449 gewählt. Diese entspricht als Weiterentwicklung von AA7349 in ihrer Hauptzusammensetzung dem Typ AA7349, ist aber chrom- und manganfrei.

Um die Auswirkung kleiner Scandiumzugaben untersuchen zu können, wurden beide Legierungssysteme mit 0.10 – 0.15 Gew.% bzw. 0.25 – 0.30 Gew.% Scandium mikrolegiert. Eine Zugabe von bis zu 0.15 Gew.% Scandium bewirkt noch keine Kornfeinung, während es bei 0.25 Gew.% Scandium neben der Hemmung der Rekristallisation auch schon zur Kornfeinung kommt (vgl. hierzu Kapitel 3.3.3) [75, 125].

Tab. 4.1: Bezeichnung und Zusammensetzung der in dieser Arbeit verwendeten Aluminiumlegierungen [125].

Bez.	Typ	Zn	Mg	Cu	Mn	Cr	Ti	Zr	Sc	Si	Fe
1A	7349	7,65	2,46	1,70	0,160	0,17	0,005	0,121	<0,001	0,082	0,120
1B	7349	7,80	2,42	1,68	0,146	0,159	0,006	0,112	0,128	0,08	0,117
1C	7349	7,65	2,33	1,53	0,152	0,147	0,006	0,107	0,25	0,086	0,114
1D	7449	7,79	2,57	1,75	0,010	0,011	0,007	0,126	0,144	0,083	0,101
2A	7010	6,46	2,37	1,71	0,002	0,002	0,006	0,131	0,007	0,091	0,097
2B	7010	6,40	2,37	1,71	0,002	0,002	0,007	0,113	0,13	0,087	0,101
2C	7010	6,35	2,21	1,71	0,002	0,001	0,010	0,114	0,26	0,083	0,144

Angaben in Gew.-%

Mit dieser Matrix von Legierungsvarianten lässt sich der Einfluss von Zink und Scandium, sowie der kombinierte Einfluss von Chrom und Mangan auf das Korrosionsverhalten untersuchen.

Von EADS[12] wurden aus Extrusionsprofilen dieser Aluminiumlegierungen Platten gefräst, die für diese Arbeit zur Verfügung gestellt wurden.

[12] EADS Corporate Research Center Germany GmbH, München.

4.1.2 Wärmebehandlungsstufen

Die in dieser Arbeit untersuchten Legierungen befinden sich in den Wärmebehandlungszuständen T4, T6 und T76. Durch geeignete Glüh- und Abschreckverfahren wird die Ausscheidungskinetik so beeinflusst, dass sich eine bestimmte Mikrostruktur bildet, die sowohl die mechanischen Eigenschaften als auch die Anfälligkeit auf Korrosion bestimmt.

Der Zustand T4 [126] ist lösungsgeglüht, abgeschreckt und natürlich bis zu einem dauerhaft stabilen Zustand gealtert. Diese Wärmebehandlung findet Anwendung für Legierungen, die nach dem Lösungsglühen nicht mehr kaltverformt werden oder in welchen die Auswirkung der Kaltverformung durch Richten oder Recken keinen wesentlichen Einfluss auf die mechanischen Eigenschaften haben. Auch nach dem Schweißen kommt es üblicherweise zu einer Kaltaushärtung in der Schweißzone.

Um den Zustand maximaler Festigkeit T6 [126] zu erreichen, wird die Legierung lösungsgeglüht, abgeschreckt und warmausgelagert. Anwendung findet dieses Verfahren für Legierungen, die nach dem Lösungsglühen nicht kaltverformt werden oder bei denen sich eine mechanische Nach- oder Zwischenbehandlung nicht auf die mechanischen Eigenschaften auswirkt.

Der Unterschied zwischen T4 und T6 ist im wesentlichen die Auslagerungstemperatur, wodurch die Ausscheidungskinetik und die Art der gebildeten Phasen beeinflusst wird.

Der Wärmebehandlungszustand T76 [126] wird durch ein zweistufiges Wärmebehandlungsverfahren erreicht. Die Legierung wird nach der Lösungsglühung abgeschreckt und anschließend so warmausgelagert, dass der Zustand maximaler Festigkeit überschritten wird (überaltert). Außerdem wird durch ein zweites Warmauslagerungsverfahren eine Vergröberung der Ausscheidungen erreicht, was eine gewisse Stabilität der mechanischen Eigenschaften bedingt. Die Zeiten und Temperaturen der Warmauslagerungsschritte bei T76 wurden so gewählt, dass trotz des hohen Festigkeitsniveaus ein guter Schichtkorrosionswiderstand erreicht wird.

4.1.3 Mikrostruktur der Legierungsvarianten

Die Mikrostruktur der Grundlegierung AA7349 ohne Scandiumzusatz ist als Gefügewürfel in Abb. 4.1 in den drei Wärmebehandlungszuständen abgebildet. Die Gefügebilder wurden durch Ätzung mit einem Farbätzmittel nach Weck erzeugt [127].

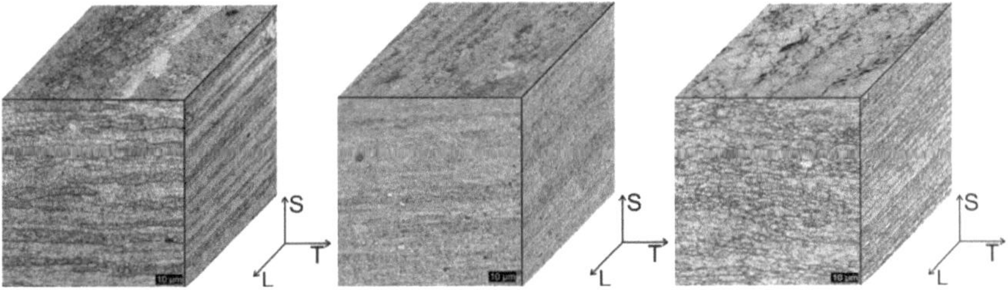

Abb. 4.1: Gefügewürfel von AA7349 in den Wärmebehandlungszuständen T4, T6 und T76 (von links nach rechts).

Die Richtungsangaben S, T und L sind aus Abb. 3.11 zu entnehmen. Analog zeigt Abb. 4.2 die Gefügewürfel der Basislegierung AA7010.

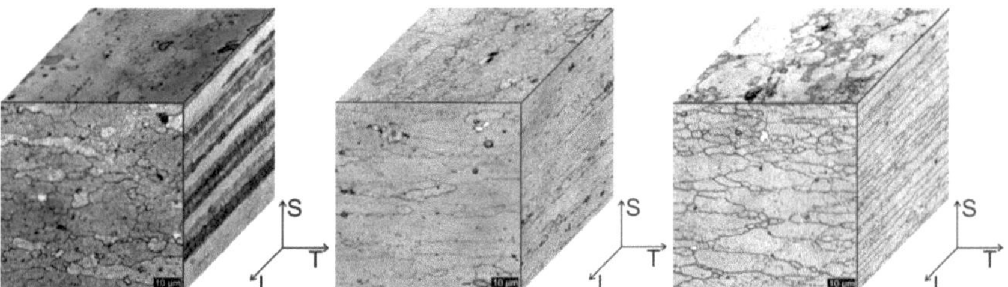

Abb. 4.2: Gefügewürfel von AA7010 in den Wärmebehandlungszuständen T4, T6 und T76 (von links nach rechts).

Unabhängig von der Wärmebehandlung fällt auf, dass in AA7349 deutlich kleinere Körner gebildet werden als bei AA7010, was auf die Wirkung der chromhaltigen Dispersoide in AA7349 zurückzuführen ist, die das übermäßige Wachstum rekristallisierter Körner verhindern [2]. Die Wärmebehandlung wirkt sich hingegen kaum auf die Kornform aus.

Unabhängig vom Rekristallisationsgrad zeigen die Mikrostrukturen beider Legierungssysteme die in Abb. 3.11 gezeigte *pancake structure*, das heißt, dass die Körner durch den Extrusionsvorgang flachgedrückt wurden. Ihre längste Ausdehnung haben sie in Extrusionsrichtung (L), die kürzeste Ausdehnung besteht senkrecht dazu in S-Richtung.

Neben der Kornform sind die intermetallischen Phasen von entscheidender Bedeutung. Besonders die Eisen- und Siliziumverunreinigungen führen beim Gießen der Legierungen zur Bildung grober intermetallischer Phasen, die durch thermomechanische Behandlungen in Bändern parallel zur Pressrichtung angeordnet werden [13]. Diese Vorzugsrichtung ist bei polierten Proben bereits mit dem bloßen Auge sichtbar. Abb. 4.3 a zeigt die linienhafte Anordnung grober intermetallischer Phasen und deren Form (Abb. 4.3 b).

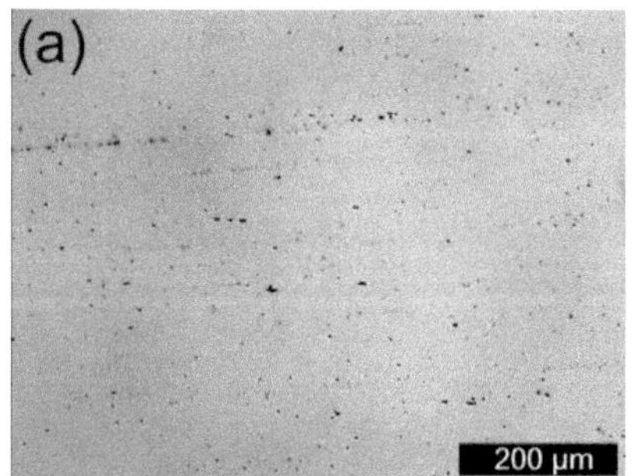

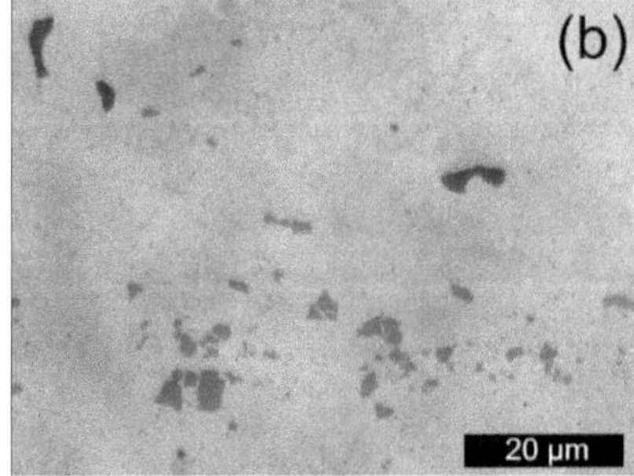

Abb. 4.3: Polierte L-T-Fläche von AA7349-T76, (a) linienhafte Anordnung grober intermetallischer Phasen, (b) Form der intermetallischen Phasen.

Unter dem Lichtmikroskop konnten zwei unterschiedliche Typen von intermetallischen Phasen im Flach-, Längs- und Querschliff identifiziert werden. Eine erscheint dunkelblaugrau [128] und ist rundlich geformt, während die andere hell und eckig ist. EDX-Untersuchungen dieser intermetallischen Phasen haben für die dunkle runde Phase sowohl bei AA7349 als auch bei AA7010 sehr hohe Magnesium- und Siliziumgehalte ergeben, wodurch sie als Mg_2Si identifiziert wurde [13, 41, 128]. In der eckigen, hell erscheinenden Phase des Systems AA7010 wurden hohe Kupfer- und Eisengehalte in einem Cu : Fe-Verhältnis von 1.4-2.5 festgestellt, was für Al_7Cu_2Fe spricht [10, 13, 41]. Die hellen eisen- und kupferhaltigen Partikel in AA7349 zeigen zudem hohe Chrom-, Mangan- und Siliziumgehalte. Bei ihnen handelt es sich wohl um Al(Fe,Me)Si-Phasen mit (Me = Cu, Cr, Mn) [26]. Laut EADS soll es sich in beiden Legierungssystemen um Al_7Cu_2Fe-Phasen handeln [125], was eigenen Untersuchungen aber widerspricht. Im weiteren Verlauf dieser Arbeit wird von zwei unterschiedlichen Phasen ausgegangen.

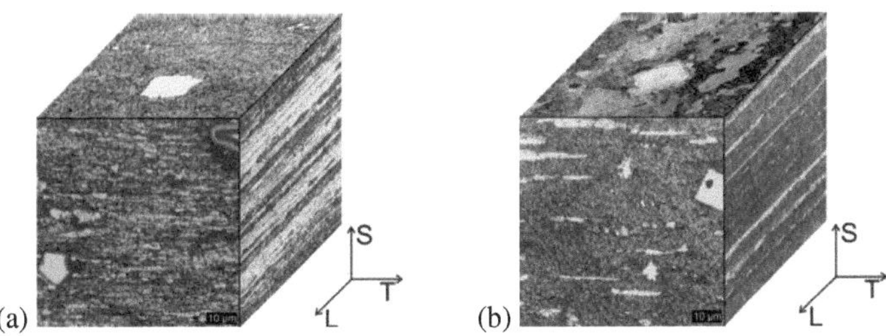

Abb. 4.4: Gefügewürfel von (a) AA7349 + 0.25 Gew.% Sc und (b) AA7010 + 0.26 Gew.% Sc im Wärmebehandlungszustand T4.

Die scandiumhaltigen Varianten weisen zusätzlich sehr grobe kubische Primärphasen vom Typ $Al_3Sc_xZr_{1-x}$ auf. Diese Primärphasen sind deutlich in den Gefügewürfeln von Abb. 4.4 und in Abb. 4.5 zu erkennen.

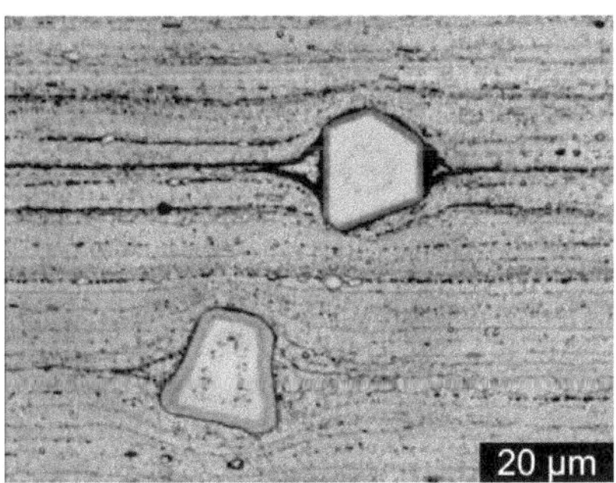

Abb. 4.5: Farbätzung der LS-Fläche von AA7010-T6 + 0.26 Gew.% Sc. Deutlich zu erkennen sind die $Al_3Sc_xZr_{1-x}$-Primärphasen.

EDX-Untersuchungen an diesen $Al_3Sc_xZr_{1-x}$-Primärphasen haben ein Sc : Zr-Verhältnis von etwa 1.3 ergeben. Außerdem zeigen die $Al_3Sc_xZr_{1-x}$-Primärphasen häufig den in Abb. 4.5 dargestellten schalenartigen Aufbau, der auf einen Kern aus Al_3Sc und eine Schale aus $Al_3Sc_xZr_{1-x}$ zurückzuführen ist [5].

Wie aus einem Vergleich der Kornstruktur von Abb. 4.1, Abb. 4.2 und Abb. 4.4 zu entnehmen ist, zeigen die hochscandiumhaltigen Varianten ein deutlich feineres Korn. Diese auf Scandiumzugabe zurückzuführende Kornfeinung durch Rekristallisationshemmung ist bei den Varianten mit mittlerem Scandiumgehalt noch nicht ausgeprägt. Die Gehalte an groben intermetallischen Phasen (mit Ausnahme der $Al_3Sc_xZr_{1-x}$-Primärphasen) zeigen für alle Varianten und Wärmebehandlungszustände keine signifikanten Unterschiede [125].

An der Oberfläche der Strangpressprofile zeigt sich eine deutlich zu erkennende Grobkornzone (vgl. Abb. 4.6). Die Ausdehnung dieser Grobkornzone nimmt mit steigendem Scandiumgehalt ab und ist bei 0.25 Gew.% Scandium nur noch bruchstückhaft ausgebildet.

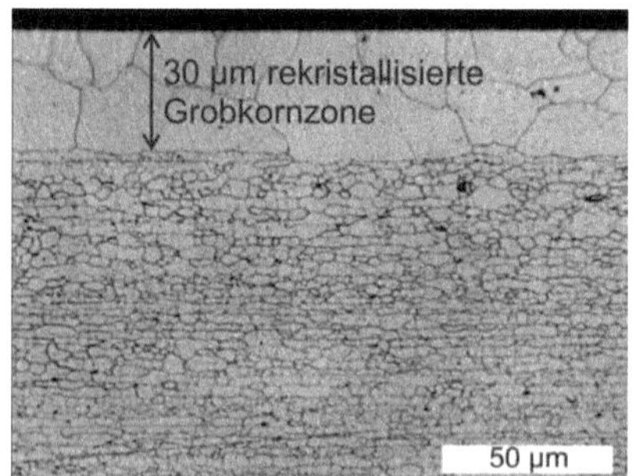

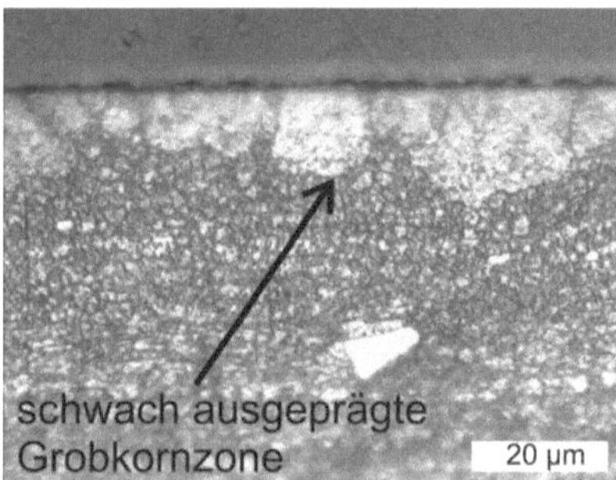

Abb. 4.6: AA7010-T76 mit stark ausgeprägter rekristallisierter Grobkornzone an der Oberfläche und schwache Ausprägung der Grobkornzone bei Zugabe von 0.26 Gew.% Sc (AA7010-T76).

Riesenkornwachstum findet häufig dann statt, wenn einige Körner einen Wachstumsvorteil gegenüber anderen haben; sie wachsen dann auf Kosten ihrer Nachbarn [129]. Sekundärphasen und Texturen sind typische Voraussetzungen für einen solchen Wachstumsvorteil [20].

Bei Strangpressprofilen ändert sich die Kornstruktur kontinuierlich von der Profilmitte zur Oberfläche [130]. Während die Mikrostruktur im Profilzentrum aus erholten länglichen Körnern besteht, sind im oberflächennahen Bereich viele äquiaxiale Körner zu finden. Dieser Gradient in der Mikrostruktur legt nahe, dass es an der Oberfläche durch Reibung zwischen Strangpresswerkzeug und extrudiertem Material zu lokal höheren Temperaturen und Dehnungen kommt, was die Rekristallisation erleichtert. Sind die oberflächennahen Körner erst einmal rekristallisiert, so wird ihre Wachstumskinetik während der Wärmebehandlung (die Grobkornzone entwickelt sich erst während der Wärmebehandlung) stark durch die Mikrostruktur der umgebenden Körner beeinflusst. Durch die hohe Temperatur bei der Wärmebehandlung kommt es zur Kornvergröberung; Triebkraft ist dabei die in den Korngrenzen gespeicherte Grenzflächenenergie. Durch die Lage an der Oberfläche wird schließlich Riesenkornwachstum begünstigt. Scandium unterbindet dieses Riesenkornwachstum durch Hemmung der Rekristallisation.

Ein Vergleich der Korngrößen aus transmissionselektronenmikroskopischen Untersuchungen (Abb. 4.7) und metallographischen Schliffen (Abb. 4.4) führt zu gleichen Größenordnungen. In den TEM-Aufnahmen ist aufgrund der besseren Auflösung und des Materialkontrastes eine Bedeckung der Korngrenzen mit η-$MgZn_2$ zu erkennen.

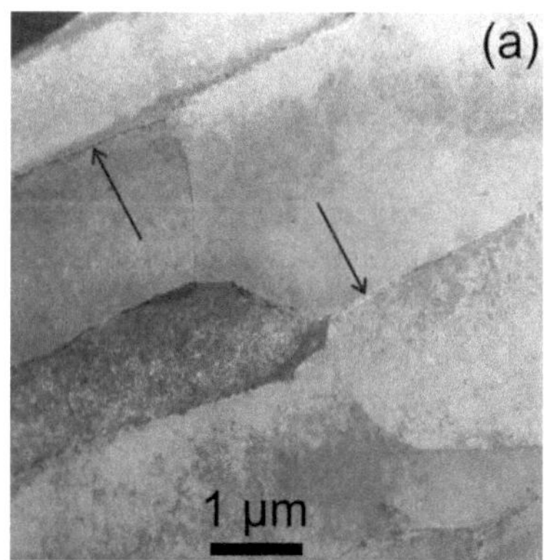

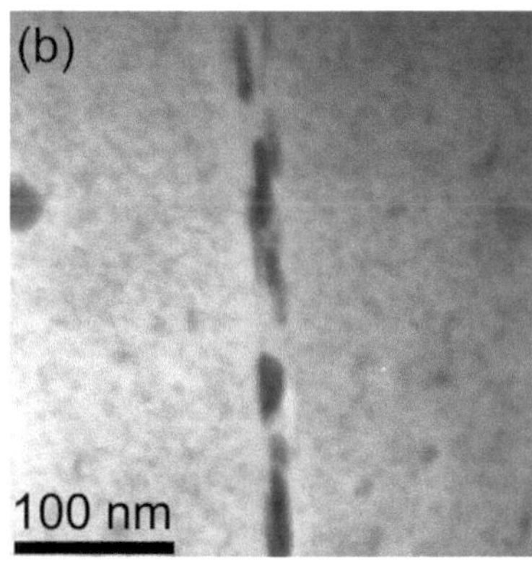

Abb. 4.7: (a) Gefüge von AA7010-T6 (+0.26 Gew.% Sc) in ST-Ebene. (b) Korngrenze mit η-$MgZn_2$ Ausscheidungen in AA7010-T6 (+0.26 Gew.% Sc); die Pfeile deuten auf Korngrenzenausscheidungen.

Die η-$MgZn_2$-Ausscheidungen bewirken im Zustand T4 und T6 nahezu eine vollständige Belegung der Korngrenze, während im Zustand T76 sowohl größere Partikel als auch ein größerer Abstand zwischen den Partikeln beobachtet wird. Ein ausscheidungsfreier Saum ist bei den hochscandiumhaltigen Legierungen nur stellenweise ausgeprägt [79, 91]. Besonders in den scandiumfreien Varianten im Zustand T4 ist ein breiter ausscheidungsfreier Saum erkennbar. Im Korninneren (vgl. Abb. 4.7 b) sind zahlreiche weitere Partikel zu erkennen; dabei handelt es sich wohl um η'-Ausscheidungen [18, 26, 33, 39].

4.2 Probenvorbereitung und Elektrolytherstellung

Für elektrochemische Versuche wurden aus den abgefrästen Strangpressprofilen etwa $15 \times 15\ mm^2$ große Proben gesägt, die mit SiC-Schleifpapier unter ständiger Wasserkühlung bis zu einer Körnung von 600 geschliffen wurden. Mit Microcut® Schleifleinen, das einer Körnung von 1200 entspricht, wurde der letzte Schleifschritt durchgeführt. Der Vorteil des Schleifleinens besteht darin, dass es keine ablösbaren SiC-Abrasivpartikel enthält, die sich in die Aluminiumprobe eindrücken können.

Die Schliffpräparation erfolgte auf Polierscheiben mit 6 µm, 3 µm, 1 µm und 0.25 µm Diamantsuspensionen. Die Schmierung erfolgte bei 6 µm und 3 µm mit einem Gemisch aus Wasser, Ethanol und Schmierseife (2000 ml : 500 ml : 20 g). Bei 1 µm und 0.25 µm Diamantsuspension wurde mit Ethanol oder einem Gemisch aus Ethanol und Glycerin (3 : 1) geschmiert, um die Korrosion der Probe zu verhindern.

Abschließend wurden die Proben für 3 min in Ethanol im Ultraschallbad gereinigt, mit Ethanol abgespült und im warmen Luftstrom getrocknet.

Die für die Versuche notwendigen Elektrolytlösungen wurden aus p.a. Chemikalien und Reinstwasser (0.055 µS/cm) hergestellt. Bei sehr kleinen Chloridkonzentrationen, wie 0.001 mol/l, wurde die Chloridkonzentration über eine dekadische Verdünnungsreihe eingestellt, wodurch der Fehler in der Konzentration kleingehalten wurde.

4.3 Test auf interkristalline Korrosion nach ASTM G110

Um die Anfälligkeit der verschiedenen Legierungen in Abhängigkeit des Scandiumgehaltes und des Wärmebehandlungszustandes auf interkristalline Korrosion zu untersuchen, wurde ein standardisierter Test nach ASTM G 110 durchgeführt.

Alle sechs Flächen des Probenquaders (ca. $15 \times 15 \times 3$ mm^3) wurden mit Microcut® Schleifleinen geschliffen, um einen bei allen Proben und allen Flächen gleichmäßigen Oberflächenzustand einzustellen. Vor dem Versuch wurde jede Probe in einer Lösung aus 50 ml HNO_3 (70 %), 6 ml HF (40 %) und 944 ml destilliertem H_2O bei 95 ± 2°C 1 min lang vorgeätzt. Die Salpetersäure oxidiert das Metall, während die in der Ätzlösung enthaltenen Fluoridionen das Oxid chemisch wieder auflösen. Dies führt zu einer Homogenisierung der Oberflächenbeschaffenheit und aktiviert zusätzlich die Korngrenzen (HF-haltige oxidierende Lösungen werden bei Aluminiumlegierungen auch zur Makro- und Mikroätzung eingesetzt [131]). Nach einer Spülung in destilliertem Wasser wird jede Probe bei Raumtemperatur für 1 min in 65 % HNO_3 getaucht, um aus der Probe ausgetretenes Kupfer oxidativ zu entfernen. Abschließend wird die Probe in destilliertem Wasser gespült und im Luftstrom getrocknet.

Der eigentliche Test auf interkristalline Korrosion wird in einer frisch zubereiteten Prüflösung aus 57 g NaCl + 10 ml H_2O_2 (30 %) mit destilliertem Wasser aufgefüllt auf 1000 ml, bei 30°C im (dunklen) Klimaschrank für 6 Stunden ohne Unterbrechung und ohne Auswechseln der Lösung durchgeführt. Für jeden cm^2 Probenoberfläche wurden etwa 14 ml Prüflösung verwendet. Nach dem Test wurden die Proben für 15 min in konzentrierte HNO_3 getaucht, um weiteren Korrosionsfortschritt zu verhindern und um die Proben für die metallografische Untersuchung zu konservieren. Darüber hinaus wurden die Proben während der 15-minütigen Tauchzeit für 1 min in der konzentrierten HNO_3 im Ultraschallbad von den anhaftenden Korrosionsprodukten befreit. Die Proben wurden anschließend in destilliertem Wasser gespült und im warmen Luftstrom getrocknet. Schliffe aller Gefügerichtungen wurden angefertigt und im geätzten (10 % H_3PO_4, 50°C, 2 min) oder ungeätzten Zustand bei 100- und 500-facher Vergrößerung lichtmikroskopisch untersucht. Die Beurteilungskriterien orientieren sich an den in der Norm vorgeschlagenen Richtlinien, sie gehen aber auch darüber hinaus.

Das Gewicht jeder einzelnen Probe wurde nach dem Schleifen, nach dem Reinigungsätzen und nach der Konservierung in konzentrierter HNO_3 ermittelt. Das Ausgangsgewicht der Proben lag im Bereich von etwa 2.2 – 2.4 g.

4.4 Schichtkorrosionstest nach ASTM G34

Die Schichtkorrosionseigenschaften aller sieben Legierungsvarianten in den Wärmebehandlungszuständen T6 und T76 wurden mittels des in ASTM G34 genormten EXCO-Tests untersucht. Der Einfluss der Grobkornzone in den scandiumfreien Legierungsvarianten wurde ermittelt, indem von allen Varianten sowohl Profilproben (mit Grobkornzone) und abgefräste Proben der Prüflösung ausgesetzt wurden. Die gefrästen Proben wiesen eine Testfläche von etwa 13 × 5.5 cm^2 und die Profilproben von 9.5 × 5 cm^2 auf.

Sämtliche Proben wurden 2 min in Ethanol im Ultraschallbad gereinigt und anschließend im warmen Luftstrom getrocknet. Alle Flächen und Schnittkanten, außer die LT-Testfläche, wurden mit einem speziellen Abdecklack abgedeckt (vgl. Abb. 4.8). Vor dem Versuch wurde die Testfläche nochmals kurz mit Ethanol gereinigt.

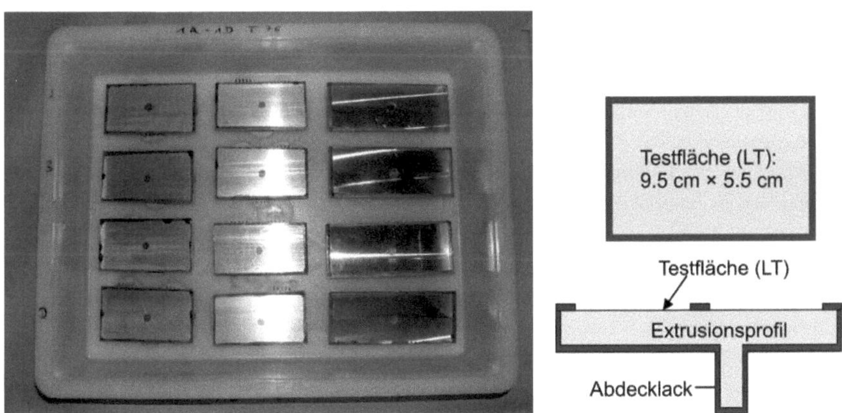

Abb. 4.8: Anordnung der Proben (hier AA7349-T76 mit verschiedenen Scandiumgehalten) im Testbecken; 1. und 2. Spalte: Extrusionsprofilproben, 3. Spalte: gefräste Proben. Rechts ist schematisch eine lackierte Profilprobe gezeigt.

Die Testlösung setzt sich (nach ASTM G34) folgendermaßen zusammen:

1170 g	NaCl
250 g	KNO_3
34.5 ml	HNO_3 (65 %)
	gelöst in 5 l deionisiertem Wasser.

Bei der Herstellung ist zu beachten, dass zunächst NaCl in fast 5 l deionisiertem Wasser gelöst wird. Es verbleibt dabei ein Bodensatz, der durch Zugabe der KNO_3 in Lösung gebracht wird. Anschließend ist HNO_3 zuzugeben und auf exakt 5 l aufzufüllen. Wegen der stark oxidierenden Wirkung konzentrierter Salpetersäure ist Vorsicht bei Kontakt mit dem Kochsalz geboten.

Entsprechend dem Airbus-Standard wurde pro cm^2 Probenoberfläche (15 ± 1) ml Testlösung verwendet.

Die Testtemperatur lag während der 48-stündigen Versuchsdauer zwischen 22 und 24°C; Zwischeninspektionen wurden nach 1, 5 und 24 h durchgeführt.

Um eine Verfälschung der Versuchsergebnisse durch Korrosionsprodukte in der Lösung zu minimieren, wurden in einem abgedeckten Testbecken nur Legierungen einer Klasse in einem bestimmten Wärmebehandlungszustand ausgelagert. Zur Beurteilung der Reproduzierbarkeit wurden von den Extrusionsprofilen zwei Exemplare getestet.

Die Anordnung der Proben in einem Testbecken ist in Abb. 4.8 dargestellt.

4.5 Makroelektrochemische Versuche

Unter makroelektrochemischen Versuchen wird in dieser Arbeit die Aufzeichnung von Potentialen oder Strömen, die aus einer Kontaktfläche von etwa 1 cm^2 resultieren, verstanden. Es handelt sich um Ruhepotentialmessungen, potentiodynamische oder potentiostatische Polarisationen mit oder ohne Gasspülung. Zur Spülung wurde Luft (luftgesättigte Lösung) oder Argon (sauerstofffreie Lösung) verwendet.

Polarisationsversuche wurden in einer konventionellen Dreielektrodenanordnung mit der Probe als Arbeitselektrode, einem Platinnetz als Gegenelektrode und einer Referenzelektrode durchgeführt. Die Probe wird mit einer Feder gegen einen Silikon-O-Ring gedrückt, um ein Auslaufen des Elektrolyten zu verhindern. Silikon hat sich aufgrund seiner hydrophoben Eigenschaft als brauchbar erwiesen, um Spaltkorrosion am O-Ring zu minimieren. Als Referenzelektrode diente für hochchloridhaltige Lösungen eine 1M oder 3M Ag|AgCl (+236 bzw. +207 mV gegen Normalwasserstoff (NHE)), für chloridfreie und chloridarme Elektrolyte eine gesättigte Hg|H_2SO_4-Elektrode (+640 mV_{NHE}). Das jeweilige Bezugssystem ist bei den entsprechenden Messungen angegeben. Die Arbeitsweise der Dreielektrodenanordnung ist gängigen Lehrbüchern zu entnehmen [48].

Als Potentiostat diente ein Autolab PGSTAT30 von Ecochemie® mit der Steuerungssoftware GPES 4.8.

4.6 Mikrokapillartechnik

Ein umfassender Überblick über die in der Wissenschaft bislang erfolgreich eingesetzten Techniken, um von kleinsten Kontaktflächen elektrochemische Daten zu erfassen oder diese Kontaktflächen elektrochemisch zu manipulieren, ist in [132] zu finden. In der vorliegenden Arbeit wurde die Mikrokapillartechnik eingesetzt.

Diese Methode basiert im Wesentlichen auf einer fein gezogenen, plangeschliffenen und an der Öffnung mit einem Silikondichtring versehenen Glaskapillare, die mit dem entsprechenden Elektrolyt gefüllt ist. Beim Ziehen der Glaskapillare lassen sich Öffnungsdurchmesser von $\geq$ 100 nm [132] realisieren, wobei in der Praxis Durchmesser von 1 – 1000 µm üblich sind [133]. In dieser Arbeit wurden Kapillaren mit einem Durchmesser im Bereich von 30 – 500 µm verwendet.

Die Kapillare wird mit einer Mikrozelle, die einen Platindraht als Gegenelektrode und eine Elektrolytbrücke zur Referenzelektrode 3M Ag|AgCl (+207 mV_{NHE}) enthält, in den Objektivrevolver eines Lichtmikroskops eingebaut. Dieser Aufbau ist in Abb. 4.9 zu sehen. Die zu untersuchende Probe wird auf dem Objekttisch fixiert. Durch Herauffahren des Objekttisches an die Glaskapillare wird ein Kontakt hergestellt. Durch das Fernrohr kann die Annäherungsprozedur beobachtet werden.

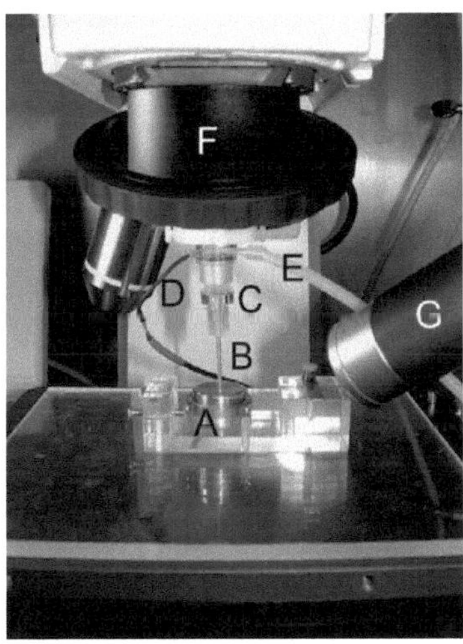

Abb. 4.9: Mikroelektrochemische Zelle mit Glaskapillare in Objektivrevolver: (A) Probe, (B) Glaskapillare, (C) Mikrozelle mit (D) Platindraht als Gegenelektrode und (E) Elektrolytbrücke zur Referenzelektrode, (F) Objektivrevolver, (G) Fernrohr.

Die Platzierung der Mikrozelle im Objektivrevolver ermöglicht eine genaue Kalibrierung der Kapillarposition. Über das Mikroskop (Nikon Eclipse L150) wird die gewünschte Stelle auf der Probenoberfläche ausgewählt. Anschließend wird durch Drehung des Objektivrevolvers die Kapillare zielgenau (ca. ± 1 µm) mit der Probenoberfläche in Kontakt gebracht. Da das Mikroskop mit einer CCD-Kamera und dazugehöriger Steuereinheit ausgestattet ist, können Bilder von der Versuchsfläche aufgenommen werden, ohne die Probe entnehmen zu müssen.

Die Kontrolle der elektrochemischen Prozesse erfolgt über eine Präzisionsspannungsquelle (Burster Digistant 4462) und einen Jaissle IMP 83 PC T-BC Potentiostat / Galvanostat mit einer Stromauflösung von 10 fA. Die Daten werden über ein Keithley 2000 Multimeter ausgelesen und auf einem Computer mit entsprechender Software gespeichert und weiterverarbeitet. Eine detaillierte Beschreibung des Versuchsaufbaus und der Funktionsweise findet sich in [134, 135].

Die Mikrokapillartechnik wurde bislang erfolgreich zur Untersuchung der Lochkorrosion von nichtrostenden Stählen eingesetzt [134-139]. Der Vorteil dieser lokal hochaufgelösten Methode liegt in der einfachen und präzisen Positionierung der Kapillare im Korninneren, an Korngrenzen, in Einschlüssen oder an der Grenzfläche von Einschlüssen [134]. Ebenso hat sich diese Technik zur Untersuchung der lokalen elektrochemischen Parameter von Schweißnähten bewährt [134].

Auch auf dem Gebiet der Aluminiumkorrosion wurden einige Arbeiten mit der Mikrokapillartechnik veröffentlicht. Suter und Mitarbeiter haben Studien an Rein- und Reinstaluminium [133] sowie an der Aluminiumlegierung AA2024 [140, 141] durchgeführt. Auch liegen Ergebnisse von mikroelektrochemischen Messungen an AA7075 vor [9-11]. Ziel dieser Arbeiten war es, die Wirkung der intermetallischen Phasen, die in diesen Legierungen vorkommen, besser zu verstehen. Synthetisierte intermetallische Phasen verschiedener Aluminiumlegierungen wurden ebenfalls mit einer Mikrokapillartechnik charakterisiert [23, 24].

Je nach Anwendungszweck lässt sich die Mikrokapillartechnik derart modifizieren, dass in-situ pH-Messungen oder eine Temperaturkontrolle der Probe möglich werden [138, 142]. Ebenso lässt sich eine mechanische Spannung an die Probe anlegen, oder Tribokorrosion durch Rotation eines Al_2O_3-Stabs in der Kapillare untersuchen [137, 142]. Trotz der vielen Möglichkeiten ist beim Einsatz der Mikrokapillartechnik zu beachten, dass es bei hohen Korrosionsraten zu einer starken Veränderung des Elektrolyten und damit zu einer Verfälschung des Messergebnisses kommen kann. Dies ließe sich durch einen stetigen Elektrolytaustausch mittels einer zweiten Kapillare verhindern [142], wodurch es allerdings zu Strömungen an der Probenoberfläche kommt. Entstehen zudem voluminöse Korrosionsprodukte oder Gase, kann es zu einer Blockade der Kapillare kommen [132, 143]. Die Versuchsparameter sind dementsprechend sorgfältig zu wählen und die Auswertung der erhaltenen Daten erfordert im Einzelfall die Berücksichtigung verschiedenster Einflüsse, wie beispielsweise dem ohmschen Spannungsabfall, Potentialvorschubgeschwindigkeit, kapillargrößenabhängige Grenzstromdichte usw. [143]. Die zu berücksichtigenden Einflüsse werden an den entsprechenden Stellen dieser Arbeit genauer diskutiert.

4.7 EC-Pen Technik

Der EC-Pen (electrochemical pen) wurde speziell als gekapseltes, mobiles und einfach zu handhabendes Messinstrument für elektrochemische Untersuchungen vor Ort – z.B. auf einer Baustelle – entwickelt [144-146]. Er besteht aus einem mit Messelektrolyt gefüllten Filzstift, in den alle notwendigen Elektroden integriert sind, sowie einem Potentiostat / Galvanostat und einem Laptop mit entsprechender Software zur Steuerung und Datenerfassung. Zur Messung wird der Pen auf die gewünschte Messstelle gedrückt. Für die automatisierte Datenerfassung lässt sich der EC-Pen auch in einen modifizierten x-y-Datenschreiber einbauen, der ein gleichmäßiges Abrastern der Messfläche ermöglicht.

Mit dem EC-Pen sind prinzipiell alle elektrochemischen Grundfunktionen möglich, wie Ruhepotentialaufzeichnung, Polarisationskurven, potentio- und galvanostatische Messungen und sogar Impedanzmessungen [147]. Aufgrund des geringen Elektrolytvolumens in der Filzspitze ist es ratsam, auf Messverfahren, die eine starke Materialauflösung bewirken, zu verzichten. Der Kontaktflächendurchmesser hängt von der verwendeten Filzspitze ab und liegt in der vorliegenden Arbeit bei etwa 1.3 mm^2.

Da die Referenzelektrode aus einem mit Silberchlorid beschichteten Silberdraht besteht und sich somit das auf die Normalwasserstoffelektrode bezogene Referenzpotential durch die Chloridkonzentration im Elektrolyt ergibt, muss dieser bauartbedingt Chloridionen enthalten [145]. Wie in der Kalibierkurve von Abb. 4.10 dargestellt, hängt das Elektrodengleichgewichtspotential einer Elektrode zweiter Art entsprechend der Nernst'schen Gleichung logarithmisch vom Chloridgehalt ab. Die Werte für eine gesättigte, 3 und 1 molare Chloridlösung (Abb. 4.10) sind Tabellenwerte. Die für 0.1, 0.01 und 0.001 molare Chloridkonzentrationen wurden experimentell bestimmt.

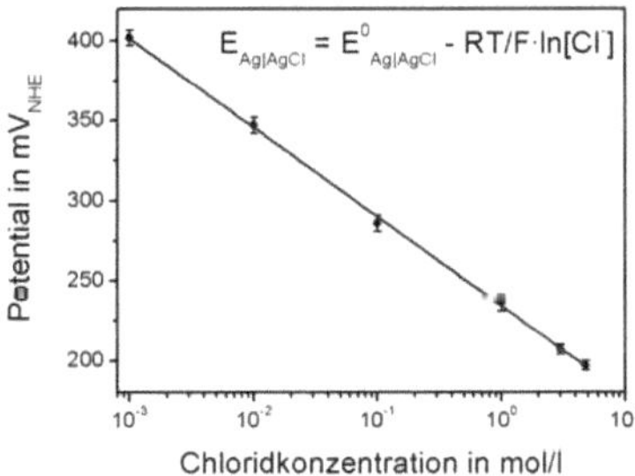

Abb. 4.10: Kalibierkurve für das Referenzpotential des EC-Pens bezüglich der Normalwasserstoffelektrode.

Eingesetzt wurde der EC-Pen bislang im Rahmen der Qualitätsüberwachung zur lokalen Untersuchung von Schweißnähten und zur Charakterisierung der Defektdichte von thermisch gespritzten Schichten [144, 146, 148-150]. Im Rahmen dieser Arbeit wurde die Anwendbarkeit auf Aluminium-Laserschweißnähte mit sehr schmalen Wärmeeinflusszone untersucht. Bei Aluminium stellt die elektrisch isolierende Oxidschicht zusätzlich ein messtechnisches Problem dar, besonders, wenn nur ein kleines Elektrolytvolumen zur Verfügung steht.

4.8 Analysegeräte

Die Mikrostruktur der Legierungen wurde mit einem Leitz Metallovert Lichtmikroskop und verschiedenen Leitz Wetzlar NPL Fluotar Objektiven untersucht. Bilder wurden mit einer aufgesetzten CCD-Kamera und dazugehöriger Software aufgenommen. Für detailliertere Untersuchungen kam ein Philips CM200 Transmissionselektronenmikroskop mit LaB_6 Kathode zum Einsatz.

Weiterhin wurde die Korrosionsmorphologie mit einem Hitachi S4800 Rasterelektronenmikroskop abgebildet. Die chemische Zusammensetzung intermetallischer Phasen wurde mit der EDX-Funktion des Rasterelektronenmikroskops ermittelt.

5 Ergebnisse und Diskussion

5.1 Standardisierte Korrosionsuntersuchungen nach ASTM

5.1.1 Test auf interkristalline Korrosion nach ASTM G110

Da in verschiedenen Quellen (z.B. [11, 37, 151]) bei Polarisationskurven von 7xxx Legierungen zwei Durchbruchpotentiale angegeben wurden, wobei eines der interkristallinen Korrosion (IK) und das andere dem Lochfraß zugeordnet wurde, ist eine genaue Kenntnis der Anfälligkeit auf interkristalline Korrosion der in dieser Arbeit untersuchten Legierungen – besonders im Hinblick auf die Deutung der Polarisationskurven – von besonderer Wichtigkeit. Darüber hinaus stellt die interkristalline Korrosion aufgrund ihres lokalen Auftretens eine besondere Gefahr für den praktischen Einsatz dar.

Der Test erlaubt nach Norm eine Klassifizierung des Angriffs in die vier Stufen: Lochfraß, Lochfraß mit leichtem IK-Angriff, örtlich begrenzte IK und großflächige IK.

5.1.1.1 Gewichtsverlustmessung

Der Gewichtsverlust durch Vorätzen in der HNO_3–HF–Lösung bewegt sich mit 3.9 ‰ ± 0.6 ‰ auf einem relativ geringen Niveau. Zudem ist er unabhängig vom Legierungssystem, Wärmebehandlungszustand oder Scandiumgehalt. Es wird daher davon ausgegangen, dass die Legierungen in etwa gleicher Weise geätzt und die Korngrenzen aktiviert werden.

Der relative Gewichtsverlust nach 6-stündiger Auslagerung in der Prüflösung nach ASTM G110 ist in Abb. 5.1 in Abhängigkeit des Scandiumgehaltes, des Legierungssystems und des Wärmebehandlungszustandes dargestellt.

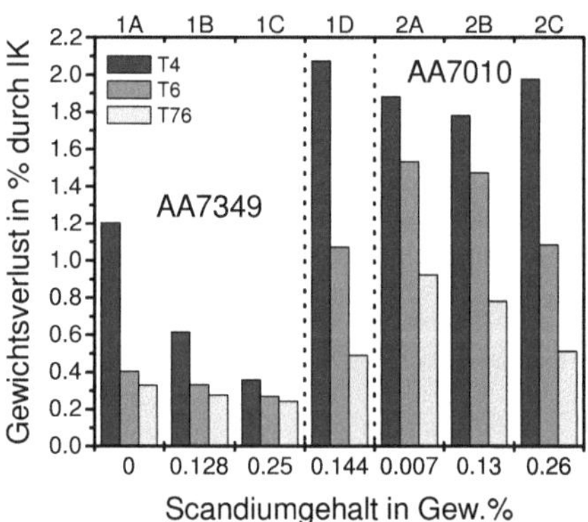

Abb. 5.1: Relativer Gewichtsverlust der Proben in Abhängigkeit des Legierungssystems, des Wärmebehandlungszustandes und des Scandiumgehalts während der 6-stündigen Auslagerung in der IK-Testlösung nach ASTM G110. Zu den Kurzzeichen 1A-1D und 2A-2C siehe Tab. 4.1.

Es zeigt sich eine klare Abhängigkeit des relativen Gewichtsverlustes bezüglich des Legierungssystems, der Wärmebehandlung und des Scandiumgehaltes. Für alle Legierungen ist der Gewichtsverlust im kaltausgehärteten T4 am größten, mittelmäßig im warmausgelagerten T6 und am geringsten im überalterten T76 Zustand. Die unterschiedliche Anfälligkeit gegenüber interkristallinem Angriff lässt sich mit wärmebehandlungsabhängiger Zinkverarmung im ausscheidungsfreien Saum an den Korngrenzen erklären. Im kaltausgehärteten Zustand T4 bleibt verhältnismäßig viel Zink gelöst, was dazu führt, dass das Durchbruchpotential abgesenkt wird [50] und es somit zur selektiven Auflösung des nicht-zinkverarmten ausscheidungsfreien Saums kommt. TEM-Untersuchungen haben eine starke Belegung der Korngrenze mit $MgZn_2$-Phasen ergeben. Dies legt nahe, dass der interkristalline Angriff mit der Auflösung dieser Phase beginnt und sich dann auf den ausscheidungsfreien Saum ausdehnt. Der warmausgelagerte Zustand T6 weist ebenfalls eine fast kontinuierliche Bedeckung der Korngrenzen mit der unedlen η-Phase auf. Diese hat aufgrund ihres hohen Zinkgehalts ein niedrigeres Durchbruchpotential als die umgebende Matrix [36], wodurch es zur selektiven Auflösung dieser Phase kommt. Laut DIN EN 515 bewirkt die Wärmebehandlung T76 eine erhöhte Resistenz gegenüber Schichtkorrosion durch Vergröberung der sich an der Korngrenze befindlichen η-Phase [11, 36]. Das kontinuierliche Netzwerk wird unterbrochen und somit das Fortschreiten der Korrosionsfront erschwert. Die interkristalline Korrosionsgeschwindigkeit nimmt ab und äußerst sich hier durch einen geringeren Gewichtsverlust.

Generell ist die aus dem relativen Gewichtsverlust abgeleitete Intensität des Korrosionsangriffs für das Legierungssystem AA7349 (1A-1C) deutlich geringer als für das Legierungssystem AA7010 (2A-2C). Die Legierung AA7449 (1D) unterscheidet sich von AA7349 dadurch, dass sie – wie AA7010 – kein Chrom und Mangan enthält; sie zeigt zudem einen ähnlich hohen Gewichtsverlust, wie die Legierungsreihe AA7010. Aus diesem Ergebnis kann geschlossen werden, dass nicht der Unterschied im Zink- bzw. Magnesiumgehalt ausschlaggebend für den Unterschied im relativen Gewichtsverlust zwischen AA7349 und AA7010 ist, sondern die kleinen Beigaben von Chrom und Mangan in AA7349. Wie in Kapitel 5.4.3.3 ausführlich nachgewiesen wird, führt die Chrom- und Manganzugabe zu einer geringeren Aktivität der als Lokalkathoden wirkenden edlen intermetallischen Phasen, wodurch die gesamte Korrosionsreaktion kathodisch kontrolliert wird. Ein vergleichbarer Effekt wird für die Schichtkorrosionseigenschaften hochreiner AlZnMg-Legierungen mit wahlweiser Chrom- oder Eisenzugabe berichtet [26].

Unabhängig vom Wärmebehandlungszustand führt im Test auf interkristalline Korrosion ein zunehmender Scandiumgehalt zu geringeren Masseverlusten. Eine genaue Untersuchung der Korngrenzenausscheidungen in AA7010 mit und ohne Scandiumzugabe hat keinen signifikanten Unterschied in der chemischen Zusammensetzung der η-Phase ergeben [152]. Somit wird der Scandiumeffekt wohl nicht auf einer signifikanten Veränderung der Durchbruchpotentiale von Korngrenzenausscheidung, ausscheidungsfreiem Saum und Matrix beruhen. Allerdings zeigen TEM-Untersuchungen, dass Scandium die Ausdehnung des ausscheidungsfreien Saums verringert [79, 91]. Dies führt dazu, dass der Materialabtrag auf einen kleineren Bereich lokalisiert ist, was folglich zu geringeren Masseverlusten führt. Daraus kann aber nicht geschlossen werden, dass sich auch der Schädigungsgrad – charakterisiert durch die Angriffstiefe – ändert.

Bei lokalen Korrosionsformen, wie der interkristallinen Korrosion, ist die Menge an gelöstem Material im Vergleich zu flächigen Korrosionserscheinungen sehr gering. Daher ist die Aussagekraft der Gewichtsverlustmessung beschränkt und bedarf einer genaueren Analyse der Gründe, die für eine Gewichtsänderung in Betracht kommen. Es muss beispielsweise geklärt werden, ob die Gewichtsänderung lediglich auf eine Auflösung des Werkstoffs im Korngrenzenbereich zurückzuführen ist, ob ganze Körner herausgelöst wurden, oder ob der Angriff hauptsächlich flächig erfolgte. Hierzu sind eingehende metallographischen Untersuchung nötig.

5.1.1.2 Korrosionsmorphologie nach Auslagerung

Eine visuelle Beurteilung der Proben nach dem Reinigen und Trocknen zeigt bereits den positiven Einfluss der Scandiumbeigabe auf das Korrosionsverhalten.

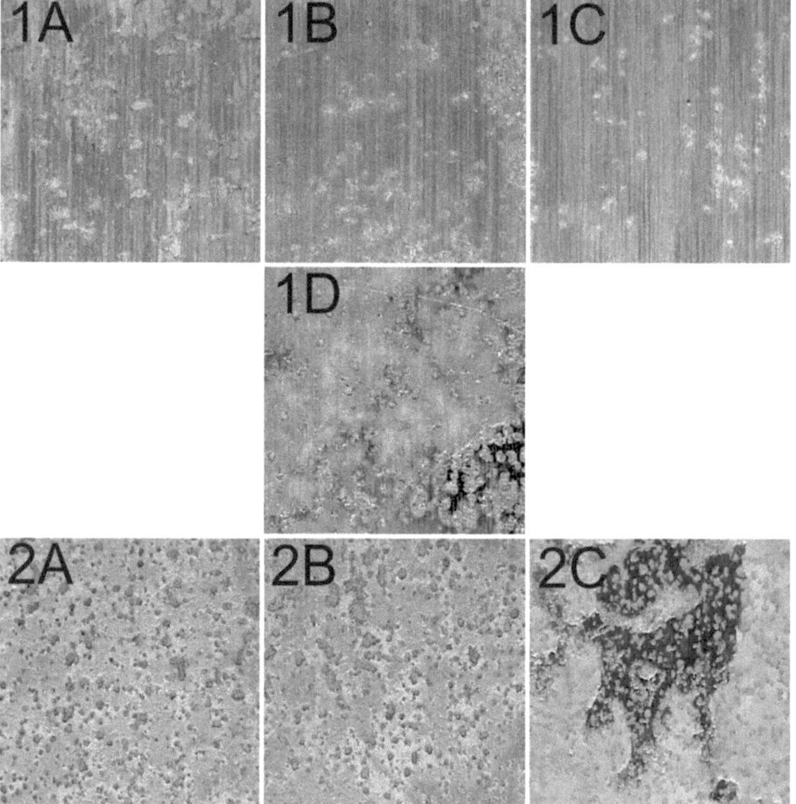

Abb. 5.2: Proben 1A-2C im Zustand T4 nach 6-stündiger Auslagerung in IK-Testlösung.

In der Aufsicht (Abb. 5.2) auf die LT-Ebene wird der Einfluss der steigenden Scandiumkonzentration durch die abnehmende Zahl und Größe der pockennarbigen Angriffsstellen (1A-1C) sichtbar. Im Legierungssystem AA7010 (2A-2B) ist der Scandiumeinfluss visuell schwerer zu beurteilen, obwohl auch hier eine Tendenz zu einem geringeren Angriffsgrad bei steigendem Scandiumgehalt zu erkennen ist. Klar erkennbar ist die Zwischenstellung der Legierung 1D als „Bindeglied" zwischen AA7349 und AA7010. Auch in den Wärmebehandlungen T6 und T76 sind die genannten Tendenzen erkennbar.

Die Morphologie des Korrosionsangriffs wurde an metallografischen Schliffen genauer untersucht. Der Angriff – bezüglich Morphologie und maximaler Eindringtiefe – hängt stark von dem Wärmebehandlungszustand und von der Orientierung relativ zur Pressrichtung ab. Typische Beispiele der Korrosionsmorphologie für das Legierungssystem AA7349 sind in Abb. 5.3 und Abb. 5.6 dargestellt.

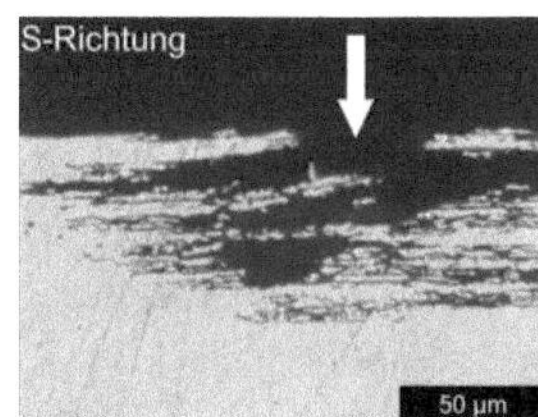

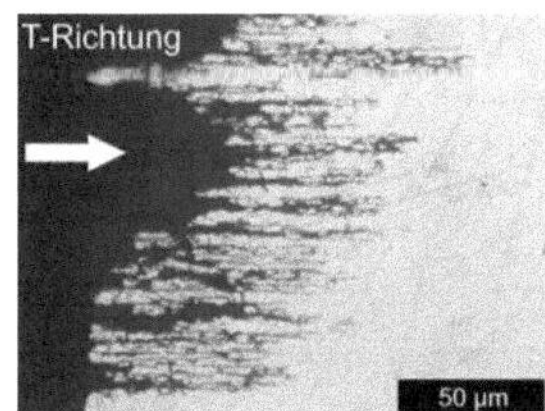

Abb. 5.3: Metallografische Schliffe in verschiedenen Richtungen bezüglich der Extrusionsrichtung der Probe AA7349-T4 nach Auslagerung in IK-Testlösung; dargestellt ist ein typischer Korrosionsangriff.

Der stark interkristallin geprägte Korrosionsangriff ist deutlich zu erkennen. In S-Richtung lässt sich von Lochkorrosion sprechen, die sich über interkristalline Pfade ausbreitet, aber aufgrund der flachen Kornform (vgl. Abb. 3.11) mit einem geringen Höhe-zu-Dicke-Verhältnis nicht sonderlich weit in das Material eindringt. Außerdem ist der Lochrand nach oben gebogen, was auf voluminöse Korrosionsprodukte schließen lässt. Diese Korrosionsprodukte üben auf die Korngrenzen eine Zugspannung aus und bewirken analog der Schichtkorrosion ein Aufkeilen des Materials [58, 63, 67]. Anders ist die Situation in T- und L-Richtung. Hier verläuft der Korrosionsangriff ebenfalls entlang der Korngrenzen. Aufgrund der Vorzugsrichtung der Körner durch den Strangpressvorgang und die daraus resultierende Kornform stößt die Korrosionsfront aber auf weniger bremsende Korngrenzentripelpunkte („T-Kreuzung"), sodass sie weit in das Material vordringen kann. Parallel zur Extrusionsrichtung (L-Richtung) ist der Korrosionsangriff entlang der langen Kornachse am Größten.

Aus metallografischen Schliffen wurde die maximale Eindringtiefe quantitativ bestimmt. Die Korrosionstiefe in S-Richtung ist mit etwa 100 µm deutlich geringer als in T-Richtung (400 µm); Maximalwerte werden mit bis zu 550 µm in L-Richtung erreicht. Der Wärmebehandlungszustand T4 zeigt gegenüber T6 oder T76 in der Regel auch größere Eindringtiefen, wobei die Unterschiede eher marginal sind. Aufgrund der Auswertungstechnik (einfacher metallografischer Schliff) sind die dargestellten Werte allerdings nicht repräsentativ, sondern geben nur generelle Trends wieder, die mit den Gewichtsverlustmessungen konform sind. Für statistisch relevante Studien wären tomographische Verfahren, wie in [62] beschrieben, nötig.

Die hier gefundene Abhängigkeit der maximalen Eindringtiefe (S << T < L) zeigt den selben Trend, wie die mittels Folienpenetrationsmethode in AA2024, AA7075 und AA7178 ermittelten Penetrationsgeschwindigkeiten [60, 61] (siehe Abb. 3.10). Für eine konstante Zeit sind Penetrationsgeschwindigkeit und Korrosionstiefe äquivalente Größen.

Die starke Richtungsabhängigkeit der Korrosionstiefen resp. Penetrationsgeschwindigkeit lässt sich bei Betrachtung der Mikrostruktur (vgl. Abb. 4.1, Abb. 4.2) anschaulich geometrisch begründen. Da die Korrosionsfront an den Korngrenzen voranschreitet, stößt sie in S-Richtung auf Korngrenzentripelpunkte, die ein Umlaufen der Körner erfordern. In T- und L-Richtung sind die Körner elongiert, was einen geradlinigen Fortschritt der Korrosionsfront erlaubt. Wird angenommen, dass die Auflösungsrate unabhängig von der mikrostrukturellen Orientierung ist, so wird durch den zickzackförmigen Verlauf in S-Richtung bei gleicher aufgelöster Linienlänge im Vergleich zur T- oder L-Richtung eine geringere Eindringtiefe realisiert.

Die Korrosionsmorphologie zeigt Unterschiede zwischen den Legierungssystemen AA7010 und AA7349. Während bei AA7349 trotz der signifikant kleineren Körner (vgl. Abb. 4.1, Abb. 4.2) der interkristalline Anteil deutlich ausgeprägt ist, tritt der interkristalline Anteil der Korrosion bei AA7010 unabhängig vom Scandiumgehalt in L- und T-Richtung in den Hintergrund (vgl. Abb. 5.4, Abb. 5.6). Über einen muldenförmigen Angriff durch Herauslösen ganzer Körner ist der Korrosionsangriff aber trotzdem beträchtlich (siehe Abb. 5.4). In S-Richtung dominiert bei beiden Legierungssystemen Lochkorrosion, die sich bei einem stabilen Lochkeim interkristallin fortsetzt. Die Hauptwachstumsrichtung der Löcher erfolgt in L- und T-Richtung, da diese Richtungen aufgrund der Kornstruktur einen leichteren Fortschritt ermöglichen. Es handelt sich bei den Narben in Abb. 5.2 somit um unterhöhlenden Lochfraß.

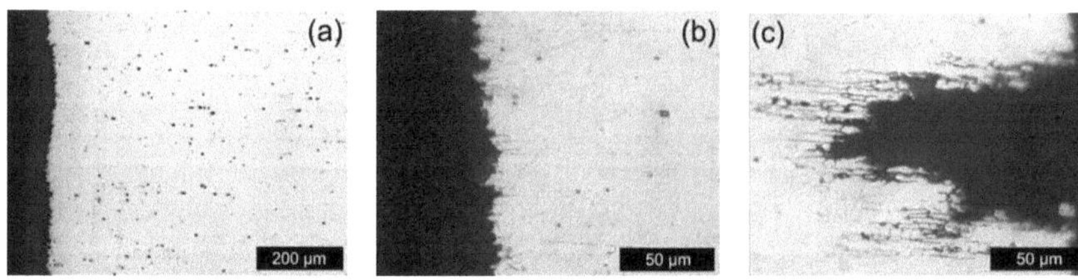

Abb. 5.4: AA7010-T4 (2A), (a), (b) Muldenkorrosion mit gering ausgeprägtem interkristallinen Anteil in T-Richtung, (c) Lochkorrosion mit mäßig ausgeprägtem interkristallinen Anteil in L-Richtung.

Der Kornflächenangriff bei AA7010 weist darauf hin, dass hier möglicherweise ein kleinerer Unterschied im Durchbruchpotential von Korngrenze und Kornfläche vorhanden ist [153]. Denkbar ist weiterhin eine stärkere Polarisation durch aktivere Lokalkathoden bei AA7010 [26], wodurch sowohl über das Durchbruchpotential der Korngrenze als auch der Kornfläche polarisiert wird. Da AA7349 sowohl den geringeren Gewichtsverlust (Abb. 5.1), als auch die geringere maximale Korrosionstiefe zeigt, die chrom- und manganfreie Legierung AA7449 aber trotz ihren höheren Zinkgehalts eher auf dem Niveau von AA7010 liegt, muss der Unterschied in Korrosionsverhalten im Chrom- und Mangangehalt begründet sein. Somit ist eine unterschiedliche Aktivität der Lokalkathoden und damit eine stärkere Polarisation bei AA7010 für die veränderte Angriffsmorphologie ausschlaggebend.

Abhängig vom Wärmebehandlungszustand ändert sich auch die Angriffsmorphologie. Im kaltausgelagerten Zustand (T4) wird die Morphologie durch interkristallinen Angriff dominiert [26]. Im überalterten T76 Zustand finden sich hauptsächlich hemisphärische Lochkeime, die sich in S-Richtung leicht interkristallin fortsetzen, in L- und T-Richtung kann die Korrosionsmorphologie als linienförmig bezeichnet werden. Dieser linienförmige Angriff ist im warmausgelagerten Zustand T6 am deutlichsten ausgeprägt (Abb. 5.5).

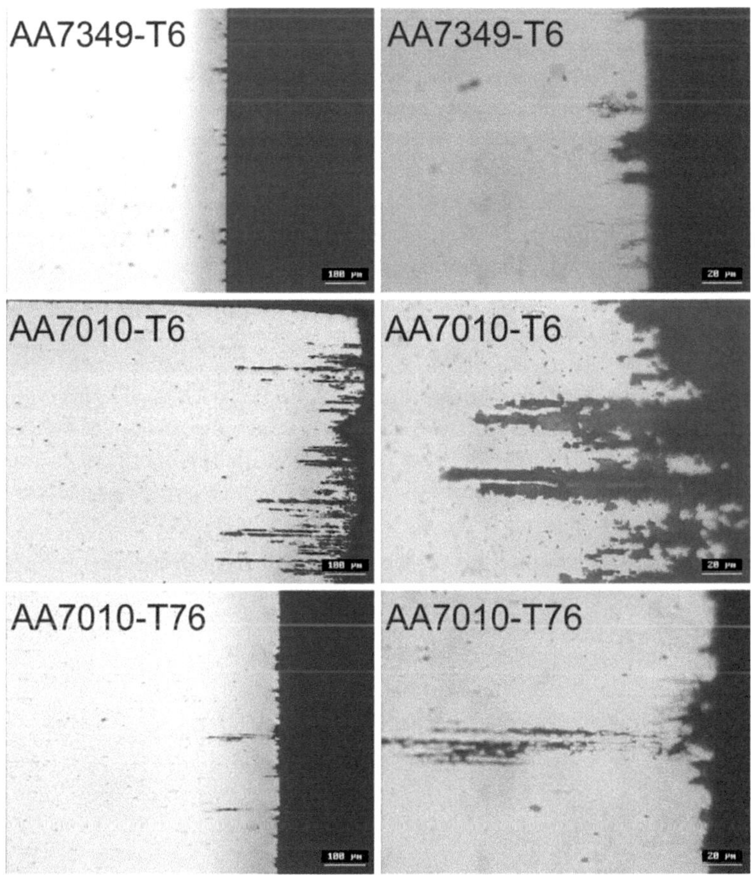

Abb. 5.5: Korrosionsmorphologien in L-Richtung von AA7349-T6, AA7010-T6 und AA7010-T76.

Im Wärmebehandlungszustand T6 werden einzelne Körner selektiv herausgelöst und die Korrosionsfront scheint am nächsten Korn zu stoppen. Diese Morphologie wird auch für weitere Aluminiumlegierungen berichtet [60, 70, 154]. Scheinbar ist dieser selektive Kornangriff nur im warmausgelagerten Zustand höchster Festigkeit zu finden. Für eine stufenausgelagerte AlZnMg1-Legierung wird berichtet, dass die Kornflächen selektiv angegriffen werden und die ausscheidungsfreien Säume stehen bleiben [153]. Zudem wurde in kaltausgelagerter AA2024-T3 ein feiner interkristalliner Angriff gefunden, während im warmausgelagerten Zustand T8 ebenfalls ganze Körner aufgelöst wurden [61].

Um einen T6 Zustand zu erreichen, wird die Legierung homogenisiert und abgeschreckt. Magnesium und Zink befinden sich in der übersättigten Aluminium-Mischkristallmatrix. Um die härtende η'-Phase auszuscheiden, wird für einige Stunden bei ca. 120°C ausgelagert. Die Auslagerung erfolgt relativ rasch und gleichmäßig im Korn. Problematisch sind aber die perlschnurartig angeordneten anodischen η-Phasen an den Korngrenzen (vgl. Abb. 4.7). An diesen kann die Korrosionsfront voranschreiten, soweit die Bedeckung der Korngrenze mit der η-Phase einen durchgängigen Pfad bildet [11]. Durch Bildung der η-Phase an den Korngrenzen kommt es auch zu einer starken Zinkverarmung im ausscheidungsfreien Saum [155], wodurch das Durchbruchpotential positiver wird [50]. Aufgrund des relativ zum Korninneren edleren Verhaltens des ausscheidungsfreien Saums, kommt es zur selektiven Herauslösung des Korninneren. Die Korrosionsfront kommt folglich zum Stillstand, wenn sie auf einen zinkverarmten ausscheidungsfreien Saum trifft.

Aufgrund der Überalterung im Zustand T76 vergröbern die $MgZn_2$-Ausscheidungen, was dazu führt, dass die Korngrenzenausscheidungen keinen zusammenhängenden Saum mehr bilden [11] und andererseits die Mischkristallmatrix weiter an Zink verarmt [155]. Die verbleibende Matrix wird somit noch edler und es existiert kein durchgängiger unedler Korrosionspfad mehr. Darüber hinaus wird berichtet, dass die η-Phase gegenüber T6 im überalterten Zustand einen höheren Kupfergehalt aufweist, wodurch das Durchbruchpotential angehoben und die Korrosionsanfälligkeit abgesenkt wird [36, 37]. Die beobachtete Angriffsmorphologie hat somit singulären Charakter.

Durch die Scandiumbeigabe (vgl. Abb. 5.6) wird der Korrosionsangriff in S-, T- und L-Richtung in seiner prinzipiellen Morphologie nicht verändert, das Ausmaß jedoch drastisch eingeschränkt. Dies ist auf eine gleichmäßigere Ausscheidungsbildung zurückzuführen, was zu einem schmäleren ausscheidungsfreien Saum führt [74, 79, 91].

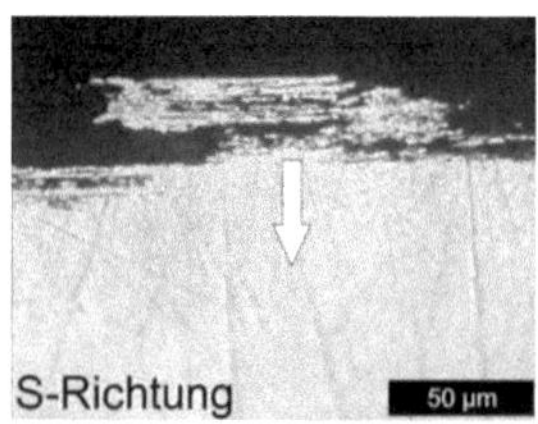

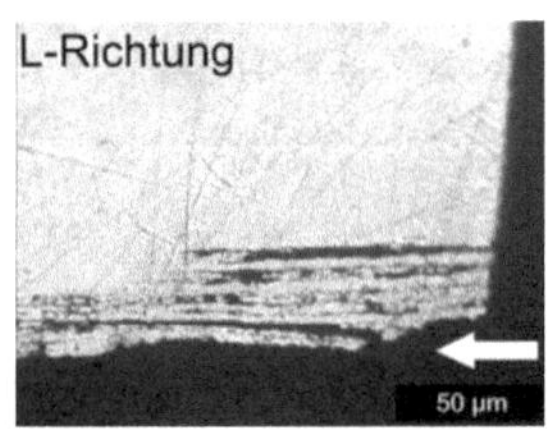

Abb. 5.6: Metallografische Schliffe in verschiedenen Richtungen bezüglich der Extrusionsrichtung der Probe AA7349 + 0.25 Gew.% Sc-T4 (1C) nach Auslagerung in IK-Testlösung; dargestellt ist der stärkste Korrosionsangriff.

Häufig finden sich nur halbkugelförmige Lochkeime (vgl. Abb. 5.7 a), die scheinbar wieder repassivieren können. Auch grobe $Al_3Sc_xZr_{1-x}$ Primärausscheidungen (vgl. Abb. 5.7 b) wirken nur eingeschränkt als Initiationsstellen, wie es beispielsweise von anderen groben eisen- und siliziumhaltigen Primärphasen bekannt ist [26]. Die leicht erhöhte kathodische Aktivität der $Al_3Sc_xZr_{1-x}$ Primärausscheidungen [102] (vgl. Kapitel 5.4.3.4) scheint keine große Rolle zu spielen.

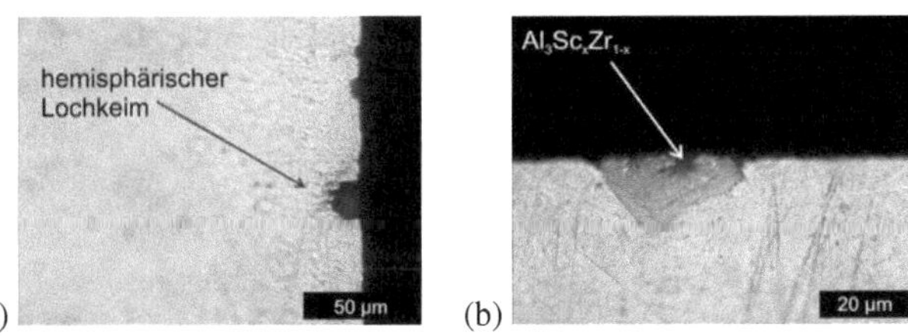

Abb. 5.7: (a) hemisphärischer Lochkeim, (b) $Al_3Sc_xZr_{1-x}$ Primärausscheidung mit leichten Angriffspuren in AA7349-T4 + 0.25 Gew.% Sc.

5.1.1.3 Schlussfolgerungen aus dem Test auf interkristalline Korrosion

Aus dem Test auf interkristalline Korrosion nach ASTM G110 lassen sich folgende Befunde und Erklärungen festhalten:

1. Der Gewichtsverlust und die maximale Angriffstiefe ist für AA7349 deutlich geringer als für AA7010, was durch die Chrom- und Manganzugabe bei AA7349 verursacht wird.
2. Der Korrosionsangriff ist der anisotropen Kornstruktur folgend stark richtungsabhängig.
3. Es zeigt sich ein signifikanter Einfluss der Wärmebehandlung, der mit der Bildung der $MgZn_2$-Phase und begleitender Zinkverarmung in der Matrix verknüpft ist.
4. Eine Veränderung der Zinkkonzentration zeigt kaum Änderungen in der maximalen Angriffstiefe und im Gewichtsverlust.
5. Durch Zulegieren von Scandium lässt sich die Intensität des Korrosionsangriffs einschränken.

5.1.2 Schichtkorrosionsverhalten nach ASTM G34

5.1.2.1 Ergebnisse

5.1.2.1.1 Beobachtungen während der Versuchsdurchführung

Bei den abgefrästen Proben beginnt die Wasserstoffentwicklung bereits nach wenigen Minuten und damit deutlich früher als bei den Profilen. Während bei den abgefrästen Proben die Wasserstoffentwicklung gleichmäßig auf der gesamten Probenoberfläche stattfindet, ist sie bei den Profilen stark auf kleine Bereiche lokalisiert, wodurch der Anschein von Lochfraß entsteht. Eine Beurteilung der Wasserstoffentwicklungsintensität bezüglich dem Legierungssystem oder der Wärmebehandlung ist schwer möglich, da Anfangseffekte, wie Blasenbildung aus der luftgesättigten Testlösung den Eindruck täuschen können.

Nach 1 h Eintauchzeit zeigen die abgefrästen Proben die intensivste Gasentwicklung und auch schon erkennbaren Korrosionsangriff, während bei den Profilen die Gasentwicklung noch auf wenige Stellen lokalisiert ist und nur leichte Verfärbungen der Oberfläche beobachtet werden können. Die Varianten von AA7010 zeigen eine stärkere Wasserstoffentwicklung als die Varianten des Systems AA7349. Darüber hinaus ist bei den Proben im Wärmebehandlungszustand T76 eine etwas stärkere Gasentwicklung zu beobachten als bei den T6-Proben. Bei den scandiumhaltigen AA7010-Varianten scheint die Gasentwicklung etwas geringer zu sein.

Nach 5 h Eintauchzeit ist bei den AA7349-Varianten die Wasserstoffentwicklung voll im Gange, während sie bei den AA7010-Varianten schon nachgelassen hat bzw. zum Stillstand gekommen ist. Innerhalb der Legierungsvarianten lässt sich feststellen, dass T6 eine stärkere Gasentwicklung als T76 zeigt. Die Gasentwicklungsintensität bei den scandiumfreien Varianten von AA7349 ist am stärksten. Die gefrästen Proben zeigen massive rotbraune Verfärbungen, wohingegen die Profile meist noch metallisch glänzend sind. Bei den Varianten von AA7010, bei denen die Gasentwicklungsintensität bereits abgenommen hat, zeigt die scandiumreichste Legierung die höchste Reaktionsintensität, während die scandiumfreie Legierung bereits einen starken Korrosionsangriff zeigt. Aus einem Vergleich zur 1-h-Inspektion lässt sich feststellen, dass die T76-Varianten schneller mit Gasentwicklung auf die Prüflösung reagieren als die T6-Varianten. Nach der Inkubationszeit zeigen die T6-Varianten aber die größere Reaktionsintensität.

Nach 24 h ist die Gasentwicklung bei allen Proben stark zurückgegangen und es steigen nur noch vereinzelt große Gasblasen auf. Abb. 5.8 zeigt einen Überblick über die Proben nach 24 h in der EXCO-Testlösung. Es ist deutlich zu erkennen, dass die AA7349-Varianten als Profil oder abgefräst stärkeren Korrosionsangriff zeigen als die Varianten von AA7010 in der vergleichbaren Wärmebehandlung. Während die Profile teilweise noch ihre metallisch glänzende Oberfläche haben, sind die abgefrästen Proben flächig rotbraun verfärbt. Innerhalb eines Legierungssystems sind die Proben im Zustand T76 stärker angegriffen als die in T6. Während die Profile stark lokalisierten Angriff zeigen, ist bei den abgefrästen Proben die Ablösung ganzer Schichten zu beobachten. Mit Ausnahme von 2A-2C-T76 lässt sich bei den abgefrästen Proben beobachten, dass der Korrosionsangriff mit zunehmendem Scandiumgehalt geringer ist. Bei den Profilen scheint – mit Ausnahme von 1A-1D-T76 – der Korrosionsangriff mit steigendem Scandiumgehalt zuzunehmen.

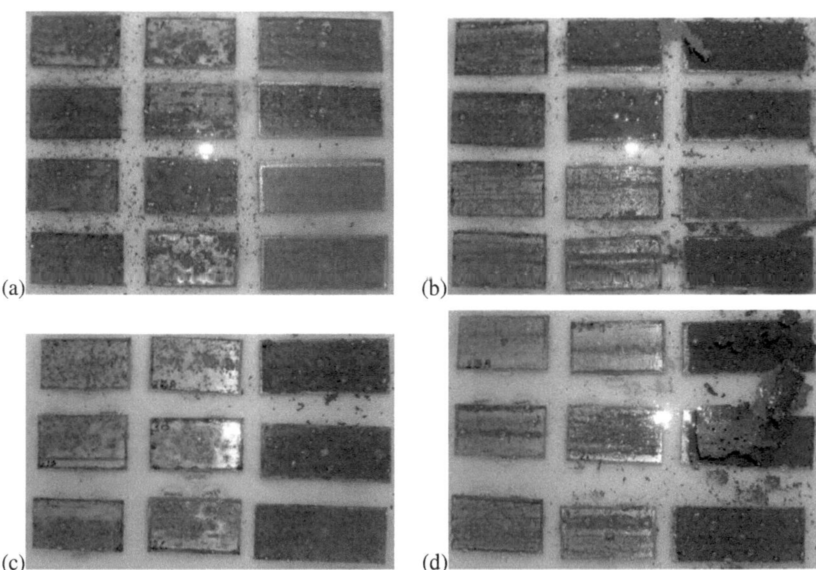

Abb. 5.8: Proben nach 24 h in der EXCO-Lösung.(a) 1A-1D-T6, (b) 1A-1D-T76, (c) 2A-2C-T6, (d) 2A-2C-T76. Zu den Kurzzeichen vgl. Tab. 4.1.

Nach 48 h wurde der Versuch gemäß der Testvorschrift beendet. Alle Proben, auch die Profile, zeigen eine rotbraune Verfärbung, die bei den stark angegriffenen abgefrästen Proben deutlich ins Schwarze geht. Die abgefrästen Profile sind teilweise in der Mitte aufgerissen und es haben sich dicke Materialschichten abgelöst. Bei den Varianten von AA7349-T6 ist die Schädigung deutlich stärker als im Zustand T76. Bei den Varianten von AA7010 scheint kein offensichtlicher Unterschied zwischen den beiden Wärmebehandlungszuständen bezüglich des Schadensbilds zu bestehen.

5.1.2.1.2 Probenmorphologie nach Versuchsende

Gemäß ASTM G34 wurde sofort nach Abbruch der Auslagerung der Angriffsgrad der noch nassen Proben anhand der in der Norm vorgegebenen Referenzbilder beurteilt. Um Lochfraß festzustellen, wurden metallografische Schliffe angefertigt. Eine Zusammenstellung dieser Beurteilungen für den Wärmebehandlungszustand T6 stellt Tab. 5.1 dar. Entsprechend zeigt Tab. 5.2 die Beurteilungen für den Wärmebehandlungszustand T76.

Die in ASTM G34 festgelegte Vorgehensweise, den Angriffsgrad anhand von Referenzbildern zu beurteilen, stellt ein gewisses Problem dar. Bei vergleichbarer Angriffsintensität muss die Morphologie nicht identisch sein [66], da diese stark von der Kornform abhängt [58]. Außerdem gibt die Norm nur sechs Beurteilungsstufen vor und erlaubt keinen relativen Vergleich der einzelnen Proben untereinander. Daher wurde neben der Beurteilung nach Norm noch ein qualitativer Vergleich der Proben untereinander vorgenommen. Weiterhin ist die EXCO-Testlösung für manche Legierungen zu korrosiv, um Unterschiede zwischen den Wärmebehandlungen erkennen zu lassen [65].

Tab. 5.1: Beurteilung der Angriffsintensität entsprechend ASTM G34 für den Wärmebehandlungszustand T6.

Legierung	Kurzzeichen	Extrusionsprofile*		gefräste Probe*
AA7349	1A	EC*	EB	ED
AA7349 + 0.128 Gew.% Sc	1B	EC	EC	ED
AA7349 + 0.25 Gew.% Sc	1C	EC	EC	EC
AA7449 + 0.144 Gew.% Sc	1D	ED	EC	ED
AA7010 + 0.007 Gew.% Sc	2A	EA	P	EC
AA7010 + 0.13 Gew.% Sc	2B	EA	EA	ED
AA7010 + 0.26 Gew.% Sc	2C	EA	EB	ED

Tab. 5.2: Beurteilung der Angriffsintensität entsprechend ASTM G34 für den Wärmebehandlungszustand T76.

Legierung	Kurzzeichen	Extrusionsprofile*		gefräste Probe*
AA7349	1A	EC	EC	ED
AA7349 + 0.128 Gew.% Sc	1B	EC	EB	EC
AA7349 + 0.25 Gew.% Sc	1C	EB	EB	EC
AA7449 + 0.144 Gew.% Sc	1D	EB	EB	EC
AA7010 + 0.007 Gew.% Sc	2A	P/EA	EA	EC
AA7010 + 0.13 Gew.% Sc	2B	EC	EC	EC
AA7010 + 0.26 Gew.% Sc	2C	EB	EB	EB

Ein Vergleich der Ergebnisse aus Tab. 5.1 und Tab. 5.2 lässt lediglich das Ergebnis zu, dass die Unterschiede zwischen den einzelnen Wärmebehandlungen marginal sind. Wie zu erwarten, ist bei T6 die Angriffsintensität etwas stärker als bei T76. Deutlich zeigt sich aber ein Unterschied zwischen den beiden Legierungssystemen. Während im System AA7349 starke Schichtkorrosion beobachtet wurde, zeigt das System AA7010 eher mäßigen Angriff.

Auch der Oberflächenzustand hat einen großen Einfluss auf die Angriffsintensität. Die Proben, bei denen die Grobkornzone entfernt wurde, zeigen einen deutlich stärkeren Angriff als die Extrusionsprofile.

Abb. 5.9 zeigt exemplarisch für die Varianten von AA7349 im Wärmebehandlungszustand T6 mögliche Schadensmorphologien.

---

* Erklärung der Abkürzungen:

N kein nennenswerter Angriff (Verfärbungen)

P Lochfraß oder unterhöhlender Lochfraß

EA-ED Schichtkorrosion (‚exfoliation corrosion'), schwach ausgeprägt (A) bis stark ausgeprägt (D)

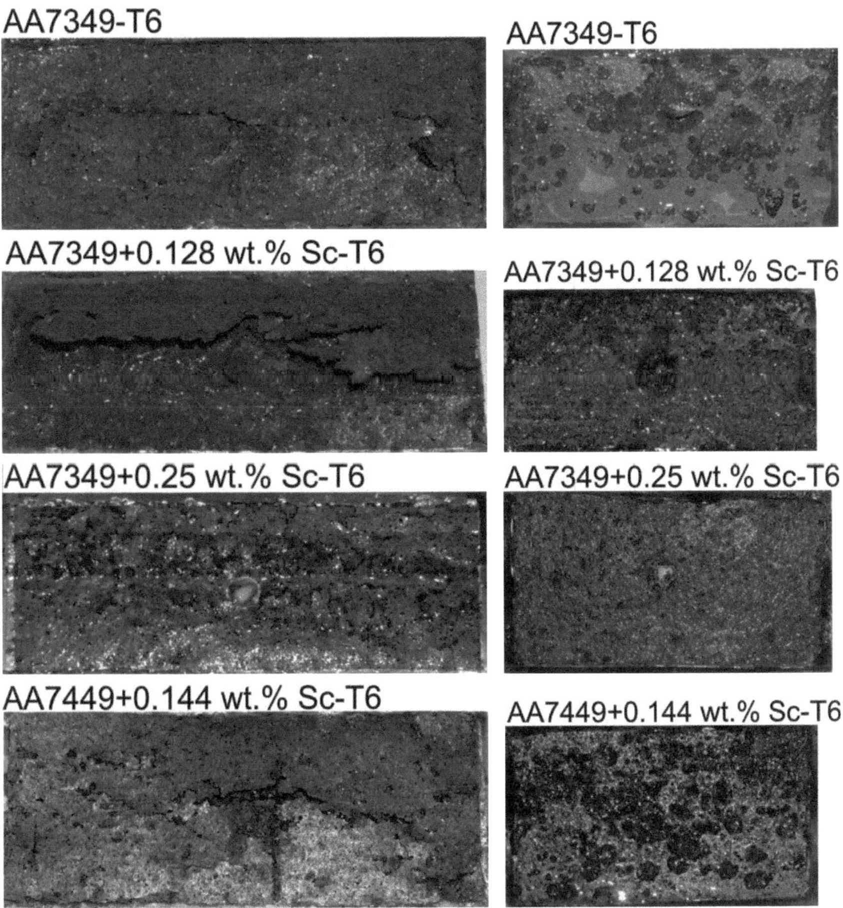

Abb. 5.9: Schadensmorphologien in Abhängigkeit des Scandiumgehaltes für die Varianten von AA7349 im Wärmebehandlungszustand T6 nach 48 h in EXCO-Lösung. Die linke Spalte zeigt abgefräste Proben, die rechte Spalte Extrusionsprofile.

Eine Beurteilung der Korrosionsmorphologie gemäß ASTM G34 ist verhältnismäßig willkürlich und wird zudem noch stark von der Kornform und weniger von der interkristallinen Korrosionsrate bestimmt [58]. Aufgrund der groben Beurteilung können feine Unterschiede, die sich auf den Einfluss von Scandium zurückführen lassen, nicht festgestellt werden. Daher wurden die Proben miteinander verglichen.

Bei den abgefrästen Proben scheint Scandium unabhängig vom Legierungssystem den Widerstand gegenüber Schichtkorrosion zu verbessern. Allerdings könnte dies auch nur auf den gleichmäßigeren Angriff bei den scandiumhaltigen Proben zurückzuführen sein.

Bei den Profilen verbessern Scandiumzugaben zumindest beim Legierungssystem AA7349 den Widerstand gegenüber Schichtkorrosion, während für das Legierungssystem

AA7010 kein reproduzierbarer Einfluss von Scandium festgestellt werden konnte. Die Schichtkorrosionsmorphologie der Profile des Legierungssystems AA7010 zeigt einen massiven Einfluss der Kornorientierung (siehe Abb. 5.10). In Reihen parallel zur Extrusionsrichtung ist die Oberfläche aufgerissen und die Körner haben sich aufgestellt. Dies zeigt einen starken Einfluss des Herstellungsprozesses und der Kornorientierung auf das Schichtkorrosionsverhalten. Diese spezielle Morphologie war nur bei den Profilen von AA7010-Varianten zu beobachten.

Abb. 5.10: Seitenansicht eines Profils von 2B-T76 mit in Extrusionsrichtung gehobenen Kornreihen.

5.1.2.1.3 Metallografische Untersuchungen

Aus metallografischen Querschliffen wurde die maximale Tiefe des Korrosionsangriffs für alle Versuchsvarianten bestimmt (vgl. Abb. 5.11).

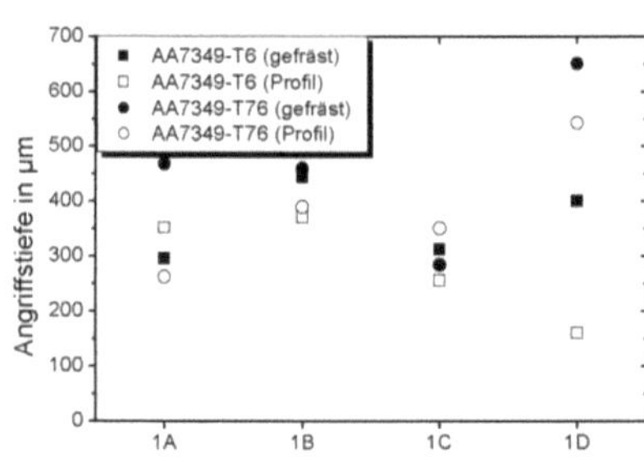

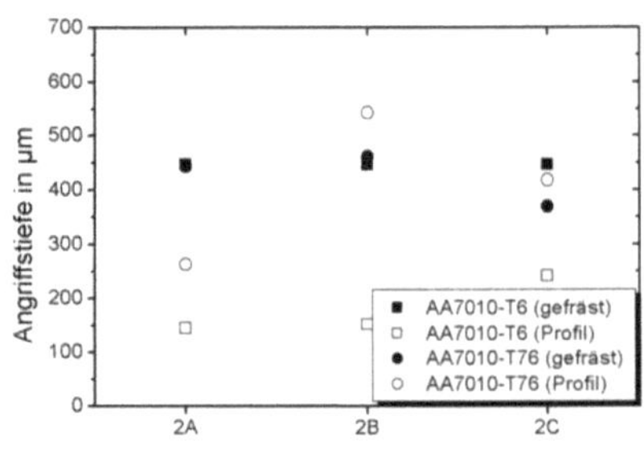

Abb. 5.11: Maximale Eindringtiefe der Schichtkorrosion in AA7349/AA7449 und AA7010 in Abhängigkeit des Scandiumgehalts, der Wärmebehandlung und des Oberflächenzustands.

Aus Abb. 5.11 geht hervor, dass die Eindringtiefe der Schichtkorrosion für Profile geringer ist als für abgefräste Proben. Dieser Effekt ist bei den chrom- und manganfreien Varianten (AA7010 und AA7449) besonders stark ausgeprägt. Bei den chrom- und manganhaltigen Legierungen ist der Unterschied bezüglich des Oberflächenzustandes geringer. Die Eindringtiefe im Zustand T76 war meist sogar größer als im Zustand T6. Bei gefrästen Proben im Zustand T76 nimmt die Eindringtiefe mit steigender Scandiumkonzentration ab, während sie bei den Profilen im Zustand T76 zunimmt mit einem Maximum bei mittleren Scandiumgehalten um nominell 0.15 Gew.%. Im Wärmebehandlungszustand T6 sind die Eindringtiefen für die unterschiedlichen Legierungssysteme und Oberflächenbehandlungen uneinheitlich. Häufig zeigt sich aber auch im Wärmebehandlungszustand T6 bei mittleren Scandiumgehalten eine größere Eindringtiefe.

Aufgrund des Stichprobencharakters der metallografischen Querschliffe kann nicht sichergestellt werden, dass tatsächlich die maximalen Angriffstiefen ermittelt wurden. Hierzu wären beispielsweise Methoden, wie Röntgenradiografie [62] nötig.

5.1.2.1.4 Elektrochemische Messungen in EXCO-Lösung

Der Ruhepotentialverlauf in Abb. 5.12 zeigt während der ersten Minute Kontaktzeit mit der aggressiven EXCO-Lösung deutliche Unterschiede zwischen den beiden Legierungssystemen. Das zinkarme System AA7010 startet bei deutlich niedrigeren Potentialen als das zinkreichere System AA7349/7449 und benötigt etwa 1 min, um auf ein Ruhepotential von etwa –0.85 bis –0.80 mV zu kommen. Varianten des Systems AA7349 starten quasi sofort auf diesem Niveau. Nach etwa 6 min kommt es zu einem Ruhepotentialanstieg um etwa 50-100 mV, welcher auf eine sichtbare Wasserstoffentwicklung zurückzuführen ist. Entgegen den visuellen Beobachtungen verläuft dieser Anstieg bei AA7010 langsamer.

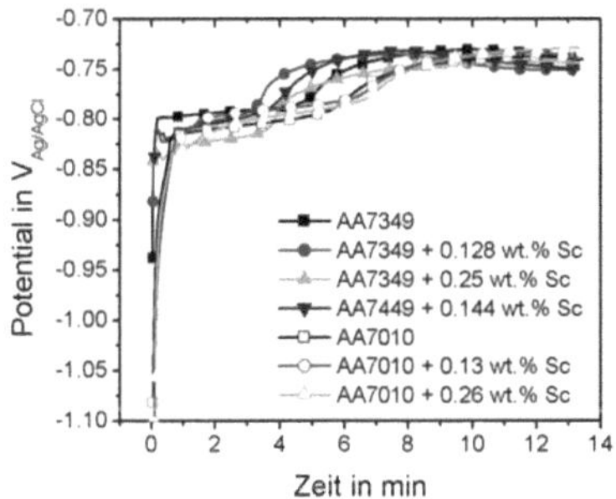

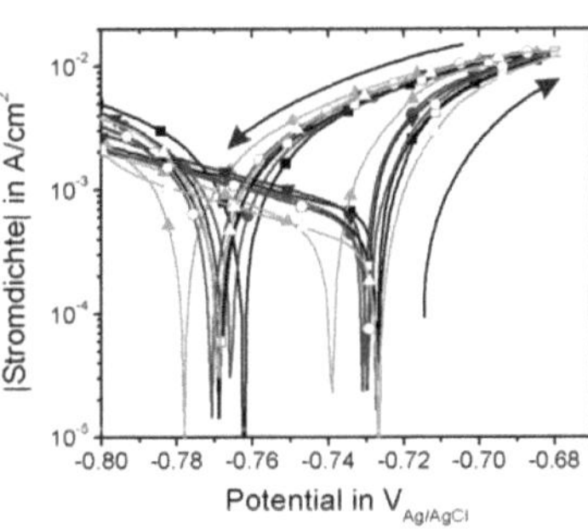

Abb. 5.12: Ruhepotentialverlauf und potentiodynamische Polarisationskurven (1 mV/s Potenitalvorschub) an geschliffenen Legierungsvarianten (T6) in EXCO-Lösung.

Bei den Polarisationskurven (vgl. Abb. 5.12) sind kaum Unterschiede zwischen den beiden Legierungssystemen zu erkennen. Es fällt allerdings auf, dass die beiden Varianten mit dem höchsten Scandiumgehalt (AA7349 + 0.25 Gew.% Sc und AA7010 + 0.26 Gew.% Sc) eine um den Faktor 1.5 niedrigere kathodische Stromdichte aufweisen wie die scandiumarmen oder scandiumfreien Varianten. Scheinbar erniedrigt diese hohe Scandiumkonzentration die kathodische Aktivität.

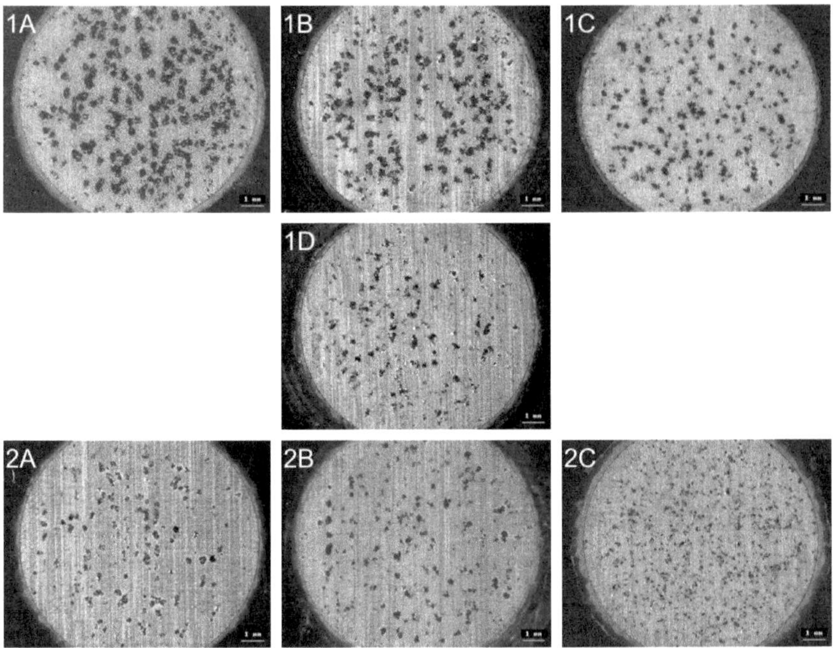

Abb. 5.13: Angriffsmorphologie nach Polarisation in EXCO-Lösung, obere Reihe: AA7349 (chrom- und manganhaltig), untere Reihe: AA7010 (chrom- und manganfrei). Der Scandiumgehalt nimmt jeweils von links nach rechts zu. Zu den Kurzzeichen vgl. Tab. 4.1.

Wie aus Abb. 5.13 zu erkennen ist, nimmt bei AA7349 der Korrosionsangriff mit zunehmendem Scandiumgehalt ab. Bei AA7010 lässt sich keine Tendenz bezüglich der Angriffsintensität erkennen. Allerdings sind bei 0.26 Gew.% Sc deutlich mehr kleine Löcher homogen über die Kontaktfläche verteilt. Die Variante 1D (AA7449) zeigt eine größere Ähnlichkeit mit der ebenfalls chrom- und manganfreien Legierung 2B als mit der chrom- und manganhaltigen 1B.

5.1.2.2 Diskussion

Bei kupferfreien AlZnMg-Legierungen hängt die Schichtkorrosionsgeschwindigkeit maßgeblich von den Eisenverunreinigungen ab, da diese die für die Gegenreaktion notwendigen kathodischen intermetallischen Phasen bilden [26, 73]. Bei den hier untersuchten AlZnMgCu-Legierungen wurde nach einer Eintauchzeit von 5 h bereits eine rotbraune Verfärbung der Probenoberfläche festgestellt. Diese ist auf Kupferabscheidungen zurückzuführen [72]. Kupfer wirkt als flächige Kathode, an der Protonen aus der stark sauren EXCO-Testlösung (pH 0.4 bis 3.5 innerhalb von 48 h [71]) Elektronen aufnehmen und als Wasserstoffgas aus der Lösung perlen oder als Wasserstoffatome in das Metallgitter eindiffundieren und dort zu Wasserstoffversprödung führen können [64].

5.1.2.2.1 Einfluss der Legierungszusammensetzung

Die Wasserstoffentwicklung startet bei den AA7010-Legierungsvarianten eher als bei den AA7349-Legierungen. Da kurz nach dem Eintauchen der Proben in die EXCO-Lösung noch nicht davon auszugehen ist, dass sich ein kathodisch wirksamer Kupferfilm gebildet hat, muss die Initiierung der Schichtkorrosion auch bei den kupferhaltigen 7xxx-Legierungen über kathodische intermetallische Phasen ablaufen. Wie später die mikroelektrochemischen Untersuchungen zeigen werden, ist die kathodische Aktivität der chrom- und manganhaltigen intermetallischen Phasen in AA7349 deutlich schwächer als die der Al_7Cu_2Fe-Phase in AA7010. Somit verlangsamen Chrom- und Manganzugaben durch Herabsenkung der kathodischen Aktivität der edlen intermetallischen Phasen die Initiierung der Schichtkorrosion. Der Effekt, dass Zink das Durchbruchpotential senkt und somit korrosiven Angriff erleichtert [68], scheint für die Initiierung von untergeordneter Bedeutung zu sein, da die zinkreichere Legierung AA7349 später Wasserstoffentwicklung zeigt.

Bei Schichtkorrosionsuntersuchungen an AA7449 wurde festgestellt, dass zunächst die Korngrenzen aufgelöst werden bis hin zu ganzen Körnern. Die verbleibenden Kornfragmente sind in ihren Dimensionen deutlich kleiner als ursprüngliche, unangegriffene Körner [66]. Dies wurde auch im vorliegenden Fall beobachtet. TEM-Untersuchungen an AA7010-T6 (+0.26 Gew.% Sc) (vgl. Abb. 4.7) haben eine Breite des ausscheidungsfreien Saums von etwa 50 nm ergeben. Auch im überalterten Zustand bzw. ohne Scandiumzugabe ist der ausscheidungsfreie Saum nicht größer als 100 nm [68]. Würde nur diese Zone aufgelöst werden, könnte dies in den in Abb. 5.14 gezeigten lichtmikroskopischen Aufnahmen nicht erkannt werden. Das bedeutet, dass auch im vorliegenden Fall zunächst die Korngrenzenausscheidungen, dann der ausscheidungsfreie Saum und schließlich das gesamte Korn aufgelöst wird.

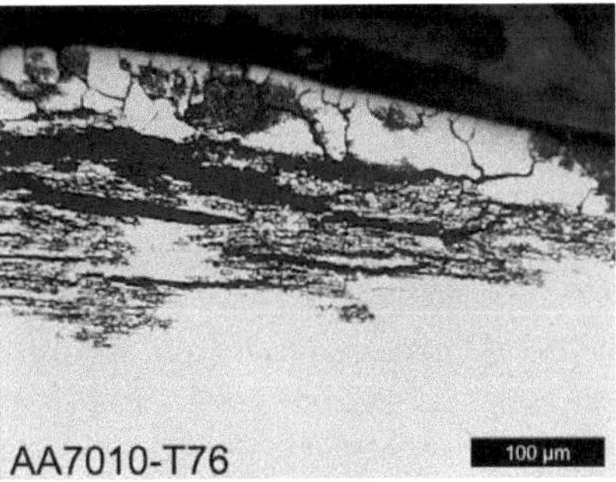

Abb. 5.14: Beispiele für Schichtkorrosion bei Profilen aus AA7349 und AA7010. Deutlich zu erkennen ist die Grobkornzone.

Ein Unterschied in der Korrosionsmorphologie zwischen den beiden Legierungssystemen ist kaum feststellbar. Aufgrund der größeren Korngröße bei AA7010 überwiegt optisch der interkristalline Korrosionscharakter, während durch die kleineren Körner bei AA7349 eher ganze Körner aufgelöst werden und die Materialablösung eher pulverförmig erscheint.

Da die Korngrenzenausscheidung im Wesentlichen $MgZn_2$-Phasen sind, könnte der Zinkgehalt der Legierung die Menge der ausgeschiedenen $MgZn_2$-Phase kontrollieren, falls Magnesium im Überschuss vorhanden ist [73]. Bei höherem Anteil an Korngrenzenausscheidungen ist durch die aktiveren Korngrenzen auch mit einem intensiveren Schichtkorrosionsverhalten zu rechnen. Da die Legierungen mit höherem Zinkanteil (AA7349) eine stärkere Schichtkorrosionsschädigung aufweisen (vgl. Tab. 5.1 und Tab. 5.2) als die zinkärmeren AA7010-Legierungen, scheint diese Überlegung Gültigkeit zu besitzen.

Zusammenfassend lässt sich festhalten, dass durch Chrom und Mangan in AA7349 der Initiierungsprozess der Schichtkorrosion verlangsamt wird, durch den höheren Zinkgehalt allerdings eine größere Schädigung nach Ende der Auslagerung auftritt [156].

5.1.2.2.2 Einfluss des Oberflächenzustandes

Wie das Einsetzen der Wasserstoffentwicklung gezeigt hat, spielt der Oberflächenzustand der Proben eine entscheidende Rolle für die Initiierungsphase der Schichtkorrosion. Bei den abgefrästen Proben kommt es deutlich früher zu einer intensiven Gasentwicklung im Vergleich zu den Profilen. Nach dem Strangpressen der Profile wurde die entsprechende Wärmebehandlung mit längeren Haltezeiten bei über 100°C durchgeführt. Dadurch entsteht eine dickere Oxidschicht, in die eventuell vorhandene korrosionsinhibierende Verarbeitungshilfsstoffe eingebrannt wurden. Die gefrästen Proben wurden hingegen erst einige Tage vor Versuchsdurchführung abgearbeitet, wodurch eine frische Oberfläche erzeugt wurde. Außerdem ist die gefräste Oberfläche deutlich rauer als die der Extrusionsprofile.

Für AA7075 wurde eine kontinuierliche Änderung der Kornstruktur über die Dicke eines Strangpressprofils dokumentiert. In der Profilmitte liegen langgezogene erholte Körner vor, während diese zur Oberfläche hin immer rundlicher werden [130]. In Studien zur Schichtkorrosion wurde festgestellt, dass langgezogene Körner am anfälligsten auf Schichtkorrosion sind [58, 59] und dass die Angriffsintensität von der Blechmitte zur Blechoberfläche signifikant abnimmt (vgl. Abb. 3.13) [59]. Beim Abfräsen wurde etwa ein Viertel der Profildicke auf jeder Seite abgetragen, wodurch eine anfälligere Mikrostruktur in Kontakt zur Lösung kommt.

Der wesentlichste Einflussfaktor, weshalb die abgefrästen Proben ein deutlich schlechteres Schichtkorrosionsverhalten zeigen, dürfte jedoch in der rekristallisierten Grobkornzone bei den Strangpressprofilen liegen (vgl. Abb. 4.6). Durch die starke mechanische Verformung und durch die aufgrund der Reibung am Presswerkzeug entstandenen hohen Temperaturen bildet sich während der Wärmebehandlung eine Grobkornzone durch sekundäre Rekristallisation aus [130]. Die geringere Zahl an Korngrenzen führt zu weniger „Kanälen“, durch die die aggressive EXCO-Lösung Zutritt zum feinkörnigeren Profilinneren hat. Wie aus Abb. 5.14 zu erkennen ist, wird die Grobkornzone lediglich via interkristalliner Korrosion durchwandert. Erst im feinkörnigeren Material kommt es zu massiver Auflösung mit voluminösen Korrosionsprodukten, die aufgrund ihrer Keilwirkung ein Aufreißen der Oberfläche bewirken und damit frischem Elektrolyt den Zutritt ermöglichen. Bei den abgefrästen Proben wurde diese Grobkornzone entfernt und somit hat der Elektrolyt gleich Zutritt zu dem langgestreckten, feinkörnigen Material.

Für die Anfälligkeit auf Schichtkorrosion bedeutet dies, dass die mit dickem Oxid bedeckte Grobkornzone den Initiierungsprozess durch die geringere Zahl aktiver Korrosionspfade verlangsamt. Zudem wirkt sich positiv aus, dass die oberflächennahe Kornform weniger anfällig auf Schichtkorrosion ist [59].

5.1.2.2.3 Einfluss der Wärmebehandlung

Nach DIN EN 515 [126] ist der Wärmebehandlungszustand T76 ein teilweise überalterter Zustand mit dem Ziel maximale Festigkeit und gutes Schichtkorrosionsverhalten zu erreichen. T6 hingegen zielt lediglich auf maximale Festigkeit ab.

Der Abstand der η-Korngrenzenausscheidungen im überalterten T76 Zustand ist größer als im Zustand höchster Festigkeit T6 [11]. Da die interkristalline Korrosionsrate vom Abstand dieser Korngrenzenausscheidungen abhängt, wäre ein langsamerer Korrosionsfortschritt und damit eine geringere Eindringtiefe im Zustand T76 zu erwarten. Außerdem beruht die interkristalline Korrosion primär auf der Auflösung der anodischen η-$MgZn_2$ Phase. Daher ist es gut vorstellbar, dass die Korrosion zum Stillstand kommt, wenn der Abstand zwischen zwei anodischen Phasen zu groß wird. In der vorliegenden Arbeit zeigt sich für die abgefrästen Proben von AA7010 im Zustand T76 tatsächlich ein besseres Schadensbild. Auch die größere Eindringtiefe der Korrosionsfront im Zustand T6 bestätigt diese Erwartung. Im Widerspruch zu obiger Erklärung zeigen die Profile von AA7010-T76 ein schlechteres Schichtkorrosionsverhalten als diejenigen aus AA7010-T6. Die Profile aus AA7349-T76 zeigen ein besseres Schichtkorrosionsverhalten als die im Zustand T6, allerdings zeigen die abgefrästen Proben wieder Abweichungen. Werden auch die scandiumhaltigen Varianten in den Vergleich mit einbezogen, zeigen sich sogar für den Zustand T76 die größeren Eindringtiefen gegenüber dem Zustand T6, was für die höhere interkristalline Korrosionsrate bei T76 spricht und damit der oben beschriebenen Überlegung gänzlich widerspricht. Die Bewertung der Schadensmorphologie nach ASTM-Norm zeigt, dass die Proben im Zustand T76 weniger stark korrodiert erscheinen. Eine Ausnahme bilden die Profile der Reihe AA7010.

Zusammenfassend lässt sich feststellen, dass bezüglich den Wärmebehandlungszuständen kein konsistentes Bild im Hinblick auf das Legierungsverhalten entstanden ist [156]. Dies wird wohl an der nur geringen Überalterung des Zustands T76 liegen [126]. Außerdem ist die EXCO-Lösung mit ihrer extrem hohen Chloridkonzentration (4.2 mol/l), der Zugabe von oxidierend wirkenden Nitraten und dem niedrigen pH Wert sehr aggressiv, wodurch eine Unterscheidung der verschiedenen Wärmebehandlungszustände nicht mehr möglich ist [65].

Die Beurteilung des Schadensbildes nach ASTM G34 wird stärker von der Kornform, als von der interkristallinen Korrosionsrate bestimmt [58]. Die leichte Überalterung im Zustand T76 beeinflusst durch eine Vergröberung der Korngrenzenausscheidungen im Wesentlichen die Reaktivität der interkristallinen Korrosion und damit die interkristalline Korrosionsrate, wohingegen die Kornform durch die Wärmebehandlung nicht verändert wird (vgl. Gefügewürfel in Abb. 4.1 und Abb. 4.2). Möglicherweise ließen sich Unterschiede unter milderen Bedingungen, wie beispielsweise der Auslagerung in einer Atmosphäre mit kontrollierter Luftfeuchtigkeit, erzielen [65, 68].

5.1.2.2.4 Einfluss der Scandiumzugabe

Scandium bewirkt im Gussgefüge eine Kornfeinung, die aber nach dem Strangpressen nicht mehr zu erkennen ist (vgl. Abb. 4.6). Allerdings wird durch die rekristallisationshemmende Wirkung von Scandium, bzw. von Scandium in Verbindung mit Zirkon, die Ausbildung der rekristallisierten Grobkornrandzone stark minimiert, wie ebenfalls aus Abb. 4.6 zu entnehmen ist. Oben wurde bereits festgestellt, dass diese Grobkornzone eine entscheidende inhibierende Wirkung auf den Initiierungsprozess der Schichtkorrosion hat. Somit lässt sich die bei den Profilen der AA7349-Legierungsserie beobachtete Verschlechterung des Schichtkorrosionsschadensbildes mit zunehmendem Scandiumgehalt verstehen. Auch bei den AA7010 Proben zeigen die scandiumhaltigen Varianten ein schlechteres Schichtkorrosionsverhalten, wenn auch nicht so eindeutig wie bei AA7349.

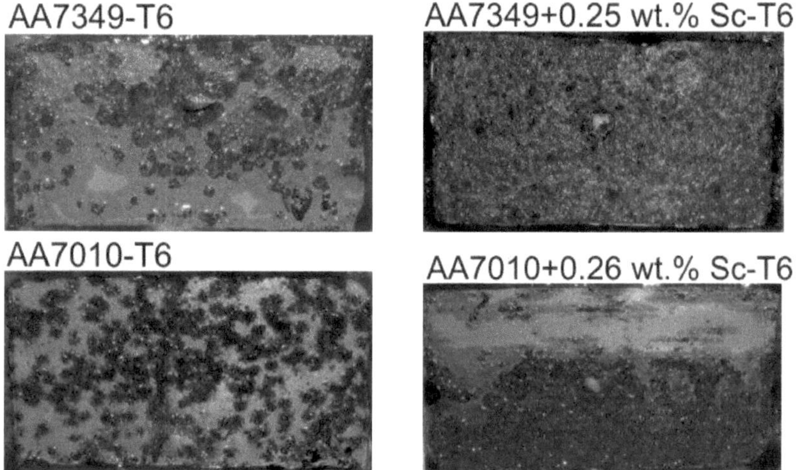

Abb. 5.15: Einfluss der Scandiumzugabe auf den Schichtkorrosionsangriff von Profilen aus AA7010 und AA7349 im Wärmebehandlungszustand T6.

Bezüglich des interkristallinen Verlaufes der Schichtkorrosion lässt sich zwischen den scandiumfreien und scandiumhaltigen Varianten kein Unterschied finden. Bei AA7010-T6 ist der Scandiumeinfluss so deutlich, dass er selbst nach der ASTM-Wertung (vgl. Tab. 5.1) offensichtlich ist. Im Wärmebehandlungszustand T76 fällt bei beiden Legierungssystemen auf, dass eine mittlere Scandiumzugabe von etwa 0.15 Gew.% das Schichtkorrosionsverhalten massiv verschlechtert. Dies zeigt sich auch bei den Angriffstiefen, bei denen die moderate Scandiumzugabe häufig zu tieferen Korrosionsangriffen führt (Abb. 5.11). Neben der rekristallisationshemmenden Wirkung ist von Scandium bekannt, dass es in Verbindung mit Zirkon zu schmäleren ausscheidungsfreien Säumen an den Korngrenzen führt [79, 91]. Möglicherweise ist das schlechte Verhalten bei Zugabe von 0.15 Gew.% Scandium darauf zurückzuführen, dass diese geringe Menge bereits zu einer Vermeidung der Grobkornzone führt (=>

leichte Initiierung), aber noch nicht die Ausdehnung der ausscheidungsfreien Säume minimiert (=> erniedrigt die interkristalline Korrosionsrate).

Bei den abgefrästen Proben wurde beobachtet, dass Scandium zu einem geringeren Schichtkorrosionsangriff führt. Wie aus Abb. 5.16 zu erkennen ist, ist die Oberfläche der Probe AA7349-T6 mittig aufgerissen und bei AA7010-T6 hat sich die oberste Schicht ganz abgelöst. Die beiden entsprechenden Varianten mit 0.25 bzw. 0.26 Gew.% Scandium zeigen etwas weniger Angriff. Dies ist auf das feinere Korn (vgl. Abb. 4.1, Abb. 4.2 und Abb. 4.4) in den hochscandiumhaltigen Varianten zurückzuführen. Tatsächlich zeigt sich auch bei den gefrästen Proben, wie aus Abb. 5.11 zu entnehmen ist, dass die Eindringtiefe der Schichtkorrosion mit steigendem Scandiumgehalt eher abnimmt.

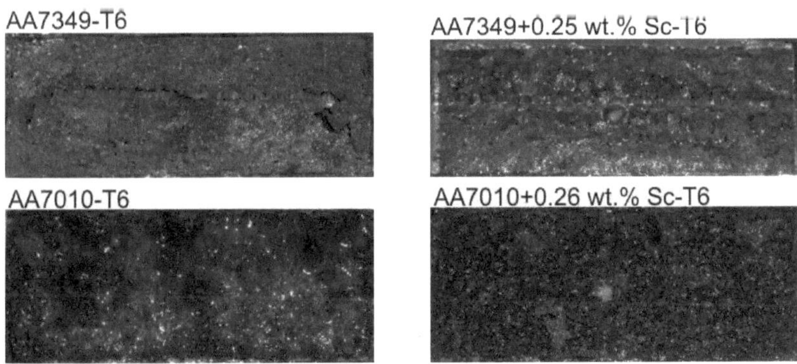

Abb. 5.16: Einfluss der Scandiumzugabe auf den Schichtkorrosionsangriff von gefrästen Proben aus AA7010 und AA7349 im Wärmebehandlungszustand T6.

Aus diesen Befunden lässt sich schlussfolgern, dass der Einfluss, den Scandium auf das Schichtkorrosionsverhalten ausübt, ambivalent ist. Durch die rekristallisationshemmende Wirkung wird einerseits die Bildung einer Grobkornzone an der Oberfläche verhindert, was zu einer vereinfachten Initiierung des Korrosionsangriffs führt. Andererseits führt Scandium zu einer schmäleren ausscheidungsfreien Zone entlang der Korngrenzen, was die interkristalline Korrosionsrate erniedrigt. Allerdings scheint diese Verschmälerung erst bei höheren Scandiumgehalten aufzutreten. Aus Kostengründen wird in der Praxis aber ein nur kleiner Scandiumanteil von etwa 0.15 Gew.% in Verbindung mit ebenfalls 0.15 Gew.% Zirkon favorisiert, da hier bereits die metallurgisch positiven Effekte, wie Kornfeinung im Gussgefüge, Rekristallisationshemmung und Festigkeitssteigerungen erreicht werden. Aus Sicht der Schichtkorrosionsanfälligkeit ist für die Initiierungsphase eine Scandiumzugabe schädlich. Für den interkristallinen Korrosionsfortschritt wäre allerdings eine hohe Scandiumzugabe wünschenswert. Ein „Kompromiss“, der aus einer mittleren Scandiumzugabe bestünde, vereint nur die beiden negativen Aspekte und ist daher aus Sicht der Schichtkorrosionsanfälligkeit zu vermeiden.

5.2 Ruhepotentialmessungen

5.2.1 Makroskopisches Ruhepotentialverhalten

Zur Untersuchung der initialen Auflösungsvorgänge wurden frisch mit Ethanol polierte Proben neutraler, luftgespülter 0.1M Na_2SO_4-Lösungen mit variierendem Chloridgehalt ausgesetzt. Der Chloridgehalt wurde mit 0.002 bzw. 0.01 mol/l sehr klein gehalten. Abb. 5.17 zeigt den sich ergebenden Ruhepotentialverlauf nach Eintauchen der Proben im Wärmebehandlungszustand T6 in 0.1M Na_2SO_4.

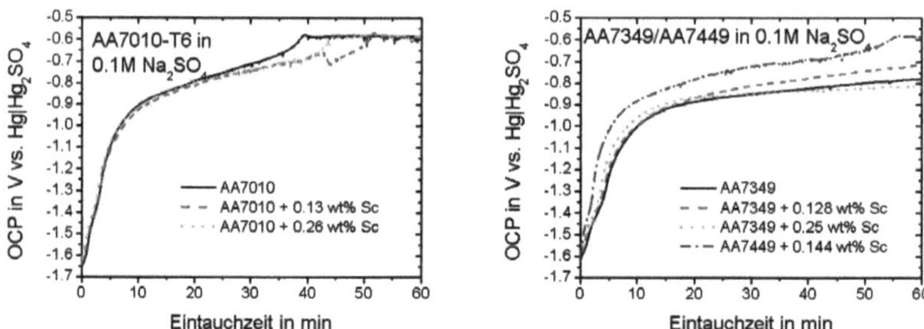

Abb. 5.17: Ruhepotentialverläufe frisch polierter Proben (im Wärmebehandlungszustand T6) nach dem Eintauchen in 0.1M Na_2SO_4.

Bezüglich der Ruhepotentiale und der initialen zeitlichen Ruhepotentialentwicklung zeigen sich einige Unterschiede zwischen den beiden Legierungssystemen. Das Startpotential direkt nach dem Eintauchen ist beim System AA7010 geringfügig (etwa 50 mV) negativer als beim System AA7349/AA7449, während das Ruhepotential von AA7010 nach einer Stunde mit etwa –0.6 $V_{Hg|Hg_2SO_4}$ um zirka 200 mV positiver liegt als das von AA7349. Um ein gut reproduzierbares anfängliches Ruhepotential zu erhalten, ist eine absolut wasserfreie Probenpräparation notwendig. Der Anstieg des Ruhepotentials nach dem Eintauchen erfolgt bei AA7010 deutlich rascher als bei AA7349. Ein Ruhepotential von –1.0 $V_{Hg|Hg_2SO_4}$ (Knick im Kurvenverlauf von Abb. 5.17) wird unabhängig von der Wärmebehandlung (T4, T6 oder T76) bei AA7010 nach etwa 7 min, bei AA7349 nach etwa 9-10 min erreicht. Die chrom- und manganfreie Legierung AA7449 hat (am deutlichsten im Zustand T4) direkt nach dem Eintauchen bereits ein positiveres Ruhepotential als die AA7349 Proben. Nach einer Stunde Eintauchzeit wird das Ruhepotentialniveau von AA7010 mit etwa –0.6 $V_{Hg|Hg_2SO_4}$ erreicht. Auch steigt anfänglich das Ruhepotential deutlich schneller an als bei AA7349, so dass –1.0 $V_{Hg|Hg_2SO_4}$ bereits nach etwa 5 min erreicht wird.

Über AA7449 lassen sich die Besonderheiten eindeutig auf die Wirkung bestimmter Legierungselemente zurückführen. Da sich AA7010 und AA7449 in ihrem Verlauf sehr ähnlich sind, folgt daraus, dass sich kleine Chrom- und Manganbeigaben stärker auswirken als eine Änderung des Zinkgehalts von 1.3 Prozentpunkten. Diese beiden Legierungselemente erniedrigen die Kinetik der Ruhepotentialerhöhung und führen insgesamt zu einem niedrigeren Ruhepotential nach einer Stunde Eintauchzeit. Der höhere Zinkgehalt von AA7349 ist aufgrund des positiveren Ruhepotentials von Zink für das anfänglich etwas positivere Ruhepotential verantwortlich. Insgesamt zeigen aber Chrom und Mangan durch die starke Verlangsamung der Kinetik die größten Auswirkungen.

Ebenso ist auch ein Einfluss von Scandium auf die Kinetik der Ruhepotentialeinstellung in 0.1M Na_2SO_4 feststellbar, allerdings nicht so eindeutig, wie der von Chrom und Mangan. Unabhängig vom Wärmebehandlungszustand (T4, T6, T76) und dem Legierungssystem führt Scandium zu einem leicht positiveren initialen Ruhepotential und zu einer minimal schnelleren Ruhepotentialerhöhung bis zu –1.0 $V_{Hg|Hg_2SO_4}$, danach ist der Einfluss von Scandium nicht mehr eindeutig. Besonders im Legierungssystem AA7349 fällt unabhängig vom Wärmebehandlungszustand (T6, T76) auf, dass eine Zugabe von 0.13 Gew.% zu einem positiveren Ruhepotential und eine Zugabe von 0.26 Gew.% zu einem negativeren Ruhepotential führt. Da bei 0.13 Gew.% ein geringerer Anteil $Al_3Sc_xZr_{1-x}$-Primärphase vorhanden ist und Scandium in der Matrix (vgl. Kapitel 5.4.3.1, Seite 117) zu besseren Passiveigenschaften führt, wäre dieser Ruhepotentialanstieg verständlich. Bei höheren Scandiumgehalten überwiegt dann wieder der negative Effekt der groben, leicht kathodisch reagierenden $Al_3Sc_xZr_{1-x}$ Primärphase.

Wie später unter Einbeziehung der mikroelektrochemischen Ergebnisse genauer belegt und erklärt wird, ist der Anstieg des Ruhepotentials bis zu einem Gleichgewichtswert wesentlich durch die Auflösung der anodischen Mg_2Si-Phase dominiert. Für die selektive Legierungskorrosion der Al_2CuMg (S-Phase) wird ein ähnlicher Ruhepotentialverlauf berichtet [52]. Dort wird der Ruhepotentialanstieg auf eine Kupferschichtbildung an der Oberfläche zurückgeführt [52]. Für einen Ruhepotentialanstieg ist es gleichbedeutend, ob eine edlere Komponente angereichert oder eine unedle Komponente aufgelöst wird. Für die Auflösung der stark anodischen [24] Mg_2Si-Phasen ist eine effiziente Kathode erforderlich. Chrom und Mangan werden in eisenhaltige intermetallische Phasen eingebaut (vgl. Kapitel 4.1.3), wo sie einen Teil des Eisens ersetzen und somit zu einem größeren Volumenanteil dieser Phasen führen [26]. Allerdings ist die Effizienz dieser Lokalkathoden eingeschränkt, sodass die anodische Auflösung der Mg_2Si-Phasen kathodisch kontrolliert wird und daher bei der chrom- und manganhaltigen Legierung langsamer verläuft. Diese kathodische Reaktionskontrolle führt dazu, dass bei AA7349 die Ruhepotentialerhöhung langsamer abläuft als bei der chrom- und manganfreien Legierung AA7010.

In 0.1M Na_2SO_4 tritt keine lokal initiierte Korrosion, wie Lochfraß oder interkristalline Korrosion auf. Üblicherweise wird davon ausgegangen, dass der Anstieg des Ruhepotentials von frisch polierten Proben auf ein Oxid-/Hydroxidschichtwachstum im Elektrolyt zurückzuführen ist [48, 57]. Um den Einfluss der Passivschichtbildung genauer zu untersuchen, wurden Proben nach erfolgter einstündiger Auslagerung nochmals kurz aufpoliert, um die gebildete Passivschicht zu entfernen. Anschließend erfolgte eine erneute Ruhepotentialmessung während der fortgesetzten Auslagerung. Eine weitere Probe wurde nach dem Polieren über 3 Wochen an Laborluft gealtert, wodurch die Oxidschicht ihre Enddicke erreicht hat [57]. Auch diese Probe wurde in 0.1M Na_2SO_4 ausgelagert und das sich einstellende Ruhepotential aufgezeichnet.

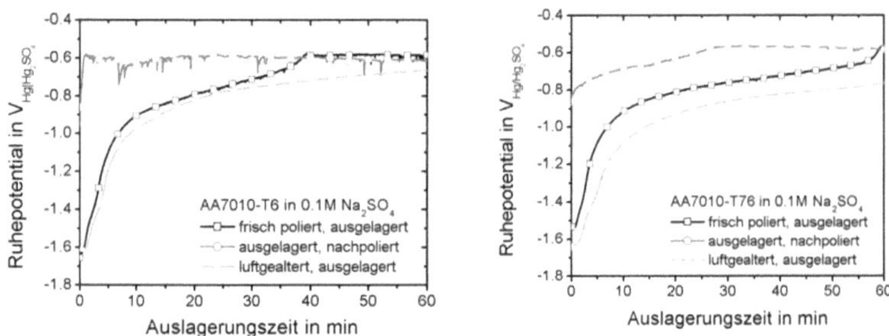

Abb. 5.18: Ruhepotentialeinstellung unterschiedlich vorbehandelter AA7010-Proben in 0.1M Na_2SO_4.

Aus Abb. 5.18 ist deutlich zu erkennen, dass die frisch polierte und die luftgealterte Probe einen vergleichbaren Ruhepotentialverlauf zeigen, wobei die kurz aufpolierte Probe beim Wiedereintauchen in 0.1M Na_2SO_4 ein positiveres Anfangspotential und einen deutlich kleineren Potentialanstieg zeigt. Da die luftgealterte Probe noch Mg_2Si-Phasen enthält, dominiert die selektive Magnesiumkorrosion den Ruhepotenitalverlauf genauso wie bei der frisch polierten Probe. Der Einfluss der dickeren Oxidschicht tritt in den Hintergrund. Da beim Wiederaufpolieren nur die Oxidschicht entfernt wurde, aber idealerweise keine neuen Mg_2Si-Phasen freigelegt wurden, ist der kleine Ruhepotentialanstieg nur auf die Neubildung der Passivschicht zurückzuführen.

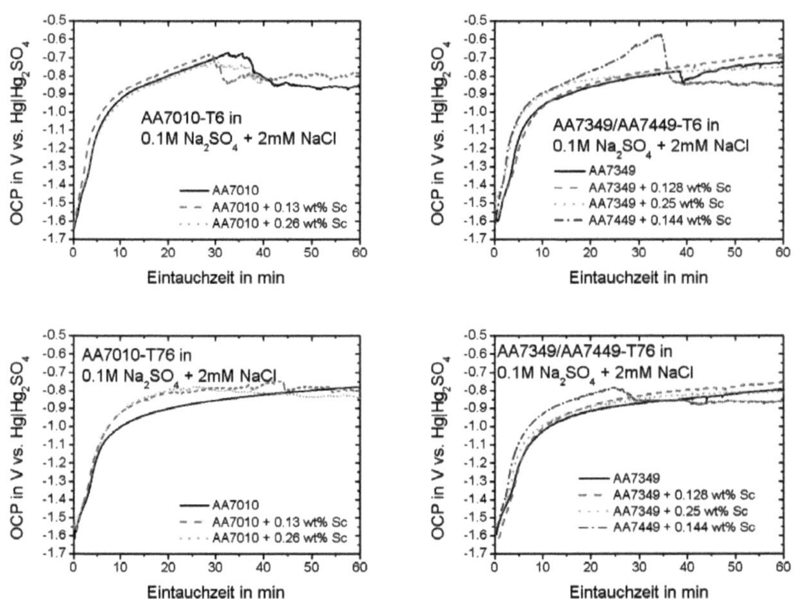

Abb. 5.19: Ruhepotentialverläufe frisch polierter Proben beider Legierungssysteme (im Wärmebehandlungszustand T6 oben und T76 unten) nach dem Eintauchen in 0.1M Na_2SO_4 + 2mM NaCl.

Durch Zugabe von Chloriden zum 0.1M Na_2SO_4 Basiselektrolyten kommt es ebenfalls zu einem anfänglichen Potentialanstieg, der wesentlich durch die Auflösung der anodischen Mg_2Si-Phase bedingt wird. Abhängig von der Chloridkonzentration, Legierungszusammensetzung und Wärmebehandlung kommt es nach einiger Zeit zu einem Ruhepotentialabfall, der auf das Auftreten lokaler Korrosionsereignisse (Oxidschichtzerstörung) zurückzuführen ist. In Abb. 5.19 ist der Ruhepotentialverlauf für frisch mit Ethanol polierten Proben in 0.1M Na_2SO_4 + 2mM NaCl und in Abb. 5.20 in 0.1M Na_2SO_4 + 10mM NaCl in den Wärmebehandlungszuständen T6 und T76 dargestellt.

Während der ersten 10 Minuten im Elektrolyten zeigt das Ruhepotential einen mit obigem (0.1M Na_2SO_4) Fall vergleichbaren Verlauf. Bereits eine Chloridkonzentration von lediglich 0.002 mol/l führt zu einer lokalen Zerstörung der Passivschicht, was durch den Abfall des Ruhepotentials ersichtlich ist. Dieser Abfall tritt allerdings nur bei den chrom- und manganfreien Legierungen innerhalb der ersten Stunde auf und ist im Wärmebehandlungszustand T6 stärker ausgeprägt als im „korrosionsresistenteren“ Zustand T76. Obwohl von gelöstem Zink bekannt ist, dass es das Durchbruchpotential der Matrix herabsetzt [50], ist ein Einfluss der Zinkkonzentration durch Vergleich des Verhaltens von AA7010 und AA7449 nicht evident. Dies liegt wohl daran, dass hier das Zink in $MgZn_2$ gebunden ist. Die chrom- und manganhaltigen Legierungen zeigen keinen Abfall des Ruhepotentials und somit auch keine Anzeichen auf eine beginnende lokale Zerstörung des Passivfilms. Dies ist wieder mit der geringeren kathodischen Aktivität der chrom- und manganhaltigen intermetallischen Phasen begründbar. Da der Durchbruch auf einen Angriff der die kathodischen Phasen umgebenden Matrix zurückzuführen ist, ist eine direkte Verbindung der Korrosionsereignisse mit der Phasenzusammensetzung möglich.

Aus dem Verhalten des Legierungssystems AA7010 im Wärmebehandlungszustand T76 lässt sich der Einfluss von Scandium auf das Ruhepotential ableiten. Während die scandiumfreie Legierung keinen Abfall zeigt, kommt es bei den scandiumhaltigen Varianten zu einer langsamen Abnahme des Ruhepotentials. Diese Abnahme ist umso stärker ausgeprägt, je größer (0.13 bzw. 0.26 Gew.% Sc) der Scandiumgehalt in der entsprechenden Variante ist. Ein Rückvergleich desselben Systems im Wärmebehandlungszustand T6 bestätigt diese Tendenz. Dieser Effekt ist auf die kathodischen Eigenschaften der $Al_3Sc_xZr_{1-x}$ Primärphasen zurückzuführen, die durch lokale Alkalisierung einen Durchbruch der Matrix verursachen. Obwohl AlSc-Legierungen einen besser schützenden Oxidfilm haben sollen [94], erstreckt sich die Schutzwirkung nicht auf alkalische Bedingungen, wie sie um aktive Lokalkathoden herrschen.

Eine Erhöhung der Chloridkonzentration auf 0.01 mol/l führt bei beiden Legierungssystemen zu einem stabilen freien Korrosionspotential auf niedrigem Niveau (siehe Abb. 5.20). Der Anstieg in den ersten Minuten erfolgt bis –1.0 $V_{Hg|Hg_2SO_4}$ analog zu den oben beschriebenen und diskutierten Fällen. Ab diesem Potential ist das Ruhepotential für alle Legierungsvarianten unabhängig vom Wärmebehandlungszustand etwa konstant –1.0 $V_{Hg|Hg_2SO_4}$. Ein Einfluss der Scandiumkonzentration zeigt sich lediglich für das Legierungssystem AA7010, ist aber dort in Abhängigkeit des Wärmebehandlungszustandes nicht konsistent. Gemäß der Mischpotentialtheorie [48] wird das messbare Ruhepotential durch die Aktivität der Lokalkathoden auf das Korrosionspotential gezogen, das wesentlich von der im Elektrolyt vorhandenen Sauerstoffmenge abhängt. Die ungleichen Niveaus im ansonsten konstanten Korrosionspotential sind auf unterschiedliche Sauerstoffdiffusionsgrenzstromdichten zurückzuführen.

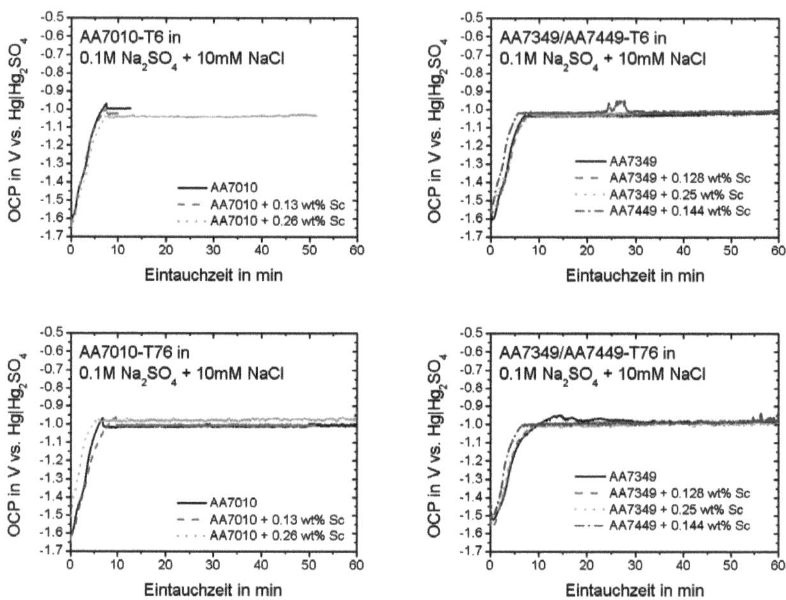

Abb. 5.20: Ruhepotentialverläufe frisch polierter Proben beider Legierungssysteme (im Wärmebehandlungszustand T6 oben und T76 unten) nach dem Eintauchen in 0.1M Na_2SO_4 + 10mM NaCl.

5.2.2 Mikroelektrochemisches Ruhepotentialverhalten

Um die Ursachen des makroskopisch ermittelten Ruhepotentialverlaufs genauer zu untersuchen, wurden weitere mikroelektrochemische Ruhepotentialverläufe aufgenommen. Ziel ist es, das Ruhepotentialverhalten einzelner intermetallischer Phasen zu bestimmen und daraus die makroskopischen Wechselwirkungen belegen und erklären zu können.

Das mikroelektrochemisch ermittelte Ruhepotentialverhalten zeigt durch den größeren relativen Flächenanteil der untersuchten intermetallischen Phase in der Kontaktfläche und den statistischen Ausschluss von Oberflächenfehlern durch Verringerung der Messfläche ein anderes Verhalten als die makroskopischen Untersuchungen.

5.2.2.1 Einfluss der Oxidschichtalterung

In Abb. 5.21 ist der Einfluss der Oxidschichtalterung an Luft auf den Ruhepotentialverlauf im Elektrolyten dargestellt. Mikroelektrochemische Untersuchungen erlauben es, die Kapillare auf verschiedene Stellen derselben Probe zu setzen, wodurch Präparationsartefakte ausgeschlossen werden können. Von Aluminium ist bekannt, dass es aufgrund des Drucks beim mechanischen Polieren eine Verformungsschicht bildet. Der Einfluss der Verformungsschicht ist bei Verwendung einer Probe immer gleich und somit ist die Änderung des Ruhepotentialverhaltens eindeutig auf die Oxidalterung beschränkt. Außerdem wurde mit 220 µm Durchmesser eine genügend große Kapillare gewählt, so dass die Untersuchungsstellen etwa den gleichen Anteil intermetallischer Phasen beinhalten.

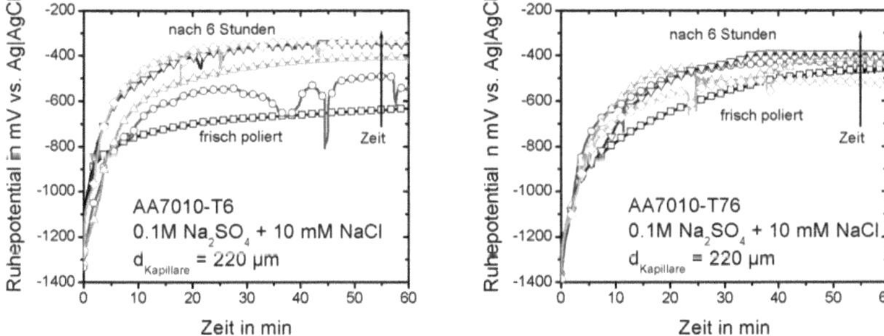

Abb. 5.21: Einfluss der Oxidschichtalterung an Luft auf den Verlauf des Ruhepotentials im Elektrolyten. Die Proben wurden frisch mit Ethanol poliert.

Es ist aus Abb. 5.21 gut zu erkennen, dass das Ruhepotential von AA7010-T6 nach 1 h Kontaktzeit mit dem Elektrolyten mit zunehmender Alterungszeit an Luft steigt. Weniger stark ausgeprägt zeigt sich dieses Verhalten auch für AA7010-T76. Das initiale Ruhepotential ist bei beiden Proben etwa –1.4 $V_{Ag|AgCl}$ (≈ 1.8 $V_{Hg|Hg_2SO_4}$). Bei der Mikrokapillartechnik treten keine Verzögerungen in der Potentialaufzeichnung durch Einfüllen des Elektrolyten auf, was zu einer besseren Zeitauflösung und geringfügig niedrigeren Potentialen in der Anfangsphase führt.

Die frisch polierten Proben reagieren auf die Chloridionen mit Korrosion, wodurch das niedrige stationäre Ruhepotentialniveau erklärt wird. Mit zunehmender Oxidschichtdicke steigt die Resistenz gegen Korrosionsinitiierung, was durch ein steigendes stationäres Ruhepotentialniveau zum Ausdruck kommt.

Der Anstieg des Ruhepotentials nach 1 h Kontaktzeit ist auf die durch Luftalterung dickere Sperr- und Deckschicht des Aluminiums und die damit verbundenen besseren Passiveigenschaften zurückzuführen [57]. Nach 3 h an Luft zeigt sich kein signifikanter Einfluss der Oxidalterung mehr. Da das initiale Ruhepotential aber in beiden Fällen sehr negativ ist, wird der Anstieg in den ersten 10 min Kontaktzeit von der Auflösung der Mg_2Si-Phasen dominiert.

5.2.2.2 Einfluss der Chloridkonzentration

Bei den makroskopischen Versuchen hat sich bereits ab einer Chloridkonzentration von 0.002 mol/l ein Einfluss auf das Ruhepotential durch Korrosionsereignisse gezeigt (vgl. Abb. 5.19). Für Stahl wird berichtet, dass Korrosionsereignisse an statistisch verteilten Fehlern initiiert werden und durch eine Verringerung der Messfläche bei der Mikrokapillartechnik diese Fehler häufig nicht im Messbereich liegen [134]. Bei Verwendung einer Kapillare mit einem Durchmesser von 220 µm verringert sich die Messfläche gegenüber der makroskopischen Messfläche (d = 1 cm) um den Faktor 2'000.

Wie aus Abb. 5.21 zu entnehmen ist, wird das Ruhepotential bei einem Chloridgehalt von 0.01 mol/l nicht durch Korrosionsereignisse gestört, sofern sich für mindestens 3 h eine Sperrschicht bilden konnte. In der Regel können auch keine Transienten beobachtet werden. Aus Abb. 5.22 ist zu entnehmen, dass bei 0.1 mol/l Chloridionen im Ruhepotentialverlauf nach etwa 10 min Transienten auftreten und das Ruhepotential sich durch aktive Korrosionsereignisse auf –600 mV einstellt. Minimal werden –750 mV gemessen, maximal erreicht das Ruhepotential Werte um –400 mV, was dem stationären Wert im Passivzustand (siehe Abb. 5.21) entspricht.

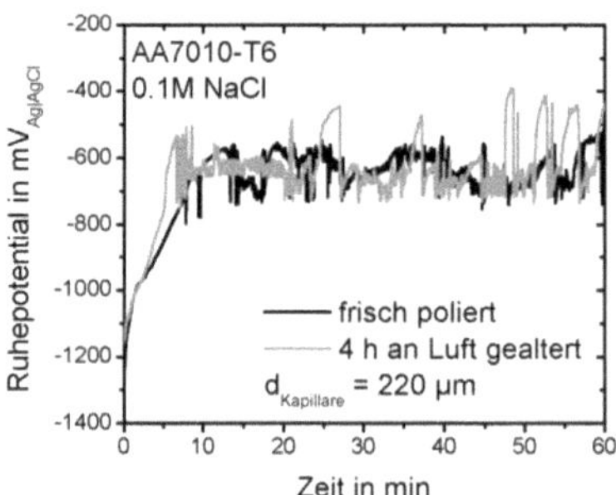

Abb. 5.22: Ruhepotentialverläufe von AA7010-T6 in 0.1M NaCl.

Aus den Transientenhöhen von Abb. 5.22, speziell von der 4 h gealterten Probe, lassen sich stetige Aktivierungs- und Passivierungsereignisse herauslesen. Bei –400 mV ist die Probe passiv, was aus einem Vergleich mit Abb. 5.21 ersichtlich ist. Der negative Extremwert von –750 mV entspricht dem aktiv korrodierenden Zustand. Je nachdem, welcher Zustand überwiegt, stellt sich ein positiveres oder ein negativeres Potential ein. Liegt das Potential zwischen den beiden Extremwerten, liegt ein Mischzustand vor. Bei der gealterten Probe wird sogar zeitweise ein vollständig passiver Zustand in der Messfläche erreicht.

Makroskopisch lässt sich dieses Transientenverhalten aufgrund der großen Messfläche nicht beobachten. Es liegen dann zu viele Schwachstellen in der Messfläche vor, die aktiv korrodieren und damit das Ruhepotential auf einem niedrigen Wert stabilisieren. Die Transienten werden bei makroskopischen Messungen über die große Messfläche integriert und ergeben somit das relativ konstante, vom Sauerstoffdiffusionsgrenzstrom dominierte Ruhepotential, wie es in Abb. 5.20 zu sehen ist.

5.2.2.3 Ruhepotentialverhalten einzelner intermetallischer Phasen

Mittels einer Kapillare mit 40 µm Durchmesser wurde das Ruhepotentialverhalten der einzelnen groben intermetallischen Phasen, wie $Al_3Sc_xZr_{1-x}$, Mg_2Si, Al_7Cu_2Fe sowie möglichst partikelfreier Matrix ermittelt (vgl. Abb. 5.23). Bei diesem Kapillardurchmesser wurden die Phasen nicht isoliert untersucht, sondern immer in Verbindung mit der umgebenden Matrix. Daher zeigt Abb. 5.23 auch ein Mischpotential, das aber maßgeblich durch die auf der Messfläche vorhandenen Phasen beeinflusst wird.

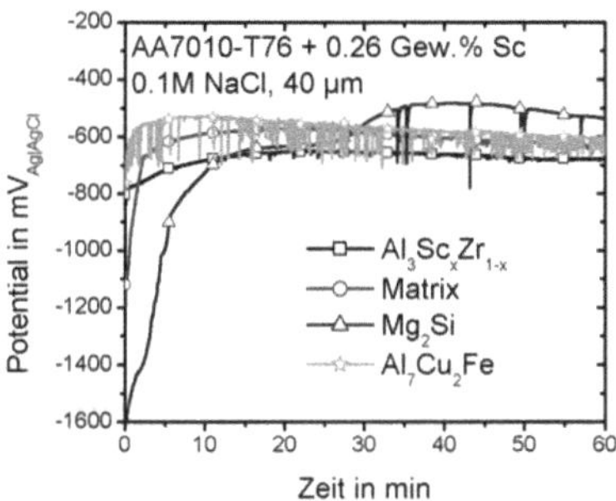

Abb. 5.23: Ruhepotentialverläufe auf einzelnen intermetallischen Phasen.

Deutlich zu erkennen ist das unterschiedliche Verhalten der einzelnen Phasen. Die kathodische Al_7Cu_2Fe-Phase zeigt von Beginn an ein Ruhepotential um –600 mV, allerdings mit zahlreichen Transienten. Der als „Matrix" bezeichnete Messfleck wurde dahingehend ausgewählt, dass er keine im Lichtmikroskop (500-fache Vergrößerung) erkennbaren intermetallischen Partikel beinhaltet. Da im polierten Zustand Korngrenzen und $MgZn_2$-Dispersoide nicht erkannt werden können, ist aber trotzdem davon auszugehen, dass der Messfleck diese beinhaltet. Außerdem enthält die Matrix Al_3Zr Dispersoide, die sehr schwache Lokalkathoden darstellen [24, 41]. Das Ruhepotentialverhalten der Matrix und der $Al_3Sc_xZr_{1-x}$ Partikel ist etwa identisch. Nach einem Beginn bei mittleren Potentialen um –1 V stabilisiert sich das Potential rasch mit nur schwacher Transiententätigkeit in einem Bereich um –700 mV. Besonders auffällig ist das Verhalten der Mg_2Si-Phasen. Sie zeigen nach Herstellung des Kontakts mit dem Elektrolyten das weitaus niedrigste Potential. Innerhalb von etwa 10 min wird dann ein Niveau erreicht, das mit dem der anderen Phasen vergleichbar ist. Nach etwa 30 min treten wenige aber verhältnismäßig große Transienten auf.

Das in Abb. 5.23 dargestellte Verhalten kann als repräsentativ angesehen werden, wenn auch die Ausprägung der Charakteristika in Abhängigkeit der Legierungsvariante, des Kapillardurchmessers und der Wärmebehandlung leicht variiert.

Der ruhige Anstieg des Ruhepotentials auf der Matrixfläche ist auf die Ausbildung einer flächigen Passivschicht aus Aluminiumoxid und Hydroxid, ggf. mit Chlorideinbau zurückzuführen. Trotz der verhältnismäßig hohen Chloridkonzentration kommt es aufgrund der guten Schutzeigenschaften der Passivschicht nicht zu im Lichtmikroskop erkennbaren Korrosionsangriffen.

Da das Ruhepotentialverhalten auf der $Al_3Sc_xZr_{1-x}$-Phase gegenüber der reinen Matrix keinen Unterschied zeigt, ist davon auszugehen, dass identische Prozesse ablaufen. Dies bedeutet, dass sich die $Al_3Sc_xZr_{1-x}$-Phase womöglich nicht oder nur sehr schwach an den ablaufenden Prozessen beteiligt. Ein Angriff der Oberfläche konnte nicht beobachtet werden.

Mattsson und Mitarbeiter [26] haben 1971 ein Modell für die Korrosion unter freien Korrosionsbedingungen beschrieben, das auf Daten, die durch Messungen an eigens synthetisierten makroskopischen intermetallischen Phasen (anodische $MgZn_2$ und kathodische α-Al(Fe,Me)Si-Phase, Matrix) ermittelt wurden, basiert.

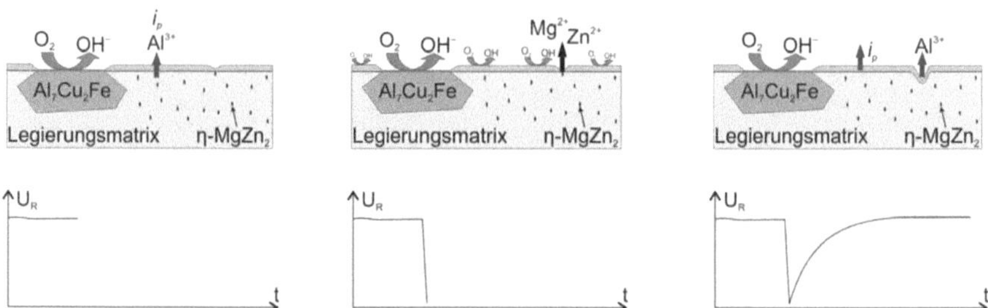

Abb. 5.24: Ruhepotentialtransientenmodell nach Mattsson [26]. Erklärung siehe Text.

Diesem Modell (vgl. Abb. 5.24) folgend, wird zunächst die η-Phase aufgelöst. Dies geschieht aufgrund der hohen Korrosionsrate der $MgZn_2$-Phasen sehr schnell [24]. Solange diese Auflösung anhält, ist die umgebende Matrix kathodisch geschützt. Sobald die freiliegende η-Phase aufgelöst ist, steigt das Potential auf das Korrosionspotential der Matrix an, wodurch eine Umpolarisation der Matrix bewirkt wird. Die Matrix ist nun die sich auflösende Anode und der entsprechend notwendige Elektronenkonsum läuft an der kathodischen α-Al(Fe,Me)Si-Phase durch die Reaktion $O_2 + 4e^- + 2H_2O \rightarrow 4OH^-$ ab (Bild 1 in Abb. 5.24). Durch Auflösung der Matrix wird wieder eine neue η-Phase freigelegt und das Potential fällt auf das Korrosionspotential der η-Phase ab (Bild 2 in Abb. 5.24). Die Repassivierung dieses „Nanopits" führt erneut zu einem Ruhepotentialanstieg auf das Niveau der Matrix (Bild 3 in Abb. 5.24). Mattsson [26] sagt gemäß diesem Modell starke Potentialfluktuationen voraus, wenn in der Messfläche Matrix, anodische und kathodische Phasen vorhanden sind. Er schränkt aber auch ein, dass er diese Transiententätigkeit nicht messen kann, da hierfür eine extrem kleine Messfläche nötig ist. Ansonsten überlagern sich die Transienten und es wird nur ein niedriges Potential gemessen. Mit der Mikroelektrochemie ist 35 Jahre später durch die signifikante Messflächenreduzierung (d = 1 cm auf d = 40 μm) um den Faktor 62'500 diese Transiententätigkeit messbar.

Auch bei obiger Messung (Abb. 5.23) zeigen sich besonders bei der Al_7Cu_2Fe Phase zahlreiche Transienten. Die Anwendung des Modells von Mattsson erscheint hier sinnvoll. Jegliche kathodische Aktivität findet auf der Al_7Cu_2Fe-Phase statt. Kommen η-Phasen in Kontakt mit dem Elektrolyten, werden diese anodisch aufgelöst, was sich durch einen Transienten nach unten bemerkbar macht. Einer detaillierten Studie über das elektrochemische Verhalten intermetallischer Phasen in Aluminiumlegierungen zufolge [24], hat die η-Phase mit -1029 mV_{SCE} das zweitniedrigste Potential aller üblichen intermetallischen Verbindungen in Aluminiumlegierungen. Obwohl der Kupfergehalt das Durchbruchpotential der η-Phase beeinflusst, bleibt diese anodisch gegenüber der Al_7Cu_2Fe-Phase [36, 37, 51]. Eine genaue

Betrachtung der Transientenform, wie sie in Abb. 5.25 zu sehen ist, zeigt einen plötzlichen Abfall des Potentials innerhalb eines Sekundenbruchteils und dann einen langsamen Wiederanstieg. Der rasche Abfall ist aufgrund der hohen Korrosionsrate [24] und der geringen Partikeldimensionen verständlich. Die Auflösung der $MgZn_2$-Phase erfolgt innerhalb von etwa 0.3 s, während der auf Repassivierung des „Nanopits" zurückzuführende Wiederanstieg mit etwa 5 s deutlich länger braucht.

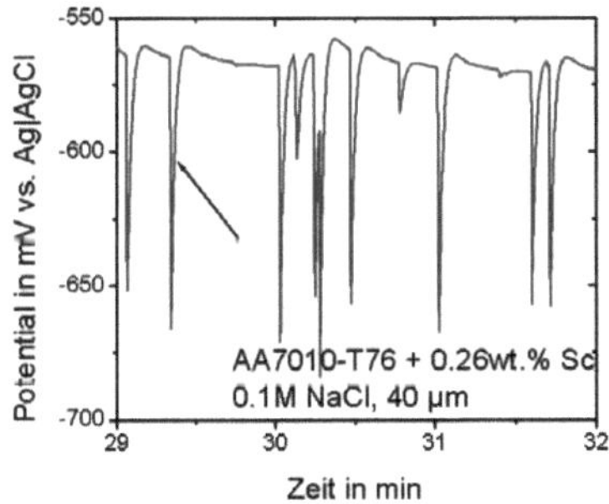

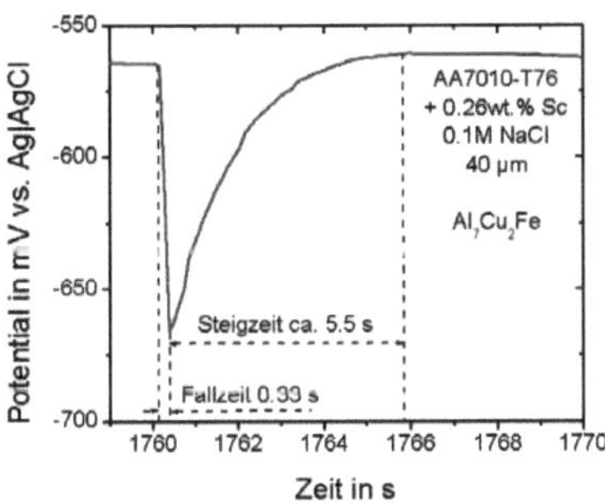

Abb. 5.25: Detail aus dem Ruhepotentialverlauf der Al_7Cu_2Fe-Phase aus Abb. 5.23 und Vergrößerung des mit einem Pfeil markierten Transienten.

Die Auflösung der $MgZn_2$-Partikel lässt sich aufgrund ihrer geringen Dimensionen mit üblicherweise 10 nm für die η'-Phase oder 100 nm für die η-Phase schwer bildgebend nachweisen. Auch ist die Anzahl der zu erwartenden Nanolöcher gemäß der in Abb. 5.23 zu sehenden Transientenhäufigkeit recht gering. Unter äußeren Polarisationsbedingungen ist die Auflösungsrate der Matrix höher, was zur Freilegung und Auflösung mehrerer η'-Phasen führt. In solchen Fällen lassen sich auf der Oberfläche „Nanopits" (vgl. Abb. 5.89) finden.

Die flächenhafte Korrosion der Matrixoberfläche um die Al_7Cu_2Fe-Phase ist hingegen lichtmikroskopisch erfassbar (siehe Abb. 5.26).

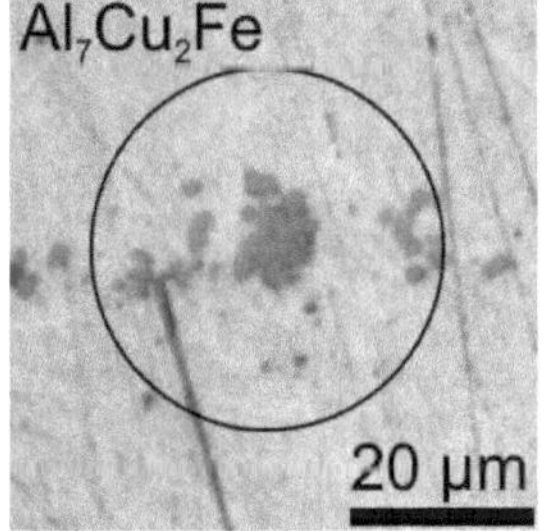

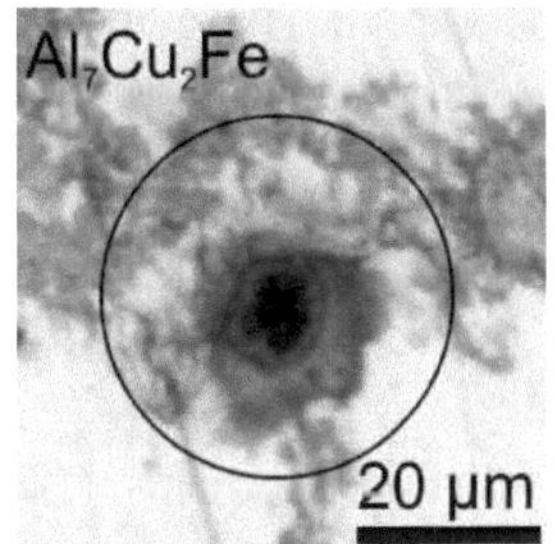

Abb. 5.26: Oberflächenmorphologie einer Al_7Cu_2Fe-Phase vor und nach 1 h Ruhepotentialmessung in 0.1M NaCl. Der Kreis deutet den Kapillardurchmesser an. Elektrolytreste an der Kapillare führten außerhalb der Kontaktfläche ebenfalls zu leichtem Angriff.

Im direkten Vergleich der Phase vor und nach dem einstündigen Kontakt mit dem Elektrolyten zeigt sich eine starke Verfärbung in der Umgebung der Phase, sowie ein korrodierter Rand der Phase. Aufgrund der kathodischen Aktivität wird der pH-Wert lokal erhöht, wodurch es zur Auflösung der Matrix kommt, wenn der pH-Wert über 10 ansteigt. Ab diesem pH ist Aluminiumoxid nicht mehr beständig (vgl. Abb. 3.4).

Auffallend ist weiterhin das Verhalten der Mg_2Si-Phase. Sie zeigt anfänglich ein sehr niedriges Ruhepotential, erreicht aber nach etwa 10 min das der anderen Phasen. EDX-Messungen (vgl. Abb. 5.27) haben gezeigt, dass nach einstündigem Kontakt der Legierung mit dem Elektrolyten statt Mg_2Si nur noch Silizium und Sauerstoff in einem Verhältnis, das für SiO_2 spricht, nachgewiesen werden können.

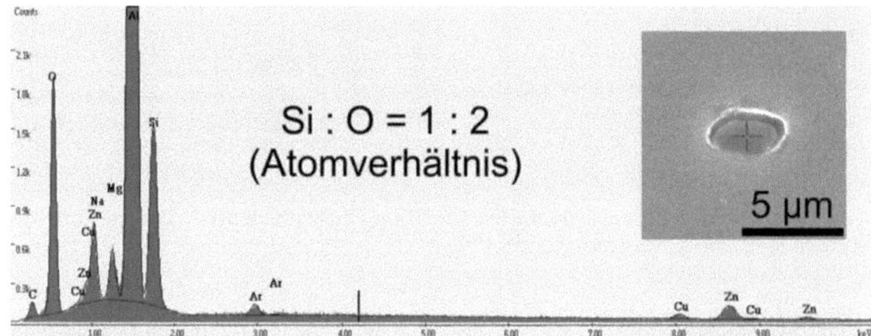

Abb. 5.27: EDX-Spektrum einer Mg_2Si-Phase nach selektiver Herauslösung des Magnesiums durch Kontakt mit wässrigem Elektrolyten.

Wie bereits für die S-Phase (Al_2CuMg) [36, 51] belegt ist, kann auch für den Fall der Mg_2Si-Phase eine selektive Herauslösung des Magnesiums angenommen werden. Der ruhepotentialdominierende Auflösungsvorgang ist aufgrund der Phasengröße als kontinuierlicher Verlauf und nicht – wie bei kleinen η-Phasen – als Transient erkennbar.

Die Kinetik der Mg_2Si-Auflösung hängt stark von der Präsenz kathodischer intermetallischer Phasen ab, wie in Abb. 5.28 zu sehen ist.

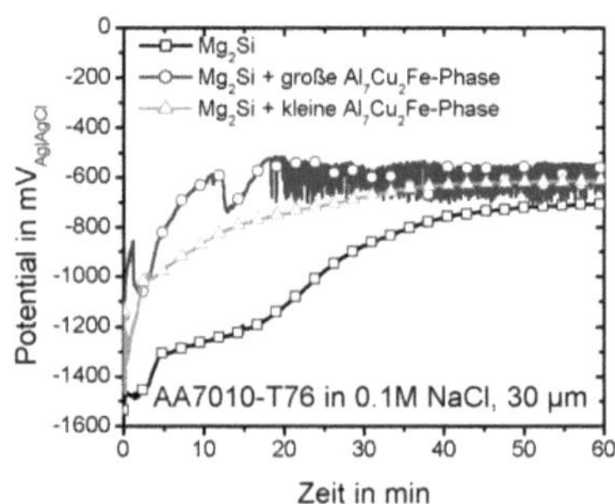

Abb. 5.28: Auflösungskinetik der Mg_2Si-Phase bei Kopplung mit einer kathodisch aktiven Phase.

In Verbindung mit der Matrix wird die Auflösung der Mg_2Si-Phase durch die Kinetik der stark gehemmten kathodischen Teilreaktion bestimmt. Diese kann entweder an Defekten des isolierenden Oxidfilms oder direkt auf der sich auflösenden Mg_2Si-Phase ablaufen. In beiden Fällen kommt es zu einer langsamen Phasenauflösung. Wird die Aktivität der Kathode erhöht, indem eine kleine Al_7Cu_2Fe-Phase zusammen mit Mg_2Si mit dem Elektrolyt in Kontakt kommt, ist das Ruhepotential anfänglich ebenfalls sehr niedrig, steigt aber bedeutend schneller an. Bei weiterer Erhöhung des kathodischen Flächenanteils zeigt sich eine nochmals höhere Auflösungsgeschwindigkeit. Es kommt sogar – nachdem das gesamte Magnesium herausgelöst wurde – zu dem oben beschriebenen Transientenverhalten, das auf eine Korrosion der Matrix und der $MgZn_2$-Phasen zurückzuführen ist. Die Mg_2Si-Phase zeigt ein Korrosionspotential von -1538 mV_{SCE}, hat aber nur eine geringe Korrosionsrate von 7.7×10^{-6} A/cm^2. Die $MgZn_2$-Phase ist im direkten Vergleich mit einem Korrosionspotential von –1029 mV_{SCE} edler, besitzt aber mit 8.4×10^{-5} A/cm^2 eine deutlich größere Korrosionsrate [24]. Daher löst sich diese deutlich rascher als die unedlere Mg_2Si-Phase auf und das Verhalten wird somit anfangs von der langsamen Auflösung der Mg_2Si-Phase dominiert. Die Auflösung der $MgZn_2$ Phase tritt nur durch Transienten in Erscheinung.

Abb. 5.27 zeigt die Morphologie der aufgelösten Mg_2Si-Phase. Vor dem Auflösungsprozess ist kein Spalt zwischen der Phase und der umgebenden Matrix zu erkennen. Nach der Auflösung hat sich ein Spalt zwischen Phasenrest (jetzt SiO_2) und umgebender Matrix gebildet. Im Lichtmikroskop (Abb. 5.29) ist dieser Spalt schwer zu erkennen.

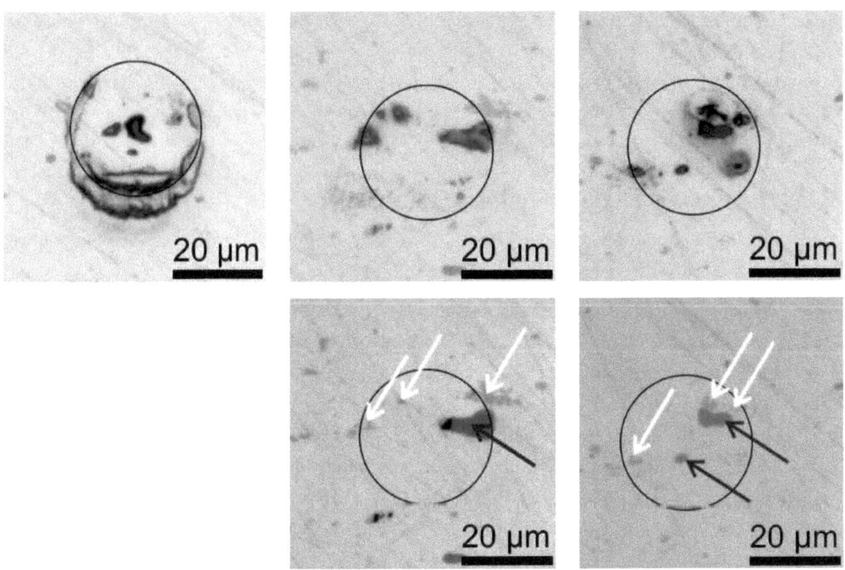

Abb. 5.29: Morphologie der aufgelösten Mg_2Si-Phasen bei Anwesenheit unterschiedlicher Flächenanteile kathodischer Phase. Oben v.l.n.r. zunehmender Anteil der kathodischen Phase; unten v.l.n.r. Oberfläche vor dem Korrosionsversuch. Schwarze Pfeile kennzeichnen die Mg_2Si-Phase, weiße Pfeile die Al_7Cu_2Fe-Partikel.

Neben der selektiven Magnesiumherauslösung scheint von der aufgelösten Mg_2Si-Phase keine weitere Korrosion auszugehen, außer wenn die Phase mit einem großen kathodischen Partikel gekoppelt ist.

Im linken Bild von Abb. 5.29 ist ein Abdruck der Glaskapillare zu sehen. Diese berührt beim Annähern die Oberfläche berührt und oberflächlich verformt. Aus dem Kapillarabdruck lässt sich gut der Kontaktflächendurchmesser bestimmen. Diese Verformung initiiert keine Korrosion.

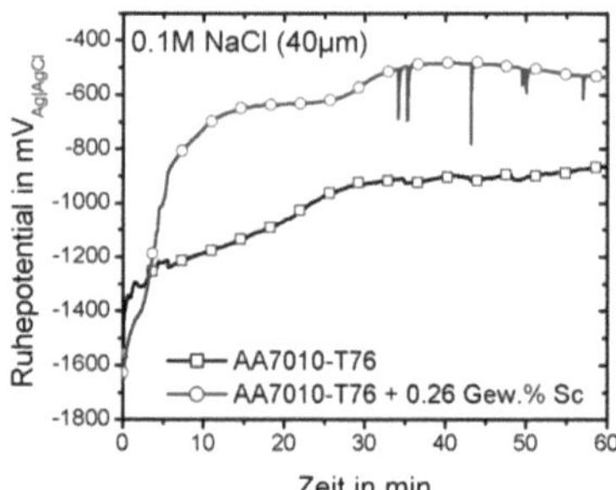

Abb. 5.30: Ruhepotentialverhalten einer Mg_2Si-Phase in scandiumhaltiger und scandiumfreier Matrix.

Die Kinetik der selektiven Herauslösung des Magnesiums aus den Mg_2Si-Phasen wird durch Scandiumzugabe beschleunigt (vgl. Abb. 5.30). Aufgrund des leicht kathodischen Charakters der $Al_3Sc_xZr_{1-x}$ Phasen kann dort die kathodische Teilreaktion leichter ablaufen als auf passiver Matrix, was schließlich zu einer schnelleren Herauslösung des Magnesiums führt. Denkbar ist weiterhin eine Beeinflussung der Phasenzusammensetzung durch Scandium, was aber nicht nachgewiesen werden konnte.

5.2.3 Diskussion Ruhepotentialverhalten

Das Ruhepotentialverhalten, wie es im makroskopischen Versuch beobachtet wird, lässt sich durch mikroelektrochemische Untersuchungen gut erklären.

Das anfänglich negative Ruhepotential ist eindeutig auf die selektive Korrosion des Magnesiums aus den Mg_2Si-Phasen zurückzuführen. Aufgrund der großen passiven Matrixfläche bestimmen die Kinetik der Sauerstoffreduktion auf den kathodischen Phasen und die Kinetik der selektiven Magnesiumkorrosion das Ruhepotential. Nimmt der Magnesiumgehalt durch selektive Auflösung in der Mg_2Si-Phase ab, so wird die Auflösungsrate kleiner. Dies führt zu einer Verschiebung des Korrosionspotentials und damit des Ruhepotentials in positive Richtung (vgl. Abb. 5.31). Anfänglich (t_0) ist zudem die Sauerstoffkonzentration an der Kathode sehr hoch, was einen hohen kathodischen Strom bewirkt. Mit Ausbildung einer Sauerstoffdiffusionszone um die Lokalkathode nimmt der Sauerstoffdiffusionsgrenzstom ab. Je geringer die Abnahme des kathodischen Stroms ist (z.B. durch Nachdiffusion von molekularem Sauerstoff), desto schneller erfolgt der Potentialanstieg $E_{korr}(t_1) - E_{korr}(t_0)$.

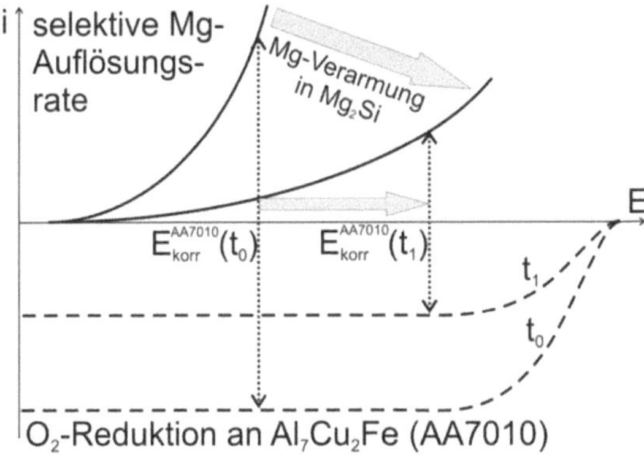

Abb. 5.31: Modellvorstellung zur Erklärung des Ruhepotentialanstiegs durch selektive Magnesiumauflösung.

Ein Vergleich der Legierungen AA7349 und AA7010 hat gezeigt, dass die unterschiedlichen kathodischen intermetallischen Phasen ebenfalls einen Einfluss auf die Ruhepotentialeinstellung durch Magnesiumauflösung haben. Je höher die kathodische Aktivität, desto schneller ist ein stationärer Wert erreicht. Die in AA7349 vorkommenden chrom- und manganhaltigen intermetallischen Phasen besitzen eine deutlich niedrigere Aktivität als Al_7Cu_2Fe in AA7010. Auch die $Al_3Sc_xZr_{1-x}$-Phase führt aufgrund ihrer kathodischen Eigenschaft zu einem schnelleren Anstieg des Ruhepotentials.

Obwohl häufig berichtet wird, dass sich die Mg_2Si-Phase vollständig herauslöst (z.B. [46]) und das verbleibende Loch als Initiationsstelle für korrosiven Angriff wirkt, hat die hier durchgeführte Untersuchung ergeben, dass die Mg_2Si-Phase durch Auslagerung in einem wässrigen Elektrolyten zu SiO_2 wird. Dabei bildet sich ein Randspalt, der korrosionsinitiierend wirken kann.

Die starken Potentialtransienten bei Anwesenheit einer kathodischen Phase konnten aufgrund des Flächeneffektes nur bei mikroelektrochemischen Untersuchungen beobachtet werden. Bei makroskopischen Messungen überlagern sich die Transienten zu einem Mittelwert. Dies führt auch dazu, dass bei mikroelektrochemischen Messungen positivere Potentiale erreicht wurden.

Das Ruhepotentialverhalten gibt Aufschluss über die initialen Schritte des Korrosionsangriffs und hat große Bedeutung für Versuche unter freien Korrosionsbedingungen.

5.3 Messungen unter äußerer Potentialkontrolle

5.3.1 Polarisationskurven in Anwesenheit von Luftsauerstoff

Potentiodynamische Untersuchungen wurden an den sieben Legierungsvarianten in den drei Wärmebehandlungszuständen in zahlreichen Variationen durchgeführt, um einen umfassenden Überblick über die Korrosionsanfälligkeit unter verschiedenen Umgebungseinflüssen zu gewinnen.

Abb. 5.32 gibt einen exemplarischen Eindruck von der Form der zyklischen Polarisationskurven. Ausgewählt wurde das System AA7349/AA7449, da hierin alle relevanten Effekte sichtbar sind.

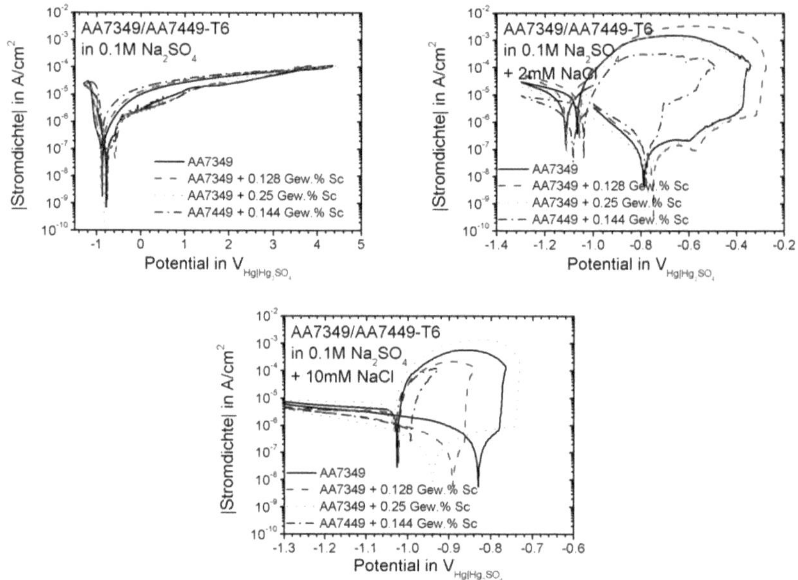

Abb. 5.32: Polarisationskurven der sieben Legierungsvarianten im Wärmebehandlungszustand T6 in Elektrolyten mit unterschiedlichem Chloridgehalt.

Es fällt auf, dass in 0.1M Na_2SO_4 und deutlicher bei Zugabe von 0.002 mol/l Chloridionen bei etwa –0.6 mV ein Durchbruch bzw. eine Diskontinuität im Passivstromverlauf auftritt. Diese für alle Varianten erkennbare Unregelmäßigkeit ist im Wärmebehandlungszustand T76 besonders stark ausgeprägt (vgl. Abb. 5.33).

Weiterhin ist eine klare Abhängigkeit des Durchbruch- bzw. Lochfraßpotentials in Bezug zur Scandiumkonzentration erkennbar. Mit zunehmendem Scandiumgehalt verschiebt sich das Lochfraßpotential ins Kathodische, was ein schnelleres Eintreten der Lochkorrosion bedeutet.

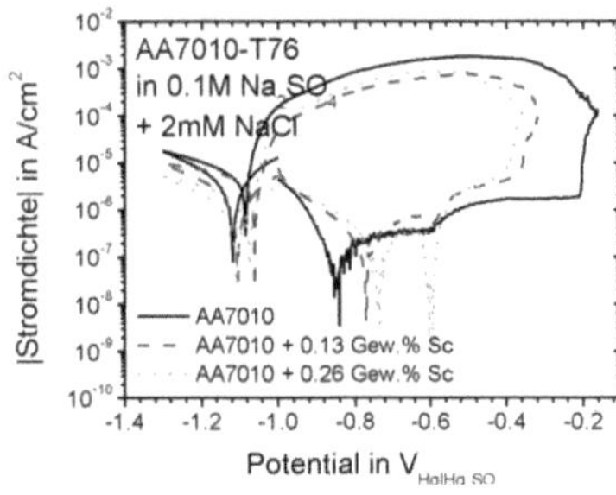

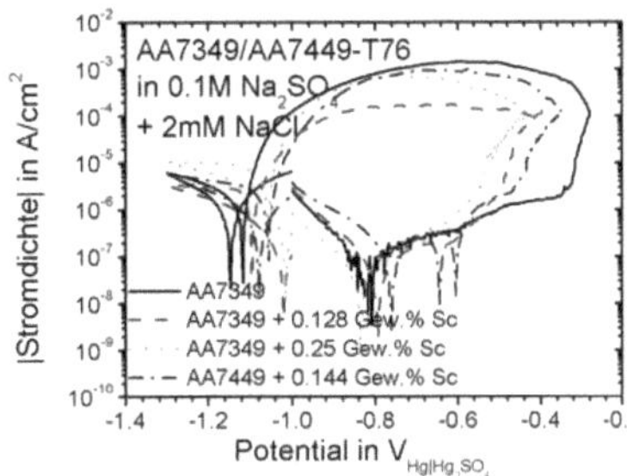

Abb. 5.33: Polarisationskurven der sieben Legierungsvarianten im Wärmebehandlungszustand T76 in 0.1M Na_2SO_4 + 2mM NaCl.

Die Abweichungen in der Form der Polarisationskurven sind eher mäßig ausgeprägt. Deutlich ist hingegen der Unterschied in der Korrosionsmorphologie nach Polarisation in 0.1M Na_2SO_4 + 10mM NaCl. Während bei AA7010 nur die Matrix um die intermetallischen Phasen korrodiert wurde, zeigt sich bei AA7349 ein sehr inhomogenes Schadensbild (vgl. Abb. 5.34). Neben dem nur schwachen Angriff der die intermetallischen Phasen umgebenden Matrix treten vereinzelt tiefe Löcher auf. Die Löcher zeigen kristallographisch dominierten Lochfraß.

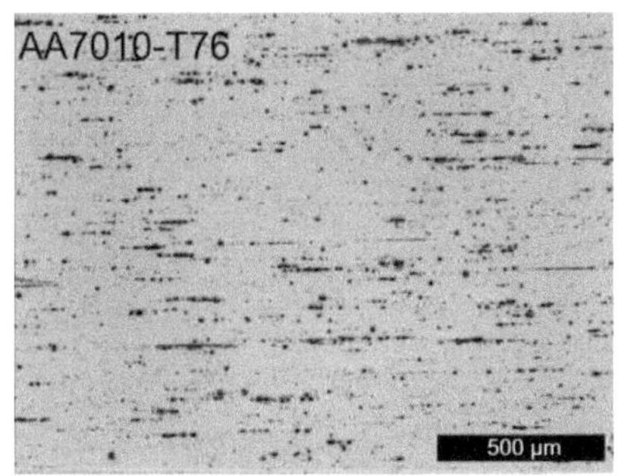

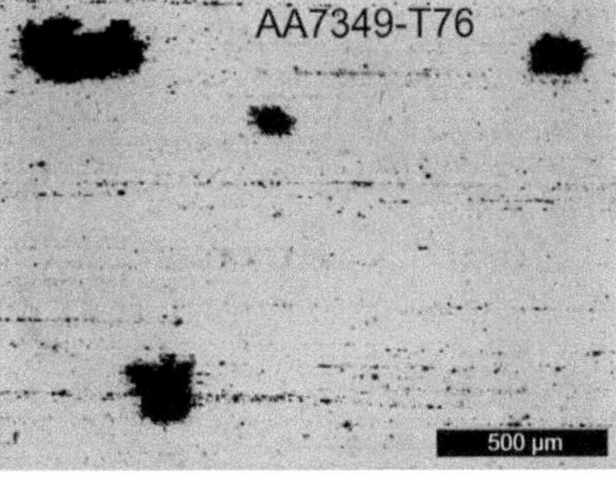

Abb. 5.34: Angriffsmorphologie von AA7010-T76 und AA7349-T76 in 0.1M Na_2SO_4 + 10mM NaCl nach zyklischer Polarisationskurve, 1 mV/s.

Für alle in dieser Arbeit gewählten Versuchsbedingungen war dieser Morphologieunterschied mehr oder weniger stark ausgeprägt.

Der Einfluss von Scandium auf das Durchbruchpotential ist nicht nur bei niedrigen Chloridkonzentrationen erkennbar, sondern lässt sich auch deutlich in 1M NaCl nachweisen.

Aus Abb. 5.35 geht hervor, dass die scandiumhaltigen Varianten früher durchbrechen, als die scandiumfreien Varianten. Zudem zeigen die scandiumhaltigen Legierungen im Wärmebehandlungszustand T6 kurz vor dem Umkehrpotential einen weiteren Durchbruch.

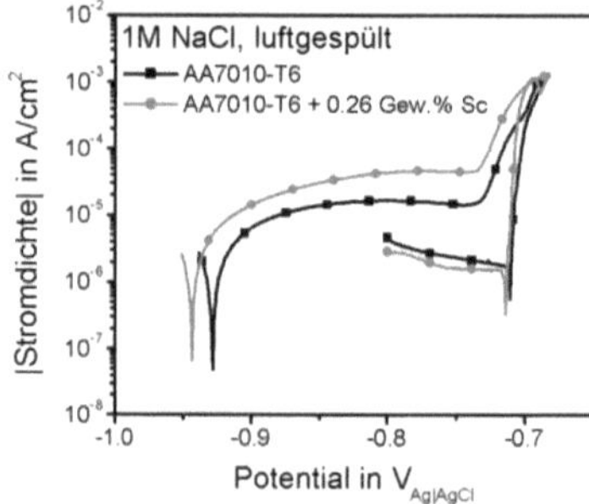

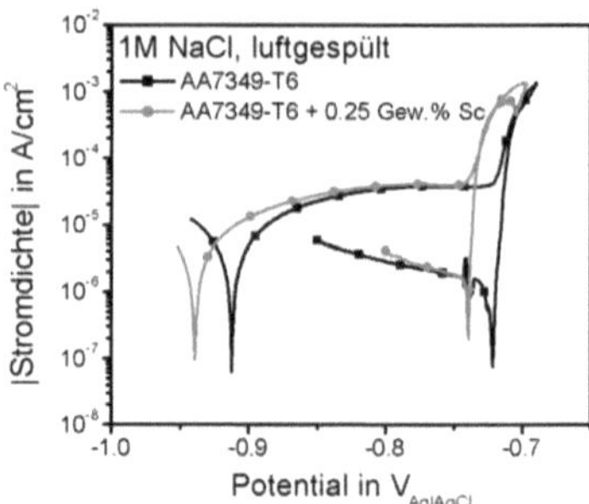

Abb. 5.35: Zyklische Polarisationskurven von AA7010-T6 und AA7349-T6 jeweils ohne und mit hohem Scandiumgehalt in luftgespülter 1M NaCl, 1 mV/s.

Die zahlreichen aus den zyklischen Polarisationskurven herauszuarbeitenden Effekte werden im Folgenden separat diskutiert.

5.3.1.1 Einfluss der Chloridkonzentration

Der Einfluss der Chloridkonzentration auf das Lochfraßverhalten wurde in 0.1M Na_2SO_4 mit unterschiedlichen NaCl-Konzentrationen untersucht, sodass die Leitfähigkeit der Lösungen nicht allzu stark variiert. Allerdings ist auch zu beachten, dass SO_4^{2-} Ionen bei kleinen Chloridgehalten durch Bildung einer Schutzschicht im Lochgrund wie Inhibitoren wirken können [54]. In Abb. 5.36 ist exemplarisch die Abhängigkeit des aus potentiodynamischen Messungen ermittelten Lochfraßpotentials für die beiden Basislegierungen AA7010-T6 und AA7349-T6 dargestellt.

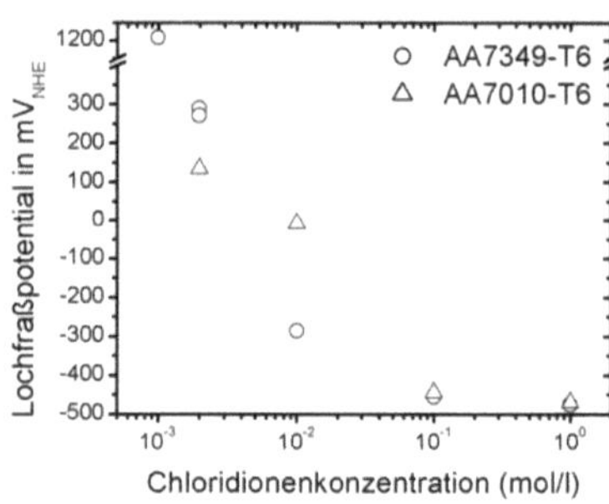

Abb. 5.36: Einfluss der Chloridionenkonzentration auf das Lochfraßpotential in belüfteter Lösung.

Es ist deutlich zu erkennen, dass das Lochfraßpotential zu negativeren Werten verschoben wird, je höher die Chloridkonzentration wird. Bei hohen Chloridkonzentrationen (0.1 – 5 M) wurde bereits von Kaesche und Böhni in den frühen 1970er Jahren eine lineare Abhängigkeit des Lochfraßpotentials von Reinaluminium vom Logarithmus der Chloridkonzentration festgestellt [56]:

$$E_{pit} = E_{pit}^0 + 2.3n\frac{RT}{3F}\log[Cl^-]; \quad mit\ E_{pit}^0 = -0.757V_{SCE}$$

Die gemessenen Werte für 1 mol/l Cl^- stimmen sehr gut mit dem theoretischen Wert für Reinaluminium überein. Der Faktor *n* beschreibt die Zahl der Chloridionen im Chloridkomplex und ist hier nicht bekannt, daher kann die theoretische Gerade in Abb. 5.36 nicht eingezeichnet werden. Deutlich zu erkennen ist allerdings, dass etwa bei 0.01M NaCl ein Sprung im Lochfraßpotential stattfindet. Diese Diskontinuität wird verständlich, wenn man berücksichtigt, dass hier Aluminiumlegierungen untersucht wurden, die verschiedene intermetallische Phasen beinhalten. Außerdem wurden die Lochfraßpotentiale aus verhältnismäßig schnell gefahrenen (1 mV/s) Polarisationskurven ermittelt, während Kaesche und Böhni das Lochfraßpotential unter freien Korrosionsbedingungen in einer Chloridlösung mit 5 ppm Cu^{2+} ermittelten. Trotz dieser experimentellen Abweichungen ist die Vergleichbarkeit gut gegeben.

Unterschiede zwischen den Lochfraßpotentialen der beiden Legierungssysteme zeigen sich am deutlichsten bei kleinen Chloridkonzentrationen (0.002 und 0.01M). Wahrscheinlich dominiert hier die Inhibierung des stabilen Lochwachstums durch SO_4^{2-} Ionen [54]. Dieser Effekt wird im Folgenden ausgenutzt, um zwar Lochinitiierung zu erreichen, aber das stabile Lochwachstum möglichst zu verlangsamen.

5.3.1.2 Einfluss des Wärmebehandlungszustandes

Der Einfluss des Wärmebehandlungszustandes wurde zunächst in chloridfreier Lösung, wo kein Lochfraß zu erwarten ist, untersucht. Abb. 5.37 zeigt die Potentialwerte, bei denen erstmals eine Stromdichte von 0.1 mA/cm² gemessen wurde. Je höher das gemessene Potential, desto besser schützend ist der Passivfilm.

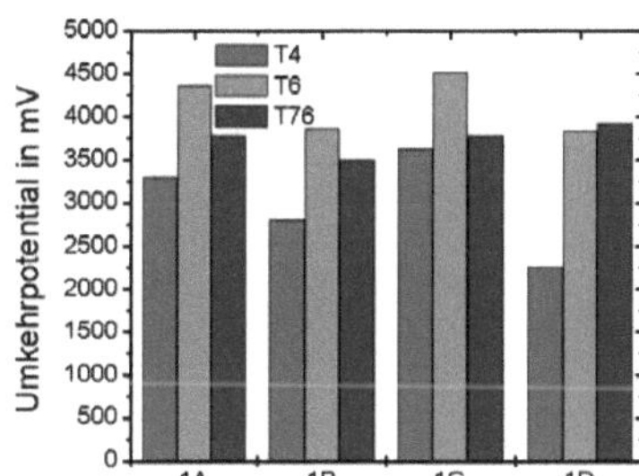

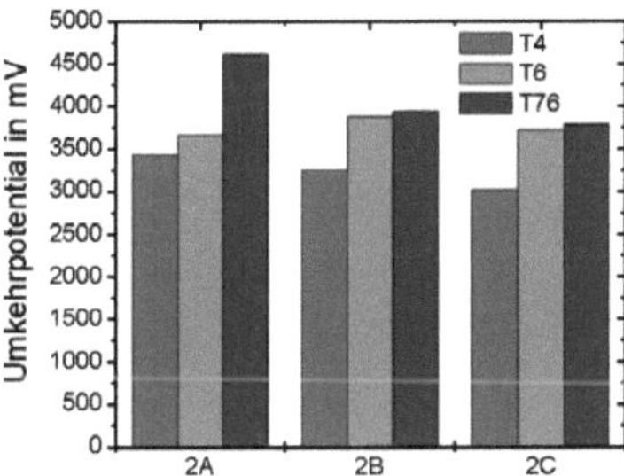

Abb. 5.37: Umkehrpotentiale gegen Hg|Hg_2SO_4 der verschiedenen Legierungsvarianten bei zyklischer Voltammetrie (Umkehrbedingung: i = 0.1 mA/cm²) in 0.1M Na_2SO_4 in Abhängigkeit der Wärmebehandlung. Zu den Kurzzeichen vgl. Tab. 4.1.

Bei den Legierungsvarianten von AA7010 (2A-2C) ist deutlich zu erkennen, dass bei T4 die niedrigsten Potentiale, bei T6 mittlere und bei T76 die höchsten Potentiale erreicht werden. Ebenso ist diese Reihenfolge für die Legierung AA7449 (1D) zu erkennen, während die Legierungsvarianten von AA7349 (1A-1C) durchweg die höchsten Werte im Zustand T6 und mittlere in T76 erreichen. Im kaltausgehärteten Zustand T4 zeigt AA7349 die niedrigsten Werte.

Da die Variante 1D einen identischen Trend wie die Varianten von AA7010 (2A-2C) aufweist, muss der Unterschied im wärmebehandlungszustandsabhängigen Oxidationsverhalten auf Chrom und Mangan zurückzuführen sein.

Wie aus der Oberflächenmorphologie nach Polarisation in 0.1M Na_2SO_4 zu erkennen ist, kommt es zwar nicht zu Lochfraß, wohl aber zu einem Angriff der Korngrenzen.

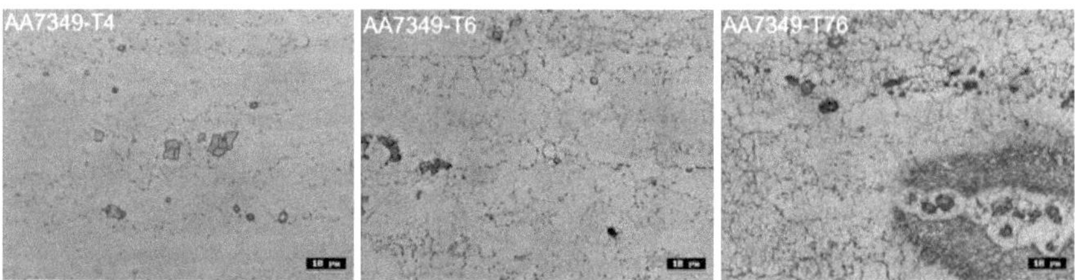

Abb. 5.38: Oberflächenmorphologie von AA7349 in verschiedenen Wärmebehandlungsstufen nach potentiodynamischer Polarisation in 0.1M Na_2SO_4 bis 0.1 mA/cm².

Eine Korrelation des Umkehrpotentials mit dem Schädigungsgrad der Oberfläche ist bei AA7349 nicht evident (vgl. Abb. 5.38). In den Polarisationskurven (vgl. Abb. 5.32) kommt es bei einem Potential von etwa –0.6 V trotz Abwesenheit von Chloridionen zu einem abrupten Anstieg der Stromdichte, der auf die Aktivierung der interkristalliner Korrosion zurückzuführen ist. Ab diesem Potential werden die Korngrenzenausscheidungen (η-$MgZn_2$) oder die korngrenzennahen Bereiche aufgelöst.

Anders verhält es sich bei den chrom- und manganfreien Varianten AA7010 und AA7449. Wie in Abb. 5.39 zu sehen, nimmt der interkristalline Anteil von T4 über T6 zu T76 ab.

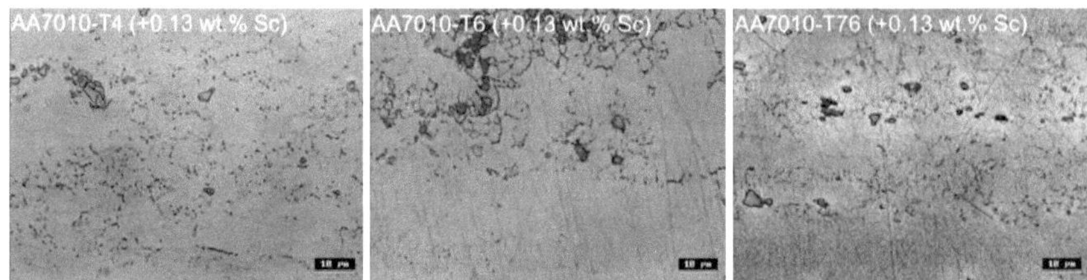

Abb. 5.39: Oberflächenmorphologie von AA7010 + 0.13 Gew.% Sc in verschiedenen Wärmebehandlungsstufen nach potentiodynamischer Polarisation in 0.1M Na_2SO_4 bis 0.1 mA/cm².

Auffallend ist, dass bei T6 und T76 interkristalliner Angriff linienförmig erfolgt, wohingegen er im Zustand T4 punktförmig ausgeprägt ist. TEM-Untersuchungen haben gezeigt, dass im Zustand T6 die Korngrenzenausscheidungen einen durchgehenden Saum bilden bzw.

sich perlschnurartig anordnen. Durch die weitere Warmauslagerung bei T76 (überaltern) vergröbern die einzelnen η-Phasen an der Korngrenze, einige wachsen, andere lösen sich auf, sodass das durchgängige Netz durchbrochen wird und die interkristalline Korrosion verlangsamt wird. Durch die Kaltauslagerung im Zustand T4 bilden sich an den Korngrenzen wenige große η-$MgZn_2$-Phasen, die dann galvanisch aufgelöst werden und den Eindruck einzelner Löcher hinterlassen.

Bei Verwendung von 0.1M Na_2SO_4 + 2mM NaCl lässt sich eine deutliche Trennung von Korrosions- und Lochfraßpotential mit einem ausgedehnten Passivbereich erzielen, was eine Charakterisierung der Korrosionsanfälligkeit erlaubt. Bei Zugabe von 10mM NaCl lässt sich nicht immer zwischen Korrosions- und Lochfraßpotential unterscheiden, da diese bei Sauerstoffanwesenheit sehr häufig zusammenfallen.

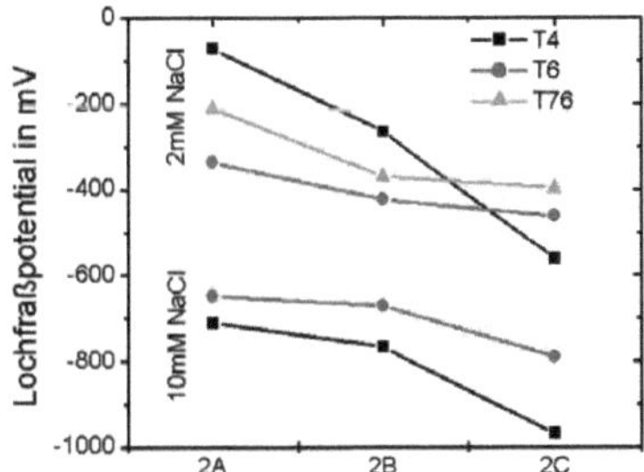

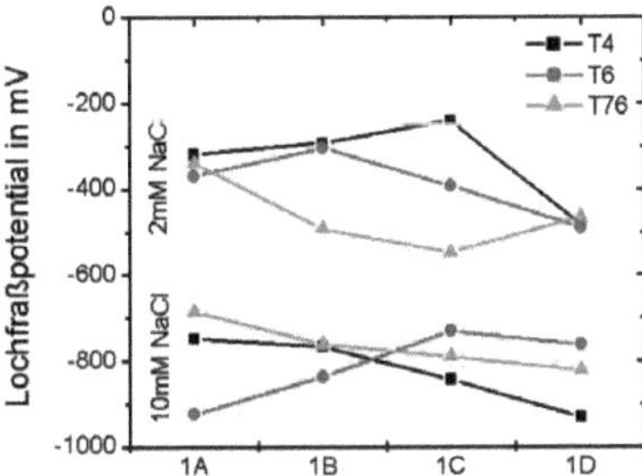

Abb. 5.40: Lochfraßpotentiale gegen Hg|Hg_2SO_4 der sieben Legierungsvarianten bei zyklischer Voltammetrie in 0.1M Na_2SO_4 mit Zugabe von 2mM NaCl oder 10mM NaCl für die drei Wärmebehandlungszustände. Zur Bedeutung der Kurzzeichen siehe Tab. 4.1.

Der Einfluss der Wärmebehandlung auf das Lochfraßpotential ist bei geringen Chloridkonzentrationen nicht eindeutig (vgl. Abb. 5.40). Bei AA7010 liegen die Lochfraßpotentiale der jeweiligen Legierungen im Zustand T76 höher als im Zustand T6, was etwa zu erwarten ist, da T76 auf bessere (Schicht)Korrosionseigenschaften abzielt [41, 126]. Dies bedeutet, dass die Lochinitiierung an Korngrenzen(tripelpunkten) eher reduziert ist und daher hauptsächlich an intermetallischen Phasen abläuft. Da die Initiierung von Löchern bei diesen Legierungen vorzugsweise an intermetallischen Phasen abläuft, ist die Ähnlichkeit aller Lochfraßpotentiale nicht allzu verwunderlich. Eine Wärmebehandlung beeinflusst den Anteil grober intermetallischer Phasen kaum, da durch Wärmebehandlungen im Wesentlichen nur die Verteilung und Größe der Dispersoide und Ausscheidungen gesteuert wird.

Ein Einfluss der Wärmebehandlung auf das Passivstromniveau lässt sich nicht nachweisen. Dies legt nahe, dass der Passivstrom nur unwesentlich von den Matrixeigenschaften, hauptsächlich aber von den groben intermetallischen Phasen beeinflusst wird.

5.3.1.3 Einfluss der Oxidqualität

Für die Durchführung von Polarisationskurven werden idealerweise oxidfreie Oberflächen eingesetzt. Bei Eisen und Eisenlegierungen lässt sich dies verhältnismäßig einfach durch kathodische Vorpolarisation bei ausreichend negativen Potentialen durch Reduktion des Eisenoxids erreichen. Bei Aluminium und Aluminiumlegierungen ist dies aufgrund der außerordentlichen Stabilität des Aluminiumoxids nicht möglich. An Luft bildet Aluminium sofort eine Deckschicht aus hydratisiertem Aluminiumoxid, die für gewöhnlich eine Dicke von 0.005 bis 0.015 µm erreicht [57, 157, 158]. Während den ersten zwei Stunden folgt die Schichtbildungskinetik einem logarithmischen Gesetz, danach nach einem exponentiellen Gesetz [158]. Auf blankem Aluminium bildet sich an Luft innerhalb eines Tages eine 2-3 nm dicke Oxidschicht, deren Dicke sich im Verlauf einiger Tage etwa verdoppelt bis verdreifacht [157]. An feuchter Luft werden die Schichten weitaus dicker. In Wasser wächst die hydroxidische Deckschicht über der dichten oxidischen Sperrschicht weiter [57].

Da bei Aluminiumlegierungen eine Oxidbedeckung nie ausgeschlossen werden kann, wurde untersucht, wie sich unterschiedlich lange Lagerzeiten auf die Ergebnisse aus potentiodynamischen Messungen und deren Reproduzierbarkeit auswirken.

Im Wärmebehandlungszustand T6 hat sich gezeigt, dass bei den beiden Legierungssystemem bezüglich der Reproduzierbarkeit große Unterschiede herrschen. Während die Varianten von AA7349 eine gute Reproduzierbarkeit zeigen, ist die von AA7449 und AA7010 mit zunehmender Alterungszeit an Luft schlechter.

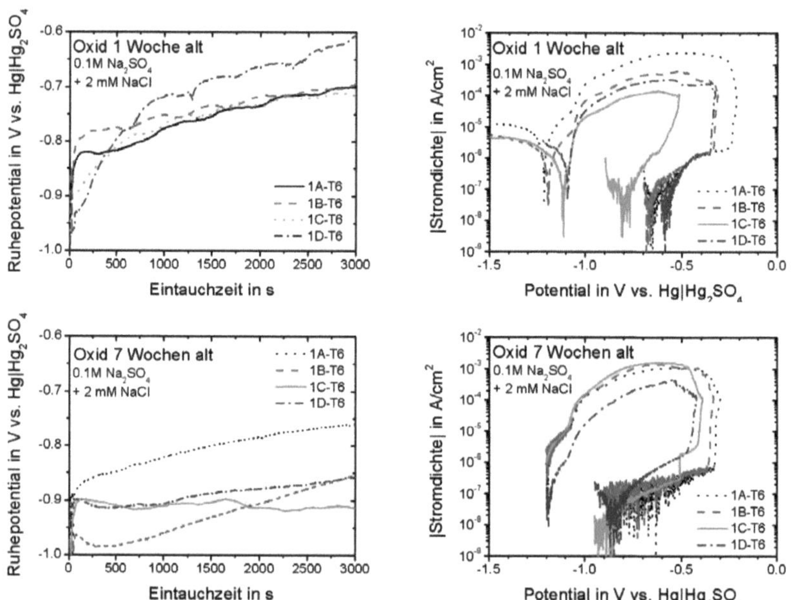

Abb. 5.41: Ruhepotentialentwicklung und Polarisationskurven von AA7349 (1A-1C) und AA7449 (1D) in 0,1M Na_2SO_4 + 2mM NaCl. Die Proben wurden mit Diamantschmiermittel poliert und unterschiedlich lange an Luft gelagert.

Bei einem Vergleich der Ruhepotentialverläufe fällt auf, dass bei den über sieben Wochen gealterten Proben das Ruhepotential lange auf verhältnismäßig negativem Niveau bleibt, wohingegen es bei den eine Woche gealterten Proben schnell auf die Werte ansteigt, die auch für frisch polierte Proben charakteristisch sind. Da die Proben mit wasserhaltigem Diamantschmiermittel poliert wurden, ist die unedle Mg_2Si-Phase bereits teilweise herausgelöst und das Anfangspotential damit nicht so stark negativ, wie bei den mit wasserfreiem Ethanol polierten Proben. Der trotzdem stattfindende Anstieg ist zu Beginn auf die Herauslösung des verbleibenden Mg_2Si zurückzuführen, während die weitere Entwicklung des Ruhepotentials wohl auf eine Änderung der Deckschicht durch Wasseraufnahme zurückzuführen ist. Bei den sieben Wochen gealterten Proben ist die Oberfläche so von Oxiden und Hydroxiden bedeckt, dass die anodische und die kathodische Reaktion zur Mg_2Si-Auflösung gehemmt ist und daher wird das Ruhepotential deutlich länger auf niedrigen Werten gehalten als bei der eine Woche gealterten Probe.

Bei den Polarisationskurven wird das labile passive System nicht – wie bei der Aufzeichnung des Ruhepotentials – sich selbst überlassen, sondern das Potential wird von außen kontrolliert. Dies führt dazu, dass es trotz der unterschiedlichen Oxidbedeckung zu etwa vergleichbaren Resultaten kommt. Stark abweichend ist jedoch das Verhalten der chrom- und manganfreien Legierung AA7449, das ähnlich mäßig reproduzierbar ist wie das der gesamten AA7010 Varianten. Daher kann vermutet werden, dass der geringe Anteil an Chrom und Mangan in AA7349 die Oxidschichtbildung beeinflusst.

Im Wärmebehandlungszustand T76 sind die elektrochemischen Eigenschaften der chrom- und manganfreien Legierungsvarianten (AA7010, AA7449) nach längerer Lagerungszeit an Luft gut reproduzierbar (siehe Abb. 5.42). Gegenüber den frisch polierten Proben sind die Durchbruchpotentiale niedriger und beim Ruhepotential tritt der Abfall früher auf.

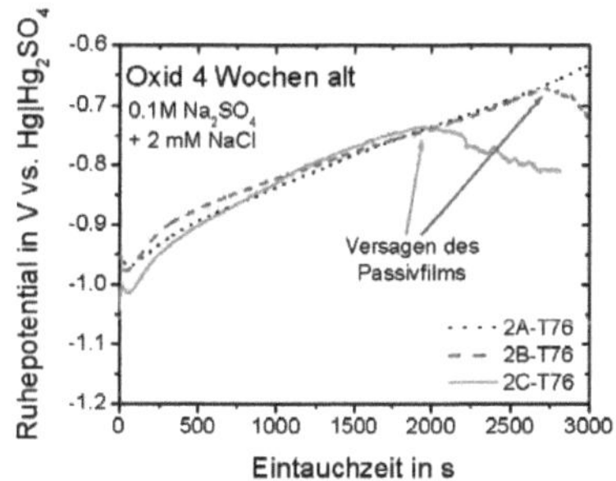

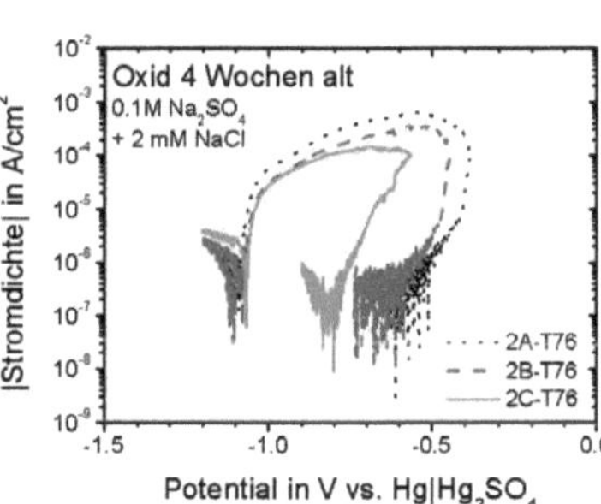

Abb. 5.42: Ruhepotentialentwicklung und Polarisationskurven von AA7010-T76 mit unterschiedlichen Scandiumgehalten in 0.1M Na_2SO_4 + 2mM NaCl. Die Proben wurden mit Diamantschmiermittel poliert und anschließend über 4 Wochen an Luft gelagert.

Die Reproduzierbarkeit der elektrochemischen Eigenschaften gealterter chrom- und manganhaltiger AA7349 Varianten im Zustand T76 ist schlecht. Dies legt nahe, dass die wärmebehandlungsbedingte Verteilung, Dichte und Größe der Härtungsteilchen wohl auch einen nicht zu vernachlässigenden Einfluss auf die Art und Weise der Oxidschichtbildung hat.

Aufgrund der Tatsache, dass die gemessenen elektrochemischen Daten in unterschiedlicher Weise vom Alterungsgrad abhängen, wurden für weitere Untersuchungen bezüglich des Scandiumgehalts nur frisch polierte Proben verwendet.

5.3.1.4 Einfluss der Scandiumkonzentration

In der Literatur existieren nur sehr wenige Berichte über den Einfluss von Scandium auf das Korrosionsverhalten (siehe hierzu Kapitel 3.4), die sich teilweise sogar widersprechen. Daher ist anzunehmen, dass Scandium neben Zirkon (mit dem es $Al_3Sc_xZr_{1-x}$ bildet) auch noch mit anderen Legierungselementen wechselwirkt und es somit zu einer gegenseitigen Beeinflussung kommen kann.

In Abb. 5.40 ist für verschiedene Chloridkonzentrationen und Wärmebehandlungen die Abhängigkeit des Lochfraßpotentials von der Scandiumkonzentration aufgetragen. Im System AA7010 zeigt sich eindeutig, dass das Lochfraßpotential mit zunehmender Scandiumkonzentration sinkt. Besonders stark ist diese Abhängigkeit im Wärmebehandlungszustand T4 ausgeprägt. Bei den chrom- und manganhaltigen Varianten von AA7349 zeigt sich kein einheitliches Bild. Da die $Al_3Sc_xZr_{1-x}$-Phase bis zu 10 % Chrom lösen kann [78], ist nicht auszuschließen, dass die mäßige Reproduzierbarkeit auf eine Wechselwirkung von Scandium und Chrom zurückzuführen ist.

Die Ausreißer finden sich in den Zuständen T4 und T6, während im Wärmebehandlungszustand T76, der für die Luftfahrtindustrie besonders interessant ist [125], das Lochfraßpotential mit zunehmender Scandiumkonzentration immer negativer wird. Daraus kann gefolgert werden, dass die Legierungen durch Scandiumzugabe anfälliger auf Lochkorrosion werden. Dies steht allerdings mit den meisten Literaturangaben im Widerspruch (vgl. Kapitel 3.4), wobei ein Vergleich der Ergebnisse nicht unbedingt zulässig ist. Während in der Literatur häufig binäre Legierungen untersucht wurden, in denen keine oder nur kleine Al_3Sc Phasen vorhanden sind, liegen hier teils sehr große $Al_3Sc_xZr_{1-x}$ Primärphasen neben den sonstigen intermetallischen Phasen vor. Wie in Abb. 5.42 zu sehen ist, kommt es an ihnen – wie auch an anderen kathodischen Phasen – zur Initiierung von Lochkorrosion.

Die kathodische Wirkung der $Al_3Sc_xZr_{1-x}$ Primärphasen zeigt sich deutlich in Abb. 5.33, wo die scandiumhaltigen Legierungen einen erhöhten kathodischen Strom zeigen. Dies führt weiterhin zu einer Verschiebung des Korrosionspotentials in anodische Richtung. Unterstützt wird diese Verschiebung durch das scheinbar niedrigere Passivstromniveau der scandiumhaltigen Legierungen, welches durch die Literaturangaben bestätigt wird.

Scandium wirkt sich in AA7xxx ambivalent auf die Korrosionseigenschaften aus. In Matrix gelöstes Scandium senkt die Passivstromdichte und bewirkt somit eine höhere Korrosionsresistenz. Allerdings kommt es bei der Verarbeitung zur Bildung grober $Al_3Sc_xZr_{1-x}$ Phasen, die das Lochfraßpotential herabsetzen und so einen lokalen Korrosionsangriff begünstigen.

5.3.1.5 Einfluss von Chrom und Mangan

Neben den kleinen Mengen Scandium und dem Zinkgehalt unterscheiden sich die Basislegierungen in ihrem Gehalt an Chrom und Mangan. Eine Zugabe von je ca. 0.1 – 0.2 Gew.% hat bereits signifikante metallurgische Effekte [8]. Die Auswirkungen von Chrom und Mangan auf die Korrosionseigenschaften werden kontrovers diskutiert. Im Mischkristall gelöst, sollen diese Elemente die Korrosionseigenschaften verbessern, in intermetallischen Phasen, besonders den eisenhaltigen, sind diese beiden Elemente schlecht für die Korrosion (vgl. Kapitel 3.5).

Um den Einfluss von Chrom und Mangan auf die Korrosionseigenschaften zu untersuchen, werden AA7349 + 0.128 Gew.% Sc (1B) und die chrom- und manganfreie Variante AA7449 + 0.144 Gew.% Sc (1D) unter Vernachlässigung des Scandiumeinflusses miteinander verglichen. Exemplarisch sind die Zyklovoltammetriekurven des Wärmebehandlungszustandes T6 in Abb. 5.43 gezeigt.

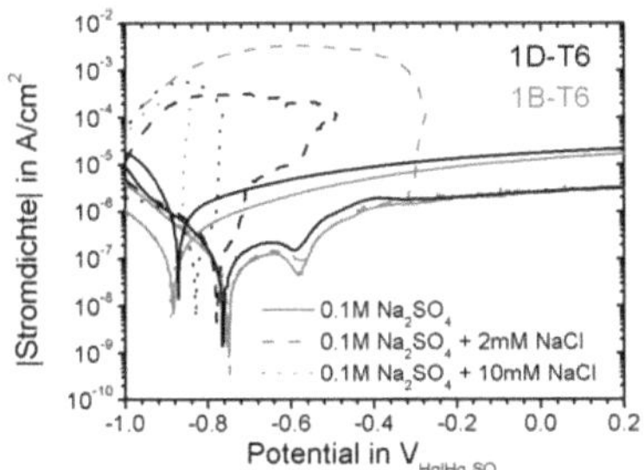

Abb. 5.43: Polarisationskurven von AA7349-T6 + 0.128 Gew.% Sc (1B) und AA7449-T6 + 0.144 Gew.% Sc (1D) in 0.1M Na_2SO_4 + xM NaCl (x = 0, 0.002, 0.01).

Bei kleinen Chloridgehalten zeigt die chrom- und manganfreie Legierung (1D) ein deutlich niedrigeres Lochfraßpotential als die chrom- und manganhaltige Variante (1B). Dies ist besonders stark im Zustand T4 ausgeprägt. Möglicherweise liegen diese beiden Elemente noch im Mischkristall gelöst vor und führen somit zu einem besseren Korrosionsverhalten. Weiterhin ist bekannt, dass Chrom und Mangan die Aktivität der kathodischen intermetallischen Phasen absenkt, wodurch von diesen Phasen ein geringeres Gefährdungspotential ausgeht. Zudem ist in chloridfreier Lösung der Passivstrom der chrom- und manganfreien Variante höher als der der chrom- und manganhaltigen Legierung (vgl. Abb. 5.43). Dies bestätigt die verbesserten Passiveigenschaften durch in der Matrix gelöstes Chrom und Mangan.

Bei hohen Chloridgehalten zeigt sich ein vergleichbares Verhalten. In mit Argon gespülter 1M NaCl-Lösung wurden ebenfalls Polarisationskurven aufgenommen (siehe Abb. 5.44). Aufgrund des fehlenden Sauerstoffs in der Ar-gespülten Lösung darf das kathodische Verhalten nicht berücksichtigt werden. Da die kathodische Teilreaktion auch die Lage des Ruhepotentials bestimmt, darf nur das anodische Verhalten beurteilt und diskutiert werden. Aus Abb. 5.44 geht hervor, dass die chrom- und manganfreie Variante bei geringfügig höheren Potentialen durchbricht als die chrom- und manganhaltige Legierung. Dieser Effekt wurde für alle Wärmebehandlungszustände reproduzierbar gemessen. Dem steht allerdings die schnellere Repassivierung der chrom- und manganhaltigen Legierung gegenüber. Zudem ist der Passivstrom dieser Legierung in allen drei Wärmebehandlungszuständen minimal niedriger als in der chrom- und manganfreien Variante. Ebenso wird das Schutzpotential durch Chrom- und Manganzugabe zu positiveren Werten verschoben.

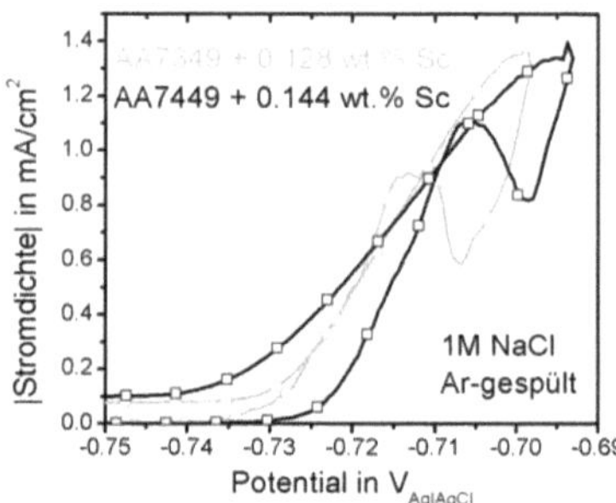

Abb. 5.44: Polarisationskurven (lineare Auftragung) von AA7349-T6 + 0.128 Gew.% Sc und AA7449-T6 + 0.144 Gew.% Sc in Ar-gespülter 1M NaCl, 0.1 mV/s.

Die erwähnten Unterschiede sind in den Zuständen T4 und T6 gut, im Zustand T76 schwach ausgeprägt.

Es zeigt sich kein einheitliches Bild des Einflusses von Chrom und Mangan auf die charakteristischen Werte der Stromdichte-Potentialkurve. Bei kleinen Chloridgehalten scheinen diese beiden Elemente das Lochfraßpotential ins Anodische zu verschieben, während bei hohen Chloridgehalten quasi kein Einfluss mehr feststellbar ist. Da auch in der Literatur die Wirkung dieser beiden Elemente kontrovers diskutiert ist, ist es möglich, dass er sich nur unter schwach aggressiven Bedingungen zeigt. Insofern wäre eine Chrom- und Manganzugabe vorteilhaft.

5.3.2 Polarisationskurven ohne Luftsauerstoff

Um den polarisierenden Einfluss von Sauerstoff auszuschließen und eventuelle Effekte im kathodischen Bereich aufzuspüren, wurden Stromdichte-Potentialkurven in mit Argon gespülter 0.1M und 1M NaCl durchgeführt. Unabhängig vom Legierungssystem zeigen sich im Wärmebehandlungszustand T6 sowohl in 0.1M als auch in 1M NaCl zwei Durchbruchpotentiale, wobei die Differenzierung zwischen erstem und zweitem Durchbruchpotential in 1M NaCl deutlicher ausgeprägt ist.

In der Literatur werden diese beiden Durchbruchpotentiale der interkristallinen Korrosion und dem Lochfraß zugeordnet, wobei kein Konsens darüber besteht, welche Korrosionsart, einem bestimmten Durchbruchpotential zuzuordnen ist. Während Maitra und English bei AA7075 [151] das erste Durchbruchpotential auf den Beginn der interkristallinen Korrosion und das zweite dem Lochfraß in der Legierungsmatrix zuordnen, fanden Frankel und Mitarbeiter für AA7150 [37] keine klare Zuordnung.

Da bei AlZnMg-Legierungen interkristalline Korrosion immer nach einem Lochfraßmechanismus verläuft [48], kann nicht, wie bei AlCu-Legierungen, thermodynamisch klar zwischen interkristalliner Korrosion und Lochfraß unterschieden werden. Bei den beiden Durchbruchpotentialen handelt es sich wohl um einen kinetischen Effekt, da die korngrenzenbedeckende η-$MgZn_2$-Phase, der ausscheidungsfreie Saum und die Matrix unterschiedlich schnell aufgelöst werden. Der geschwindigkeitsbestimmende Faktor dürfte dabei der Kupfergehalt, der sich mit der Wärmebehandlung ändert, sein.

Das Lochfraßpotential von Aluminium hängt nur schwach vom gelösten Magnesium aber stark vom Zinkgehalt in der Matrix ab [48]. Bilden sich an der Korngrenze η-$MgZn_2$-Ausscheidungen, verarmt der ausscheidungsfreie korngrenzennahe Saum an Magnesium und Zink. Durch die Zinkverarmung steigt das Durchbruchpotential des ausscheidungsfreien Saums an und es wird edler als das der Matrix. Durch geeignete Versuchparameterwahl lässt sich sogar ein Korrosionsangriff erzeugen, der die Matrix und die Korngrenzen, aber nicht den ausscheidungsfreien Saum angreift (vgl. Abb. 5.45) [48, 153].

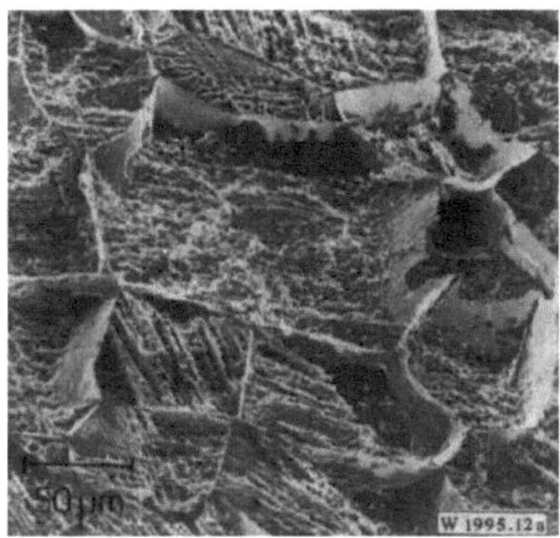

Abb. 5.45: Kristallographischer Angriff aufgrund der η'-Ausscheidungen in (111)-Flächen; die ausscheidungsfreien Säume sind stehen geblieben (aus [153]).

Der in der Literatur erwähnte zweifache Durchbruch tritt im Wärmebehandlungszustand T6 auch bei den hier untersuchten Legierungen auf (vgl. Abb. 5.46). Im Wärmebehandlungszustand T76 ist dagegen nur ein Durchbruch zu erkennen.

Das erste Durchbruchpotential nach dem Ruhepotential ist auf die Auflösung der unedlen η-$MgZn_2$-Phase zurückzuführen, die durch die Oxidation des Aluminiums, das zum Aufbau einer wachsenden Oxidschicht notwendig ist, freigelegt wird. Dadurch werden einige Korngrenzen-„Kanäle" geöffnet und repassiviert, wodurch der erste Strompeak zu erklären ist. Sobald die erste „Auflösungswelle" vorüber ist, stellt sich ein Gleichgewicht zwischen Aktivierung und Repassivierung neuer „Kanäle" ein, dies erklärt das Absinken des Stroms. Das zweite Durchbruchpotential ist auf eine Auflösung der Matrix durch z.B. Lochfraß zurückzuführen. Im Rückwärtsscan ist zu erkennen, dass das Repassivierungspotential für den Lochfraß noch bei höheren Potentialen als das erste Durchbruchpotential liegt. Im Rückwärtsscan fließt dann nur noch der Passivstrom.

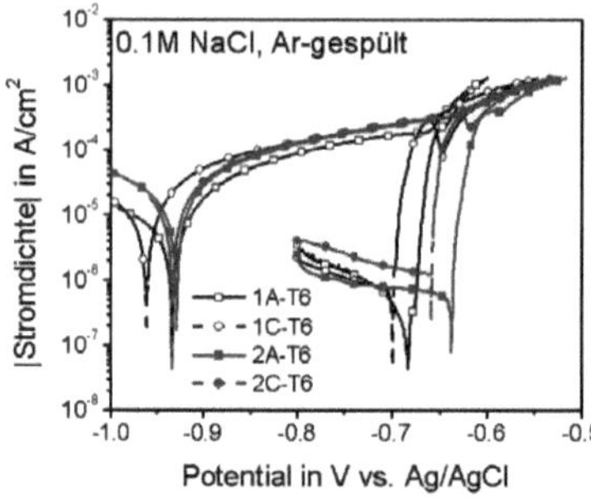

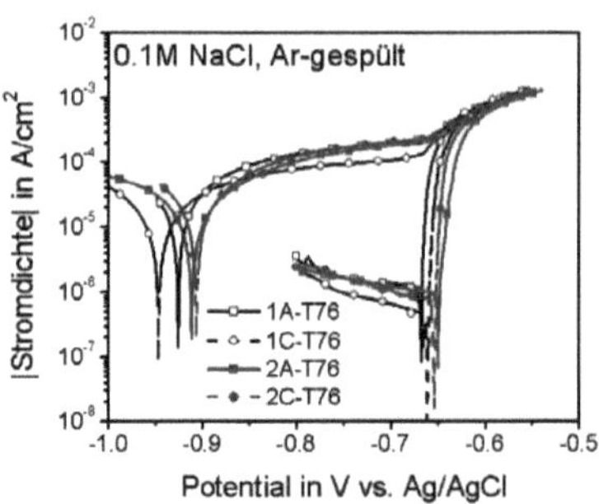

Abb. 5.46: Polarisationskurven von AA7010 (2) und AA7349 (1) mit (A) und ohne (C) Scandium in entlüfteter 0.1M NaCl-Lösung, 0.1 mV/s.

Da analog zu [37, 151] mit potentiostatischen Polarisationen im Bereich des doppelten Durchbruchs keine aussagekräftigen Ergebnisse gewonnen werden konnten, wurden Polarisationskurven mit stark unterschiedlicher Polarisationsgeschwindigkeit gefahren (Abb. 5.47).

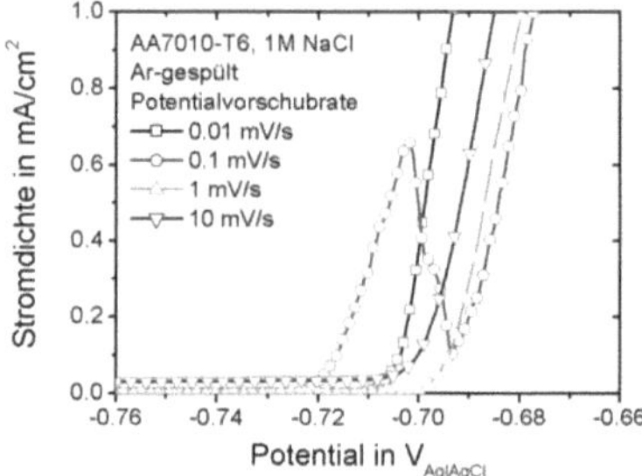

Abb. 5.47: Polarisationskurven von AA7010-T6 in 1M NaCl mit verschiedenen Vorschubraten.

Aus Abb. 5.47 wird deutlich, dass der doppelte Durchbruch nur bei einer Polarisationsgeschwindigkeit von 0.1 mV/s auftritt. Da 0.1 mV/s (bzw. 10 mV/min) standardmäßig verwendete Potentialvorschubgeschwindigkeiten sind, wird dieser doppelte Durchbruch häufig berichtet und zu deuten versucht (z. B. [37, 151]). Die geringere Polarisationsgeschwindigkeit von 0.01 mV/s ist dem stationären Versuch näher. Während der langen Verweilzeit im vorangegangenen Passivbereichs konnten die oberflächlich vorhandenen unedlen Phasen bereits aufgelöst werden und es kam direkt zu einem Angriff der Matrix. Bei 0.1 mV/s ist die Verweilzeit im Passivbereich kürzer, was dazu führt, dass die unedlen Phasen in Form eines Peaks aufgelöst werden. Der zweite Stromanstieg ist der verzögerte Durchbruch der Matrix. Bei 1 mV/s und 10 mV/s ist die Verweilzeit im Passivbereich zu kurz, um stationäre Bedingungen zu erreichen. Daher zeigt sich die Auflösung der unedlen Phasen gleich als plötzlicher Stromanstieg.

Durch Anwendung unterschiedlicher Polarisationsgeschwindigkeiten konnte gezeigt werden, dass es sich beim doppelten Durchbruch bei 0.1 mV/s um ein messtechnisch-kinetisches Artefakt handelt, das für den Praxisfall kaum Relevanz besitzt. Gestützt wird dies zudem durch den Befund, dass der doppelte Durchbruch bei mehrfacher Zyklovoltammetrie lediglich im ersten Zyklus auftritt. In weiteren Zyklen lässt sich ausschließlich der Durchbruch der Matrix beobachten [159-161]. Darüber hinaus konnte dieser doppelte Durchbruch bei mikroelektrochemischen Messungen nicht beobachtet werden. Gelegentlich wurde eine verwaschene Stromstufe vor dem endgültigen Durchbruch sichtbar. Somit dürfte der Übergang von interkristalliner Korrosion an unedlen η-Phasen zum an Korngrenzen initiierten Lochfraß kontinuierlich sein.

Dennoch wurde die Korrosionsmorphologie von Proben, die potentiodynamisch (mit 0.1 mV/s) bis kurz über das erste Durchbruchpotential polarisiert wurden, untersucht.

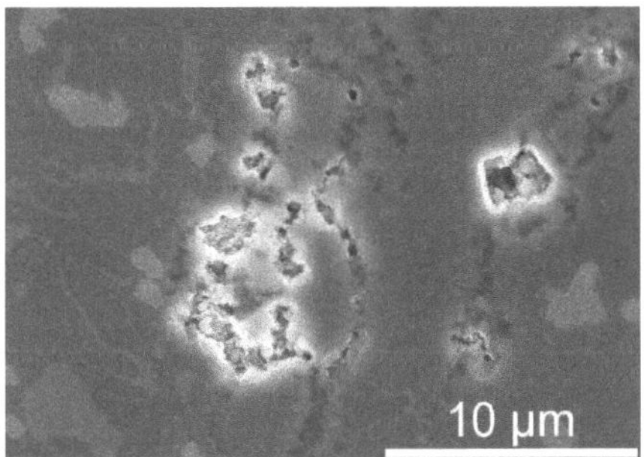

Abb. 5.48: Interkristalliner Korrosionsangriff bei Polarisation bis über das erste Durchbruchpotential (AA7010-T6, 0.1M NaCl, Ar-gespült, 0.1 mV/s).

Zu erkennen sind in Abb. 5.48 die Gräben an den Korngrenzen, die auf eine Herauslösung der Korngrenzenausscheidung und auf einen Angriff des ausscheidungsfreien Saums zurückzuführen sind. Vereinzelt kommt es zu einem kristallographisch orientierten lochfraßförmigen Angriff senkrecht zur [100]-Richtung [162].

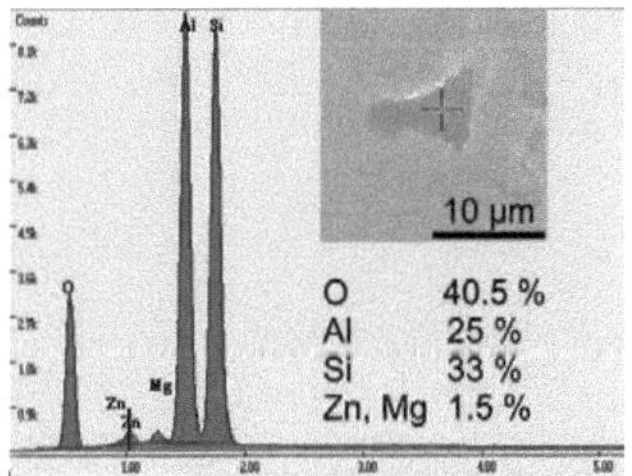

Abb. 5.49: EDX-Spektrum einer Mg_2Si-Phase nach Polarisationsversuch.

Entgegen anders lautenden Berichten [46] wird die Mg_2Si-Phase nicht durch ein von außen angelegtes Potential vollständig herausgelöst (vgl. Abb. 5.49). Die selektive Magnesiumauflösung und die Oxidation des Siliziums verlaufen lediglich schneller als unter Ruhepotentialbediungungen.

Da bei den erreichten Potentialen (unter –550 mV_{SCE} [24]) die Al_7Cu_2Fe-Phase kathodisch polarisiert ist, läuft dort die Reduktion von Sauerstoff zu Hydroxidionen ab. Zwar wurde die Lösung mit Argon gespült, um möglichst den gesamten Sauerstoff aus der Lösung zu treiben, doch gelingt dies nie vollständig. Aus diesem Grund hat sich um die Al_7Cu_2Fe-Phasen ein Belag (Abb. 5.50) gebildet, der wohl auf Hydroxidbildung zurückzuführen ist.

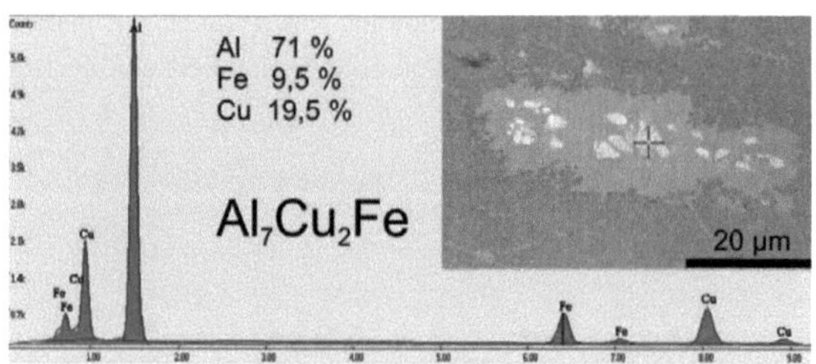

Abb. 5.50: EDX-Spektrum und REM-Aufnahme von Al_7Cu_2Fe-Phasen nach Polarisation bis zum ersten Durchbruchpotenital in 0.1M NaCl, 0.1 mV/s.

Unter praxisnahen Bedingungen (ohne Argonspülung) findet vorzugsweise an den edlen intermetallischen Phasen aufgrund ihrer starken kathodischen Aktivität korrosiver Angriff statt [9, 46]. Da in der sauerstoffarmen Lösung nur wenige Hydroxidionen gebildet werden, wird der Passivbereich nicht überschritten und es erfolgt keine Auflösung der umgebenden Matrix, sondern die in Abb. 5.50 zu erkennende Schichtbildung.

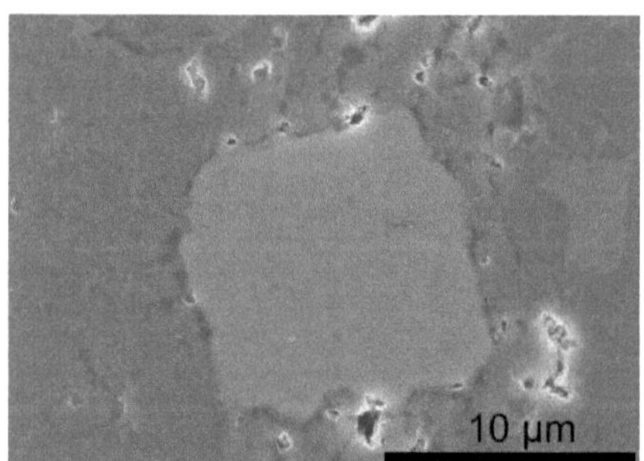

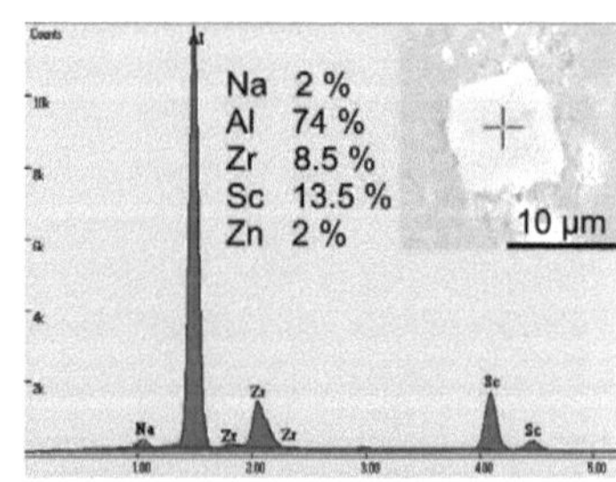

Abb. 5.51: $Al_3Sc_xZr_{1-x}$ Primärphase in AA7010-T6 (+0.26 Gew.% Sc) nach Polarisation bis zum ersten Durchbruch (0.1M NaCl, Ar-Spülung, 0.1 mV/s) und dazugehöriges EDX-Spektrum.

Die $Al_3Sc_xZr_{1-x}$ Primärphasen werden unter den gewählten Bedingungen nicht angegriffen. Allerdings kommt es, wie in Abb. 5.51 zu sehen, zu einem Angriff der Korngrenzen, die um diese Phase herumgeleitet werden (vgl. auch Farbätzung in Abb. 4.5). An einigen Stellen hat sich der interkristalline Angriff in Lochfraß geweitet.

Ein Vergleich der Kurven in 0.1M und 1M NaCl (Abb. 5.46 und Abb. 5.52) zeigt, dass der doppelte Durchbruch in 1M NaCl deutlicher ausgeprägt ist als in 0.1M NaCl. Der „Minimumstrom" nach dem ersten Durchbruch liegt auf dem Niveau des Passivstroms. Die deutlichere Ausprägung bei 1M NaCl zeigt, dass hier auch „Kanäle" angesprochen werden, die bei 0.1M NaCl noch nicht aktiviert sind.

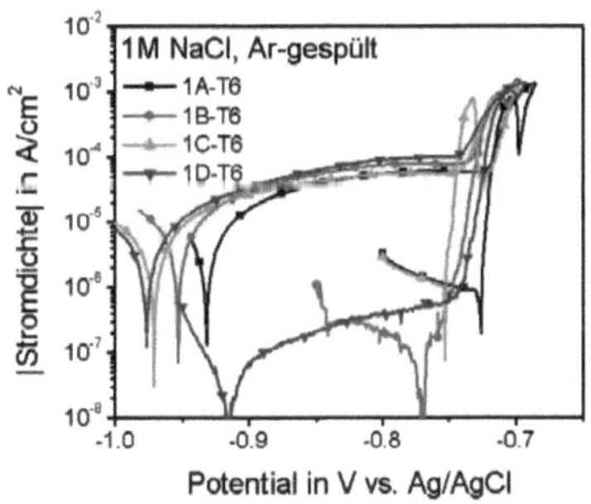

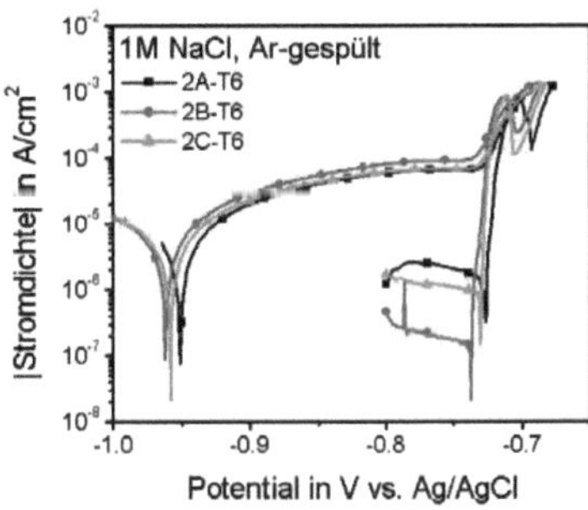

Abb. 5.52: Polarisationskurven aller Legierungsvarianten in Ar-gespülter 1M NaCl-Lösung, 0.1 mV/s.

Aus Abb. 5.53 ist ersichtlich, dass für beide Legierungssysteme das erste Durchbruchpotential von T4 über T6 zu T76 positiver wird. Es ist bekannt, dass das Durchbruchpotential mit steigendem Zinkgehalt in der Matrix zu negativeren Potentialen verschoben wird [50]. Da die Verschiebung bei nominell konstantem Zinkgehalt abhängig von der Wärmebehandlung ist, muss der Zinkgehalt in der Matrix von T4 über T6 zu T76 abnehmen und folglich der Anteil zinkhaltiger Ausscheidungsphasen (η-$MgZn_2$) in dieser Reihenfolge zunehmen.

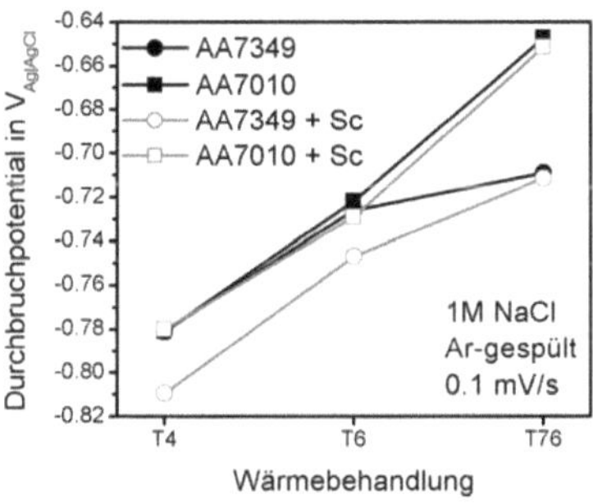

Abb. 5.53: Abhängigkeit des Durchbruchpotentials von der Wärmebehandlung.

Bei der zinkreicheren Legierung AA7349 führt eine Überalterung (von T6 zu T76) nur zu einem unwesentlichen Anstieg des Durchbruchpotentials, während bei der zinkärmeren Legierung AA7010 ein signifikanter Anstieg zu verzeichnen ist (vgl. Abb. 5.53). Dieses Ergebnis legt die Vermutung nahe, dass durch die Überalterung von AA7010 das noch in der Matrix gelöste Zink gebunden wird, während bei der zinkreicheren Legierung AA7349 ein Zinküberschuss vorhanden ist, der aufgrund von fehlendem Magnesium nicht mehr in Ausscheidungen gebunden werden kann und so in der Matrix gelöst bleibt.

In beiden Legierungssystemen und in allen untersuchten Wärmebehandlungen führt eine Scandiumzugabe zu niedrigeren Durchbruchpotentialen (vgl. Abb. 5.53). Bei AA7349 im Zustand T4 und T6 ist dieser Effekt am deutlichsten ausgeprägt. In einer TEM-Studie [152] wurden die Zusammensetzungen der Korngrenzenausscheidungen mit und ohne Scandiumzugabe untersucht. Dabei wurden keine signifikanten Unterschiede festgestellt. Allerdings ist auch berichtet worden, dass Scandium die Ausdehnung des ausscheidungsfreien Saums verringert. In sauerstoffhaltigen Lösungen wurde die kathodische Aktivität der $Al_3Sc_xZr_{1-x}$ Primärphasen als Grund für den früheren Durchbruch angeführt. In sauerstoffarmer bzw. freier Lösung ist diese Argumentation nicht mehr möglich. Da trotzdem korrosiver Angriff an der Grenzfläche zwischen Primärphase und Matrix beobachtet wurde, ist klar, dass die $Al_3Sc_xZr_{1-x}$-Phase durch Einbringen neuer Grenzflächen die Ausbildung einer schützenden Passivschicht stört und somit das Durchbruchpotential absenkt.

5.3.3 Fazit

Die Korrosionsmorphologie nach Polarisationsversuchen zeigt bei der chrom- und manganfreien Legierung AA7010 eine gleichmäßige und starke Initiierung von Lochkeimen an den Al_7Cu_2Fe-Phasen. Bei AA7349 hingegen kommt es zur Bildung einiger diskreter Löcher, während die edlen intermetallischen Phasen kaum angegriffen werden. Die Ursache dieses Unterschiedes wird im folgenden Kapitel durch mikroelektrochemische Untersuchungen an reiner Matrix und den jeweiligen intermetallischen Phasen genauer untersucht.

Die Chloridkonzentration hat einen großen Einfluss auf die Lage des Durchbruchpotentials. Bei kleinen Chloridkonzentrationen lässt sich gut das Ruhepotential vom Durchbruchpotential trennen. Allerdings wirken die aus Leitfähigkeitsgründen notwendigen SO_4^{2-} Ionen inhibierend auf das Lochwachstum [54]. Durch Verringerung der Messfläche bei den mikroelektrochemischen Untersuchungen ist es möglich auf Sulfationen zu verzichten und stattdessen mit höheren Chloridkonzentrationen zu verfahren.

Der Wärmebehandlungszustand hat einen großen Einfluss auf die Korrosionseigenschaften. Dies lässt sich hauptsächlich auf die Wirkung der η-Phase zurückführen.

Scandium führt meist zu einer Verschlechterung der Korrosionseigenschaften. Gemäß den Untersuchungen an AlSc-Legierungen (vgl. Kapitel 3.4) sollte Scandium aber die Korrosionseigenschaften verbessern. Um diese Diskrepanz der Ergebnisse erklären zu können, werden im folgenden Kapitel mikroelektrochemische Messungen sowohl auf ausscheidungsfreier Matrix, als auch an $Al_3Sc_xZr_{1-x}$ Phasen durchgeführt.

Mit Versuchen unter Sauerstoffausschluss wurde durch Zyklovoltammetrie [161] und variable Polarisationsgeschwindigkeiten das Auftreten von zwei Durchbruchpotentialen in potentiodynamischen Versuchen als ein messtechnisch-kinetisches Artefakt entlarvt. Während der erste Durchbruch der Auflösung oberflächlicher η-Phasen zugeordnet werden kann, charakterisiert der zweite Durchbruch ein Versagen des Materials.

5.4 Mikroelektrochemische Untersuchungen

5.4.1 Vorüberlegungen

5.4.1.1 Kontaktflächeneffekt

Wie bereits bei den Ruhepotentialmessungen angedeutet, hat die Messflächengröße einen entscheidenden Einfluss auf die Lage des Lochfraßpotentials. In der gängigen Literatur wird das Lochfraßpotential als Materialparameter bezeichnet und sollte daher unabhängig von der Größe der Kontaktfläche mit dem Elektrolyten sein. Meist wird eine Kontaktfläche in der Größenordnung 1 cm^2 für Korrosionsuntersuchungen verwendet, was dazu führt, dass die verschiedenen Forschergruppen vergleichbare Lochfraßpotentiale messen. T. Suter hat mit der Mikrokapillartechnik die Messfläche um den Faktor 10'000 - 100'000 reduziert und eine signifikante Erhöhung des Lochfraßpotentials von Stahl bei gleicher Konzentration der aggressiven Ionen beobachtet [134]. Dies wurde mit einem statistischen Ausschluss von lochinitiierenden Defekten an der Grenzfläche Probe-Elektrolyt begründet.

Auch im vorliegenden Fall zeigt sich eine deutliche Erhöhung des Lochfraßpotentials mit Verringerung der Messfläche (siehe Abb. 5.54).

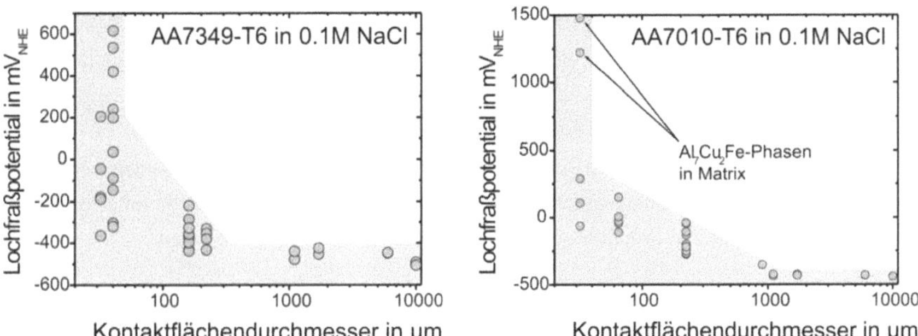

Abb. 5.54: Abhängigkeit des Lochfraßpotentials vom Kontaktflächendurchmesser für die Legierungen AA7349-T6 und AA7010.

Besonders bei kleinen Kontaktflächen steigt das Lochfraßpotential drastisch an. Für Flächendurchmesser kleiner als 100 µm zeigt sich zusätzlich noch ein Einfluss von in der Fläche vorhandenen intermetallischen Phasen. Während die η-$MgZn_2$-Phase quasi immer vorhanden ist, lassen sich Stellen mit Mg_2Si und Al_7Cu_2Fe-Phase gezielt untersuchen. Während Kontaktflächen mit Mg_2Si-Phase ein nur wenig geringeres Lochfraßpotential wie reine Matrixflächen zeigen, ist auf kathodischen Al_7Cu_2Fe-Phasen das Lochfraßpotential umso höher, je kleiner die Kontaktfläche ist. Obwohl in der Literatur das Lochfraßpotential von Al_7Cu_2Fe in 0.1M NaCl mit –204 mV_{NHE} angegeben wird [24], lässt sich ein vielfach höheres Durchbruchpotential bei Kontaktflächendurchmessern von 32 µm beobachten. Wie später noch ausführlich erklärt wird, ist diese scheinbare Beständigkeit auf Änderungen im Elektrolyt während des Versuchs zurückzuführen und ist damit ein messtechnisches Artefakt.

Bei der chrom- und manganhaltigen Legierung AA7349 wirkt sich eine Änderung des Kontaktflächendurchmessers nicht so stark aus, wie bei AA7010. Dies ist auf die geringere kathodische Aktivität der Al-Cu-Fe-Phasen, die bei AA7349 mit Chrom und Mangan angereichert sind, und der damit verbundenen geringeren Elektrolytänderung zurückzuführen.

Weiterhin ändert sich in Abhängigkeit der Kapillarlänge der ohm'sche Widerstand (R_Ω). Allerdings ist dieser Effekt zu vernachlässigen, da trotz der langen stromdurchflossenen Elektrolytstrecke die Ströme (I) extrem klein (im nA-Bereich) sind, wodurch der Potentialabfall $\Delta U = R_\Omega I$ ebenfalls sehr klein wird [134, 143]. Selbst unter ungünstigsten Bedingungen bleibt er unter 10 mV.

5.4.1.2 Einfluss der Polarisationsgeschwindigkeit

Lohrengel et al. untersuchten die elektrochemischen Eigenschaften von Aluminiumlegierungen mit mikroelektrochemischen Zyklovoltammogrammen, die mit hoher Potentialvorschubgeschwindigkeit (10-100 mV/s) aufgenommen wurden [9, 11]. Dem stehen die potentiostatischen Summenstromspannungskurven von Kaesche [153] oder die quasi-potentiostatischen Polarisationskurven von Frankel [37] gegenüber. Während bei potentiostatischen Messmethoden die Reaktionskinetik vernachlässigt werden kann, hat sie bei potentiodynamischen Versuchen eventuell einen Einfluss. Bei hohen Potentialvorschubgeschwindigkeiten besteht beispielsweise die Möglichkeit, dass charakteristische Potentiale aufgrund kinetischer Hemmung „überfahren" werden und das einsetzende Ereignis nicht erkannt oder einem falschen Potential zugeordnet wird. Dies wurde im Kapitel 5.3.2 genauer dargelegt.

Um den Einfluss der Polarisationsgeschwindigkeit für die in dieser Arbeit untersuchten Aluminiumlegierungen festzustellen, wurden Stromdichte-Potentialkurven unter quasi-potentiostatischen bis hohen Potentialvorschubgeschwindigkeiten aufgenommen.

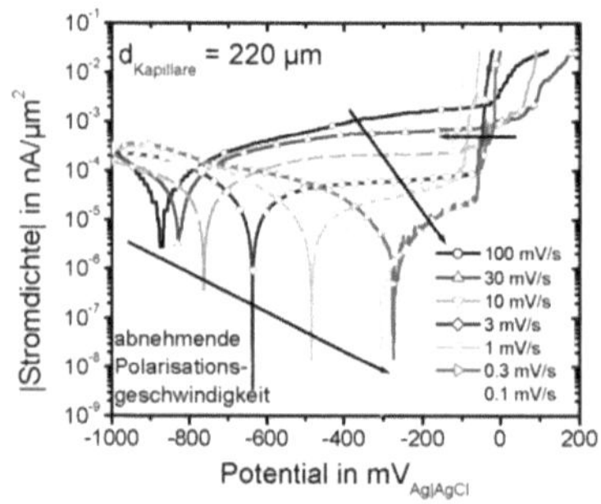

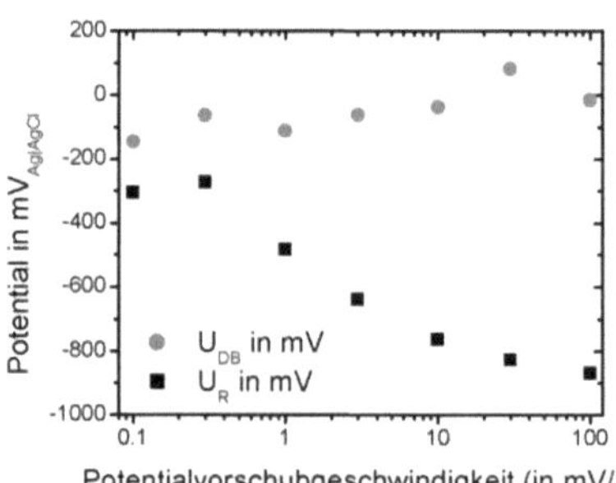

Abb. 5.55: Einfluss der Potentialvorschubgeschwindigkeit auf die Stromdichte-Potential-Kurve und deren charakteristische Werte (U_{DB} = Lochfraßpotential, U_R = Ruhepotential) am Beispiel von AA7010-T76 in 0.1M Na_2SO_4 + 10mM NaCl, 220 µm Kapillardurchmesser.

Wie in Abb. 5.55 erkennbar, ist das Ruhepotential umso positiver, je kleiner die Polarisationsgeschwindigkeit ist; unter quasi-potentiostatischen Bedingungen (0.1 – 0.3 mV/s) zeigt sich kaum noch ein Einfluss. Das Lochfraßpotential hingegen ist umso positiver, je größer die Potentialvorschubgeschwindigkeit ist. Der Passivstrom ist umso größer, je höher die Polarisationsgeschwindigkeit ist.

Bei hoher Potentialvorschubgeschwindigkeit ist der Nettostoffumsatz sowohl im Kathodischen als auch im Anodischen kleiner, was eine geringere Elektrolytänderung bewirkt. Somit ist die Gefahr geringer, dass die Kapillare aufgrund voluminöser Korrosionsprodukte verstopft [9, 143]. Allerdings wird die Reaktionskinetik nicht berücksichtigt. Bei niedriger Potentialvorschubgeschwindigkeit ist die Verweilzeit im kathodischen Bereich lange und es kommt zu einer erheblichen Alkalisierung des Elektrolyten. Durch die eindimensionale Diffusion in der Kapillare ist ein Konzentrationsausgleich nur eingeschränkt möglich.

Die Polarisationsgeschwindigkeiten müssen ausreichend langsam sein, damit die Grenzflächenkapazität, die mit dem elektrochemischen System verbunden ist, geladen werden kann [143]. Vergleichsmessungen und Simulationen haben für verschiedene Polarisations- und Elektrolytwiderstände sowie Doppelschichtkapazitäten ergeben, dass die Polarisationsgeschwindigkeit für hochohmige Systeme, wie die Mikroelektrochemie, gering sein muss (< 10 mV/s) [143]. Suter und Mitarbeiter nehmen daher Polarisationskurven mit 0.2 und 1 mV/s auf [134, 136, 137]. Bei sehr hohen Polarisationsgeschwindigkeiten wird zunächst die Grenzflächenkapazität geladen, während der Ladungsaustauschprozess langsamer abläuft. Da die ausgetauschte Ladung näherungsweise unabhängig von der Polarisationsgeschwindigkeit ist, bewirkt eine höhere Polarisationsgeschwindigkeit einen höheren Strom [143]. Ein anderer Erklärungsansatz geht davon aus, dass im Passivfilm mit der Dicke d eine konstante Feldstärke (E) herrscht. Wird das Potential (U) zu schnell erhöht, steigt die Feldstärke (E = U/d). Um die konstante Feldstärke zu halten, muss der Passivfilm schnell wachsen, was den hohen Stromfluss zur Folge hat. Weiterhin wird das Durchbruchpotential bei hohen Polarisationsgeschwindigkeiten ins Anodische verschoben, weil durch die schnelle Polarisation die Nettoladung, die für die Ladung der Grenzflächenkapazität nötig ist, durch die kürzere Zeit erst später ausgetauscht werden kann [143]. Einfacher ist die Vorstellung, dass zur Initiierung eines Loches eine gewisse Inkubationszeit erforderlich ist. Bei zu hohen Polarisationsgeschwindigkeiten erfolgt der Durchbruch nach Ablauf der Inkubationszeit bei deutlich höheren Potentialen.

Unter Berücksichtigung der oben diskutierten Einflussfaktoren stellt eine mittlere Polarisationsgeschwindigkeit von 1 mV/s einen guten „Kompromiss" dar. Darüber hinaus kann die Verweilzeit im kathodischen Bereich, die eine Elektrolytänderung bewirkt, auch durch eine Veränderung des Startpotentials beeinflusst werden. Im Folgenden werden die Polarisationsgeschwindigkeiten 1 mV/s und 0.1 mV/s, je nach Ziel der Messung, eingesetzt.

5.4.2 Vergleich der Legierungssysteme

Mit einer mittelgroßen Kapillare (Durchmesser 220 µm) wurden in 0.1M Na_2SO_4 + 10mM NaCl Polarisationskurven auf AA7010-T76 und AA7349-T76 aufgenommen.

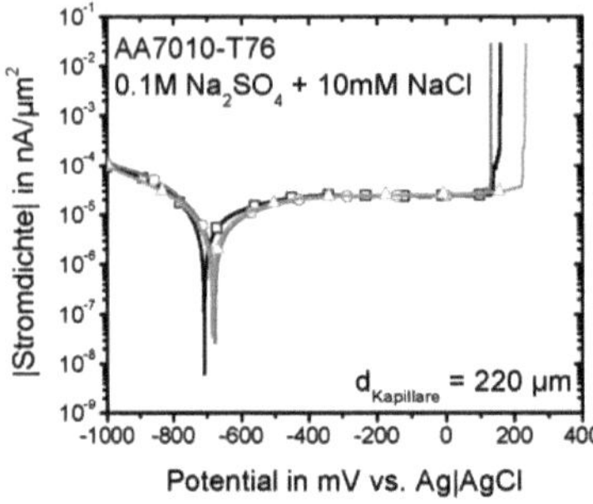

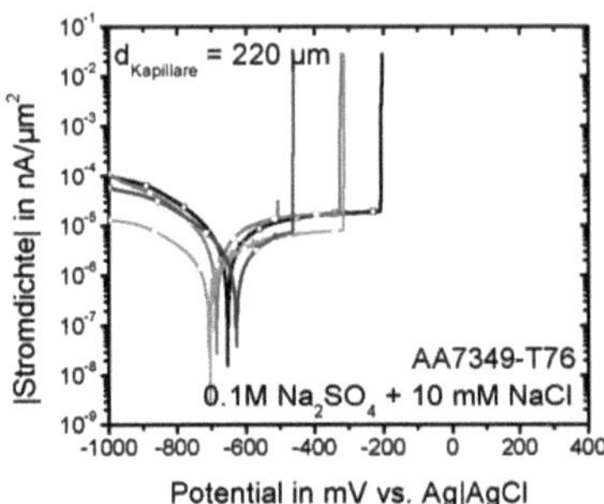

Abb. 5.56: Polarisationskurven von AA7010-T76 und AA7349-T76 in 0.1M Na_2SO_4 + 10 mM NaCl, 220 µm Kapillare, 1 mV/s.

Ein Vergleich der Polarisationskurven zeigt, dass die Wiederholungsmessungen auf AA7010-T76 sehr gut reproduzierbar sind, während die Kurven auf AA7349-T76 in ihrem Verhalten stark streuen. Die Lochfraßpotentiale von AA7010-T76 sind um mehr als 400 mV positiver als die von AA7349-T76. Der Passivstrom hingegen ist bei AA7349-T76 mit 1.6×10^{-5} nA/µm^2 etwas geringer als bei AA7010-T76, wo er 2.3×10^{-5} nA/µm^2 beträgt. Leichte Unterschiede zeigen sich auch im kathodischen Verhalten der beiden Legierungen. Der kathodische Strom von AA7010-T76 ist etwas größer als der von AA7349-T76 bei –1 V.

Der Unterschied im Lochfraßpotential zeigt sich bereits bei den makroskopischen Messungen (vgl. z.B. Abb. 5.36, Abb. 5.40, Abb. 5.46, Abb. 5.53). Er ist durch die Reduktion der Messfläche hier jedoch deutlich stärker ausgeprägt. Geht man davon aus, dass das Lochfraßpotential maßgeblich durch die in der Passivschicht vorhandenen Defekte bestimmt wird, so scheint durch die gute Reproduzierbarkeit der Messungen von AA7010-T76 eine hohe Defektdichte und/oder eine gleichmäßige Defektverteilung vorzuliegen. Die großen Schwankungen im Lochfraßpotential von AA7349-T76 ließen sich demzufolge mit einer kleineren und inhomogeneren Defektdichte erklären. Da die Anzahl und Verteilung der intermetallischen Phasen in beiden Legierungsvarianten etwa gleich sind, kann der Einfluss dieser Inhomogenitäten vernachlässigt werden. Dominierend ist eher die Wirksamkeit der Defekte.

AA7010 hat deutlich größere Körner als AA7349, wie aus einem Vergleich der Abb. 4.1 und Abb. 4.2 ersichtlich ist. Korngrenzen stellen Schwachstellen im Oxidfilm dar und können so zur Initiierung von Lochkorrosion beitragen. Makroskopische Versuche haben gezeigt, dass bei AA7349 diskrete Löcher entstehen, während bei AA7010 viele kleine Löcher um die intermetallischen Phasen gebildet werden (vgl. Abb. 5.34). Die diskreten Löcher haben üblicherweise einen Durchmesser von über 200 µm und sind somit größer als der hier verwendete Kapillardurchmesser.

Lochkorrosion wird an Korngrenzen initiiert und weitet sich zu einem größeren Bereich aus, der aufgrund der Kapillargröße kleiner bleibt als die „Lochgröße“ im makroskopischen Versuch.

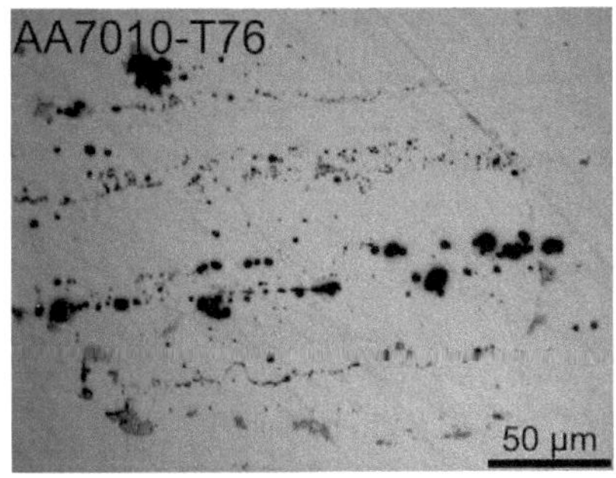

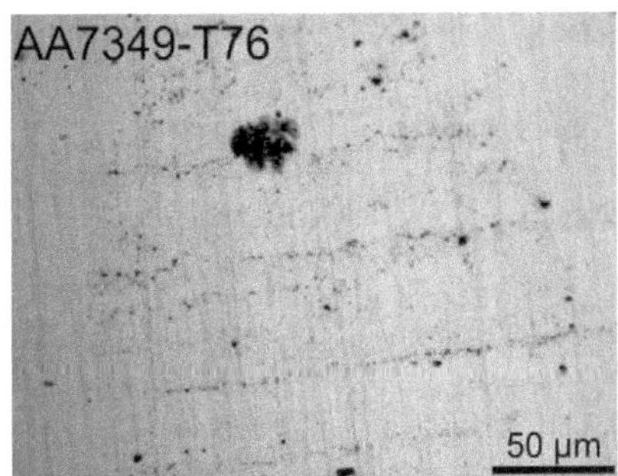

Abb. 5.57: Korrosionsmorphologie von AA7010-T76 und AA7349-T76 nach Polarisation in 0.1M Na_2SO_4 + 10mM NaCl bis zum Lochfraßpotential, 220 µm Kapillare, 1 mV/s.

Ein Vergleich der Abbildungen Abb. 5.34 und Abb. 5.57 legt nahe, dass die grundsätzliche Korrosionsmorphologien durch die kleine Versuchsfläche bei der Mikrokapillartechnik nicht beeinflusst werden. Bei AA7010 lösen sich die unedlen Phasen auf und um die edlen intermetallischen Phasen bilden sich Kavitäten. Bei AA7349 hingegen sind kaum Lochkeime um edle Phasen herum erkennbar. Neben der Auflösung der anodischen Phasen kommt es zur Bildung eines diskreten Lochs. Dessen Entstehungsort ist nicht mit einer im Lichtmikroskop erkennbaren intermetallischen Phase korrelierbar.

Sind in der entsprechenden Messfläche besonders viele kathodische Al_7Cu_2Fe-Phasen, so steigt bei AA7010-Legierungsvarianten die kathodische Stromdichte trotz des kleinen Flächenanteils etwa um den Faktor 3 an, während sie bei vergleichbarem Flächenanteil der kathodischen Al-Cu-Fe-Phase in den AA7349-Legierungsvarianten kaum ansteigt. Dies legt nahe, dass die Aktivität der kathodischen Phasen in AA7010 deutlich größer ist als in AA7349. Zwar wurde dies schon aus den Versuchen nach ASTM und den makroskopischen Untersuchungen angenommen, doch ist bei mikroelektrochemischer Untersuchung der Effekt weitaus deutlicher zu sehen.

Bei Verwendung von 0.01 mol/l Chloridionen im makroskopischen Versuch lässt sich kein Passivzustand feststellen, wohingegen er bei einem Kontaktflächendurchmesser von 220 µm (vgl. Abb. 5.56) sehr deutlich und gut reproduzierbar ausgeprägt ist. Wie auch schon aus makroskopischen Versuchen bei kleinerer Chloridkonzentration zu vermuten war, ist das niedrigere Passivstromniveau bei AA7349 wohl auf die korrosionsinhibierende Wirkung der Chrom- und Manganbeigaben zurückzuführen.

Bei potentiostatischen Versuchen knapp über dem Ruhepotential (-580 mV) zeigt sich, wie in Abb. 5.58 zu sehen, nach etwa 3 min ein Abfall der Stromdichte. Die Oberfläche zeigt interkristallinen Angriff, der teilweise zu einem kristallographischen Lochkeim geweitet wurde.

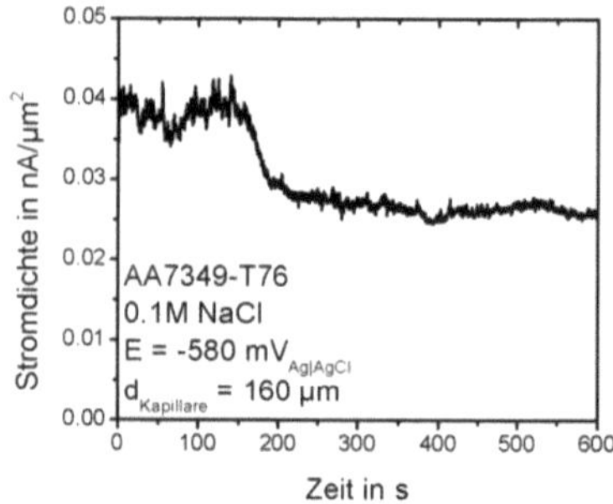

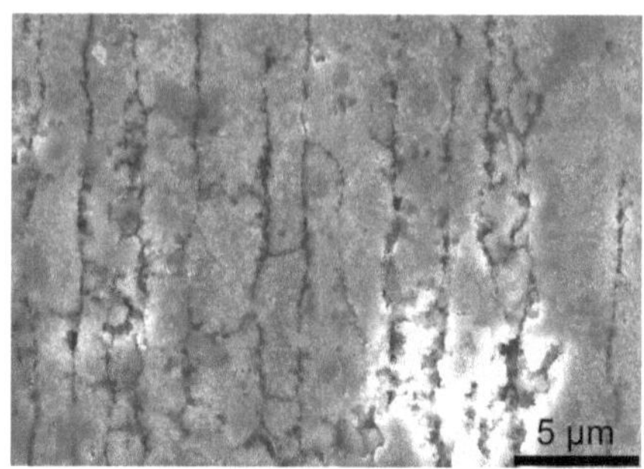

Abb. 5.58: Stromdichte-Zeit-Kurve für potentiostatische Polarisation von AA7349-T76 in 0.1M NaCl bei –580 mV für 10 min mit einer 160 µm-Kapillare und resultierende Korrosionsmorphologie.

Innerhalb der ersten Minuten kommt es zur Auflösung der Korngrenzenausscheidungen und zum kristallographischen Angriff der ausscheidungsfreien Säume. Ist dieser Prozess abgeschlossen, sinkt das Stromdichteniveau auf einen stationären Wert. Somit stellt das Passivniveau im potentiodynamischen Versuch die stationäre Stromdichte des interkristallinen Angriffs dar, während der Durchbruch auf Matrixversagen zurückzuführen ist, was auch durch entsprechend abgebrochene potentiodynamische Versuche gezeigt werden konnte.

Die Abnahme der Stromdichte nach etwa 3 min kann auch als ein weiterer Beleg für den kinetisch induzierten „doppelten“ Durchbruch (z.B. Abb. 5.47, Abb. 5.52) verstanden werden. Der als „erster Durchbruch“ bezeichnete Stromhügel (z.B. Abb. 5.47) hat üblicherweise eine Länge von 20-30 mV, die bei einer konstanten Potentialvorschubgeschwindigkeit von 0.1 mV/s einer Dauer von 200-300 s entsprechen. Das initiale Hochstromplateau bei potentiostatischen Mikroelektrochemieversuchen, wie in Abb. 5.58, hat eine vergleichbare Dauer.

Auch bei den mikroelektrochemischen Messungen zeigt sich bei den scandiumhaltigen Legierungen manchmal ein niedrigeres Durchbruchpotential, wenn eine $Al_3Sc_xZr_{1-x}$ Primärphase in der Kontaktfläche liegt. Möglicherweise existieren hier analog zu den MnS-Einschlüssen in Stahl auch aktive und inaktive Einschlüsse [134]. Wahrscheinlicher ist jedoch, dass bei einigen Primärphasen die Orientierung zur Matrix so ungünstig ist, dass diese korrosionsinitiierend sind. Im Makroskopischen wird das Messsignal über viele Partikel integriert erfasst, sodass der Durchbruch nicht auf einzelne Phasen zurückgeführt werden kann. Der Passivstrom wird bei AA7010 durch die Scandiumzugabe nicht beeinflusst. (2.4×10^{-5} nA/cm^2), wohingegen er bei AA7349 + Sc um den Faktor 2 auf 3.0×10^{-5} nA/cm^2 ansteigt.

5.4.3 Mikroelektrochemische Charakterisierung intermetallischer Phasen

Die elektrochemische Wirkung einzelner intermetallischer Phasen ist für das Verständnis und die Entwicklung der im jeweiligen Fall gültigen Korrosionsmechanismen notwendig oder zumindest eine wertvolle Hilfe. Im einfachsten Fall wird lediglich nach kathodischen und anodischen Phasen unterschieden, wobei sich anodische Phasen auflösen, während an den kathodischen Phasen die entsprechende kathodische Gegenreaktion abläuft und die Phase selbst nicht aufgelöst wird. Das jeweilige Verhalten kann im nächsten Schritt durch das Ruhepotential der entsprechenden Phase oder durch ihre Korrosionsstromdichte quantifiziert werden.

Bislang wurden intermetallische Phasen von 7xxx Legierungen an eigens synthetisierten Dünnfilmproben auf verschiedene Weise untersucht (z.B. [23, 24, 36, 37, 159]). In kommerziellen Legierungen wurden einzelne Phasen mittels SKPFM charakterisiert und mit mikroelektrochemischen Methoden auf ihr Korrosionsverhalten untersucht [9-11].

Ziel der hier durchgeführten mikroelektrochemischen Experimente ist es, das elektrochemische Verhalten der groben intermetallischen Phasen (Mg_2Si, Al_7Cu_2Fe, $Al_3Sc_xZr_{1-x}$) in direkter Kopplung mit der umgebenden Legierungsmatrix sowie der „ausscheidungsfreien" Matrix des jeweiligen Legierungssystems zu charakterisieren. Das Auflösungsverhalten der $MgZn_2$-Phasen wird in Kapitel 5.4.4 mittels Transientenanalyse eingehend untersucht.

5.4.3.1 Elektrochemisches Verhalten der Legierungsmatrix

Aufgrund der hohen Dichte intermetallischer Phasen ist eine Untersuchung der reinen Legierungsmatrix kommerzieller AA7xxx Legierungen im ausgehärteten Zustand mit konventionellen Methoden nicht möglich. Im lösungsgeglühten Zustand könnte zwar der Einfluss der Härtungsteilchen ausgeschlossen werden, aber dieser Zustand ist technisch nicht relevant. Aufgrund des gelösten Zinks in der Matrix wird deren Durchbruchpotential abgesenkt und es kommt zu einer stärkeren galvanischen Kopplung zwischen Matrix und Ausscheidungsteilchen [9]. Mittels der Mikrokapillartechnik kann durch gezielte Kapillarplatzierung der Einfluss der intermetallischen Phasen minimiert werden. Im Folgenden wird das elektrochemische Verhalten im für die Luftfahrtindustrie wichtigen, leicht überalterten Zustand T76 dargestellt.

Abb. 5.59 zeigt typische Polarisationskurven auf der Legierungsmatrix der kommerziellen Legierungen AA7010-T76, AA7349-T76 sowie einer scandiumhaltigen Variante von AA7010-T76 (+ 0.26 Gew.% Sc). Als „Matrix" werden hier die Stellen der LT-Fläche bezeichnet, auf der im Lichtmikroskop keine intermetallischen Phasen zu erkennen sind. Aufgrund der Auflösung des Lichtmikroskops ist es allerdings möglich – und auch wahrscheinlich –, dass weitere kleinere Phasen (< 1 μm), besonders die η-$MgZn_2$-Phase und Al_3Zr-Dispersoide [41], in der Kontaktfläche vorhanden sind.

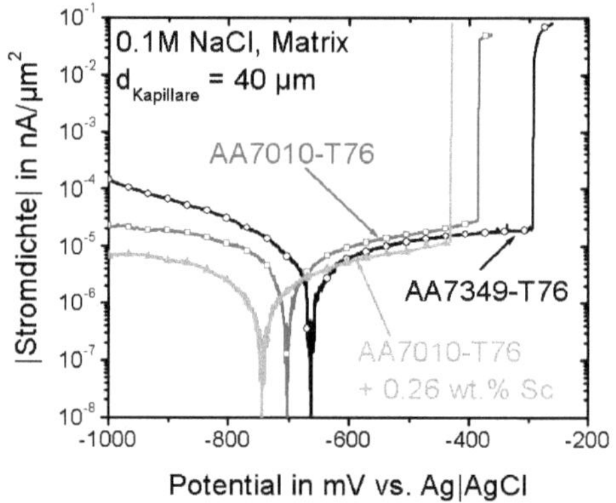

Abb. 5.59: Charakteristische Polarisationskurven auf Matrixflächen ohne (im Lichtmikroskop erkennbare) intermetallische Phasen.

Um die statistische Relevanz der in Abb. 5.59 gezeigten Kurven abschätzen zu können, wurden charakteristische Daten aus Wiederholungsmessungen ausgewertet. Diese Werte sind mit ihren jeweiligen Standardabweichungen in Tab. 5.3 zusammengefasst.

Tab. 5.3: Charakteristische Werte aus Polarisationskurven (nur T76): U_R = Ruhepotential, U_{LF} = Lochfraßpotential, i_{kath} = kathodische Stromdichte, i_{pass} = Passivstromdichte.

	U_R (in mV)	U_{LF} (in mV)	i_{kath} bei –900 mV (in 10^{-5} nA/µm²)	i_{pass} bei –500 mV (in 10^{-5} nA/µm²)
AA7349	-656 ± 44	-315 ± 40	-8.91 ± 2.19	1.39 ± 0.94
AA7010	-720 ± 49	-408 ± 50	-1.82 ± 0.46	1.62 ± 0.40
AA7010 + 0.25 Gew.% Sc	-738 ± 56	-473 ± 35	-0.79 ± 0.26	0.94 ± 0.13

Die typische Korrosionsmorphologie nach potentiodynamischer Polarisation bis zum Durchbruchpotential ist in Abb. 5.60 für die drei untersuchten Legierungsvarianten dargestellt.

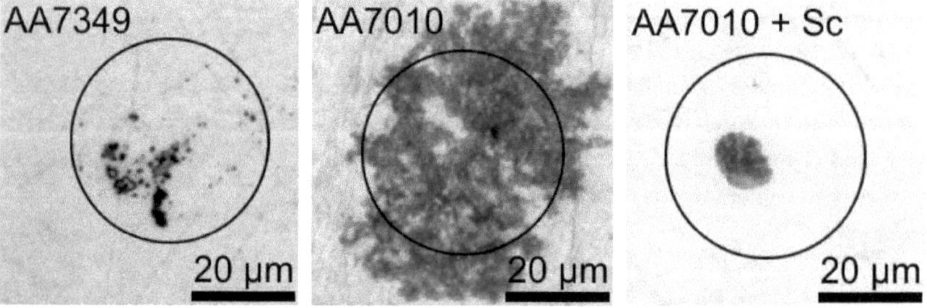

Abb. 5.60: Angriffsmorphologie nach Polarisation bis zum Durchbruchspotential (Bilder entsprechend den Kurven in Abb. 5.59).

5.4.3.1.1 Vergleich der Basissysteme

Die Matrix der chrom- und manganhaltigen Legierung AA7349 zeigt eine deutlich höhere kathodische Stromdichte als die chrom- und manganfreie Legierung AA7010. Da die Passivstromdichten der beiden Legierungen nur kleine Unterschiede zeigen, bewirkt die hohe kathodische Stromdichte nach der Mischpotentialtheorie eine Verschiebung des Korrosionspotentials in anodische Richtung. Darüber hinaus zeigt die chrom- und manganhaltige Legierung AA7349 im Mittel eine etwas geringere Passivstromdichte als AA7010, aber ein deutlich positiveres Durchbruchpotential.

Chrom und Mangan bilden kathodisch wirksame Dispersoide, wie $Cr_2Mg_3Al_{18}$, $AlMn_6$ oder $Al(Fe,Mn)_6$ [13]. Diese im Lichtmikroskop nicht erkennbaren Phasen begünstigen die kathodische Teilreaktion und erhöhen somit die kathodische Teilstromdichte der Legierung AA7349. Da AA7010 diese kathodischen Dispersoide nicht bilden kann, stehen keine Lokalkathoden zur Verfügung und der kathodische Strom ist signifikant niedriger. Da eine kathodische Vorpolarisation durch Begünstigung der Sauerstoffreduktion zu einer Alkalisierung des oberflächennahen Elektrolyten führt, ist eine Änderung der Deckschichtzusammensetzung möglich, was letztendlich zu einem positiveren Durchbruchpotential führt. Dieser Effekt wird ausführlich in Kapitel 5.4.3.3.1 diskutiert.

Ein Vergleich der Korrosionsmorphologie nach potentiodynamischer Polarisation bis zum Durchbruchpotential legt den Einfluss von Dispersoiden nahe. Während bei AA7010 ein oberflächlicher Angriff stattfindet, der die Silikondichtung unterwandert, findet bei AA7349 ein stark lokalisierter Angriff statt (vgl. Abb. 5.60). Dieser kann auf fein verteilte intermetallische Phasen, wie $AlMn_6$, Al_3Fe oder Chromdispersoide zurückgeführt werden. Diese kathodischen Phasen liefern aufgrund ihres sehr positiven Korrosionspotentials [24] auch im anodischen Teil der Polarisationskurve einen kathodischen Strom, der allerdings vom anodischen Strom der größeren Matrixfläche überlagert wird, was dazu führt, dass der gemessene Summenstrom (vgl. Tab. 5.3) für AA7349 niedriger ist als für AA7010. Um die kathodischen Phasen kommt es zu einer lokalen Alkalisierung, was schließlich zu einer Überschreitung des Stabilitätsbereichs des Aluminiumoxids gemäß des Pourbaix-Diagramms führt (vgl. Abb. 3.4). Die die kathodischen Ausscheidungen umgebende Matrix wird aktiv und korrodiert.

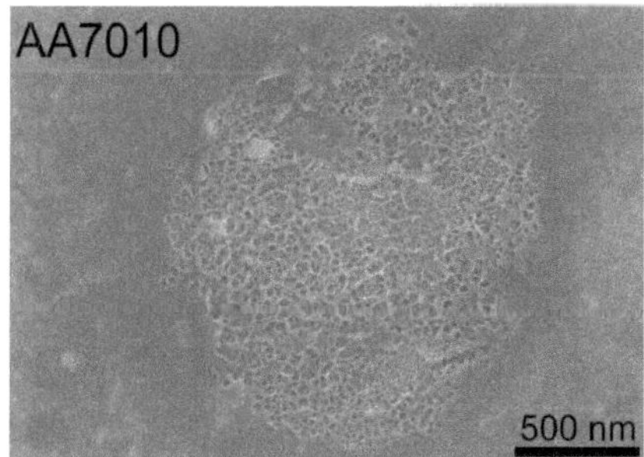

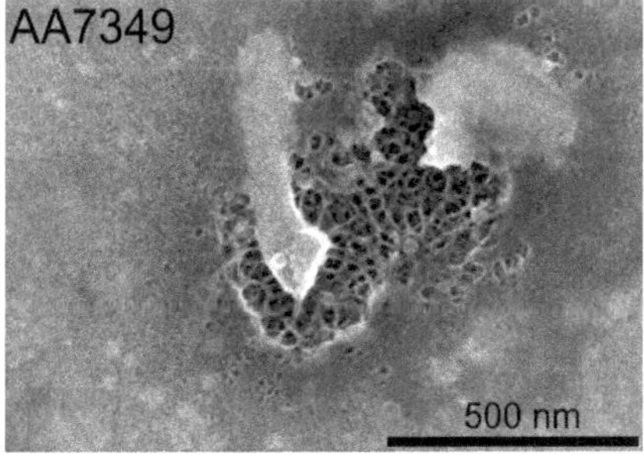

Abb. 5.61: Angriffsmorphologie in der Matrix von AA7010 und AA7349 in der Initiierungsphase.

Die Morphologie der kleinen Löcher in der Matrix von AA7349 ist in Abb. 5.61 abgebildet. Deutlich erkennbar ist die Initiierung an einem Dispersoid. Der Angriff erfolgt über Kanäle ins Material. Zurück bleibt eine dreidimensionale Schwammstruktur, die sich in die Tiefe erstreckt. Bei AA7010 hingegen (Abb. 5.61) beginnt der Angriff auch punktuell und zeigt die gleiche schwammartige Struktur, erstreckt sich aber weniger in die Tiefe. Da bei AA7010 initiierende Dispersoide fehlen, beginnt der Angriff gleichmäßiger verteilt an anderen Schwachstellen. Wie später noch eingehend diskutiert wird, lösen sich zunächst fein verteilte η-Phasen auf und hinterlassen dabei „Nanopits" (vgl. Abb. 5.89). An diesen Lochkeimen kann die Korrosion ansetzen und weiter ins Material voranschreiten. Zurück bleibt das in Abb. 5.61 zu sehende schwammartige Matrixnetzwerk.

AA7349 hat gegenüber AA7010 einen höheren Zinkgehalt. In der Aluminiummatrix gelöstes Zink verschiebt das Korrosionspotential in kathodische Richtung [9, 13, 50]. Dieser Effekt kann hier nicht beobachtet werden. Daraus wird geschlossen, dass das Zink vollständig in intermetallischen Phasen ($MgZn_2$) gebunden ist und die Wirkung der chrom- und manganhaltigen Dispersoide dominiert.

Potentiostatische Sprungversuche ohne kathodische Vorpolarisation bei –600 mV untermauern dieses Verhalten. Über die gesamte Versuchsdauer zeigt AA7349 einen größeren Passivstrom als AA7010 (vgl. Abb. 5.62). Weiterhin zeigt AA7010 nach anfänglichem passiven Zustand einen Durchbruch in den aktiven Bereich. Wie aus Abb. 5.62 zu erkennen ist, ist die Legierung AA7349 stärker angegriffen als AA7010, auf der ein oberflächlicher Angriff stattgefunden hat, der nur in der Kontaktflächenmitte, möglicherweise nach dem Durchbruch, zu einer Lochbildung geführt hat.

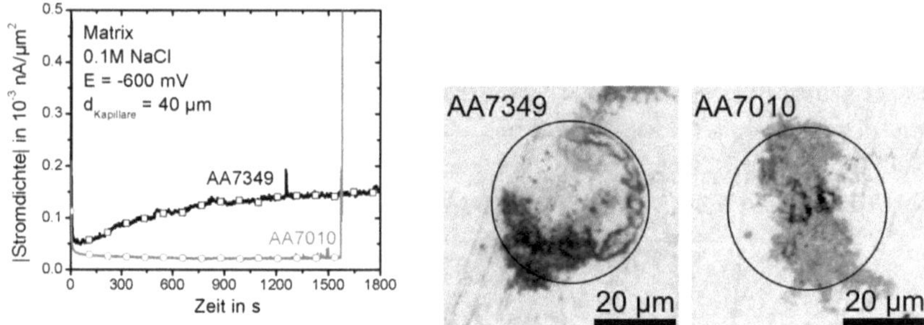

Abb. 5.62: Stromdichte-Zeit-Kurven und Korrosionsmorphologie von AA7349-T76 und AA7010-T76 nach potentiostatischer Polarisation bei –600 mV.

Bei AA7349 ist neben den kleinen Löchern in Abb. 5.62 ein großes Loch zu erkennen, das auf aktive anodische Auflösung zurückzuführen ist. Bei der Messung des Passivstroms handelt es sich wohl um einen „Pseudopassivstrom", der durch die kathodische Aktivität der chrom- und manganhaltigen Phasen klein gehalten wird.

5.4.3.1.2 Einfluss des Scandiums

Die scandiumhaltige Variante von AA7010 zeigt einen betragsmäßig deutlich niedrigen kathodischen Strom als die scandiumfreie Variante. Auch der anodische Strom ist geringfügig kleiner (vgl. Tab. 5.3). Wie die Messungen in Abb. 5.59 zeigen, führt dies zu einer Verschiebung des Korrosionspotentials ins Kathodische. Einem Modell von Ganiev [94, 100] und Vyazovikina [98] entsprechend, bildet sich auf der Oberfläche scandiumhaltiger Legierungen ein fein dispergierter Sc_2O_3 Film, der die Matrix vor weiterer Auflösung schützt. Gemäß dem Pourbaix-Diagramm von Sc-H_2O wird es sich wohl eher um einen Film aus schwerlöslichem $Sc(OH)_3$ handeln [95, 108]. Dieser Film inhibiert sowohl die kathodische als auch die anodische Teilreaktion auf der Matrixoberfläche. Da durch diese Inhibierung auch die Bildung eines dickeren und dichteren Oxidfilm mit steigendem Potential verhindert wird, kommt es schon bei niedrigeren Potentialen zu einem Durchbruch. Wie in Abb. 5.60 zu sehen ist, ist dieser Durchbruch sehr lokal und führt – entgegen dem Verhalten der scandiumfreien Variante – zur Bildung eines Loches. Allerdings weitet sich dieses Loch oberflächlich durch Unterwanderung des schützenden scandiumhaltigen Films.

Wie potentiostatische Sprungversuche zeigen, ist die Schutzwirkung der angenommenen Sc_2O_3-Schicht schwach. Bei einem Potentialsprung auf –600 $mV_{Ag|AgCl}$ kommt es sofort zu aktiver Korrosion auf hohem Stromniveau, während bei der scandiumfreien Variante sowohl ein Passivzustand, als auch ein aktiv korrodierender Zustand möglich sind. Selbst im aktiv korrodierenden Zustand zeigt die scandiumfreie Variante ein niedrigeres Stromniveau. Bei –650 mV zeigt die scandiumhaltige Variante gegenüber der scandiumfreien Variante kaum einen Unterschied im Stromniveau (vgl. Abb. 5.63). Lediglich die Einstellung eines Gleichgewichtspassivstrom geschieht – wie auch bei –700 mV – deutlich rascher. Sowohl bei –650 mV als auch bei –700 mV zeigt die scandiumhaltige Variante ein größeres Rauschen. Bei –700 mV zeigt die scandiumhaltige Variante ein niedrigeres Stromniveau.

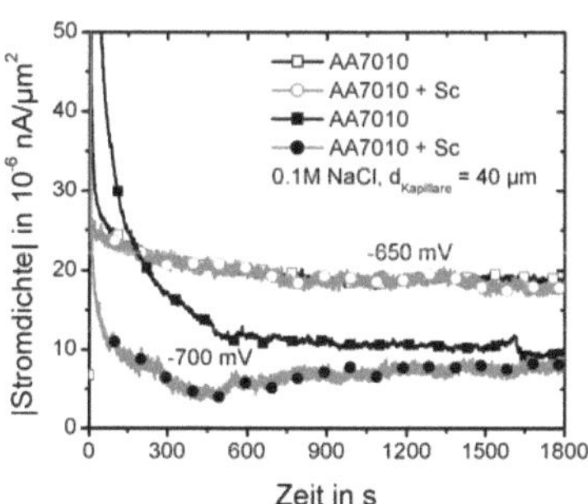

Abb. 5.63: Potentiostatische Polarisation der Matrix von AA7010 mit und ohne Scandiumzusatz (0.26 Gew.%) bei –650 und –700 mV.

Nach potentiostatischer Polarisation bei –700 mV und –650 mV lässt sich trotz anodischem Strom kein Angriff der Oberfläche erkennen. Bei –600 mV zeigt die Angriffsmorphologie kaum Unterschiede. Der Angriff beginnt an den Korngrenzen und breitet sich oberflächlich aus.

Bei der chrom- und manganhaltigen Legierung AA7349 wird durch Scandiumzugabe ebenfalls das Korrosions- und das Lochfraßpotential ins Kathodische verschoben. Im Gegensatz zu AA7010 bewirkt eine Scandiumzugabe jedoch eine Anhebung der Summenstromdichte sowohl im anodischen, als auch im kathodischen Bereich. Dies legt nahe, dass es eine Wechselwirkung zwischen Scandium und Chrom oder Mangan gibt.

Aus den Beobachtungen lässt sich schlussfolgern, dass sich eine Scandiumzugabe zu AA7010 positiv auf das Korrosionsverhalten der ausscheidungsfreien Legierungsmatrix auswirkt, solange eine kathodische bzw. anodische Polarisation im Passivbereich vorliegt. Gerade bei Aluminium ist es aufgrund des amphoteren Charakters wichtig, eine kleine kathodische Stromdichte zu erreichen. Dies wird durch Scandiumzugabe ermöglicht. Die Passivstromdichte wird durch Scandiumzugabe erniedrigt, wobei diese Erniedrigung unter potentiostatischen Bedingungen eher gering ausfällt. Scheinbar bildet sich tatsächlich ein schützender scandiumhaltiger Film aus, wie in [94, 98] vorgeschlagen. Problematisch wird die Scandiumzugabe erst im aktiv korrodierenden Bereich. Dort ist der Auflösungsstrom der scandiumhaltigen Legierung etwa um den Faktor 1.5 höher als der der scandiumfreien Variante, außerdem wird das Durchbruchpotential durch Scandiumzugabe herabgesetzt.

5.4.3.2 Elektrochemische Charakterisierung der Mg_2Si-Phase

Von der Mg_2Si-Phase ist bekannt, dass sie elektrochemisch sehr aktiv ist. Andreatta et al. weisen darauf hin, dass sie sich beim Polieren mit wässrigen Schmiermitteln auflöst und Kavitäten hinterlässt, die als Lochkeime wirken können [10]. Birbilis und Buchheit haben für die Mg_2Si-Phase ein Korrosionspotential von –1.538 V_{SCE} ermittelt [24]. Sie ist somit die in kommerziellen 7xxx-Legierungen vorkommende intermetallische Phase mit dem negativsten Korrosionspotential.

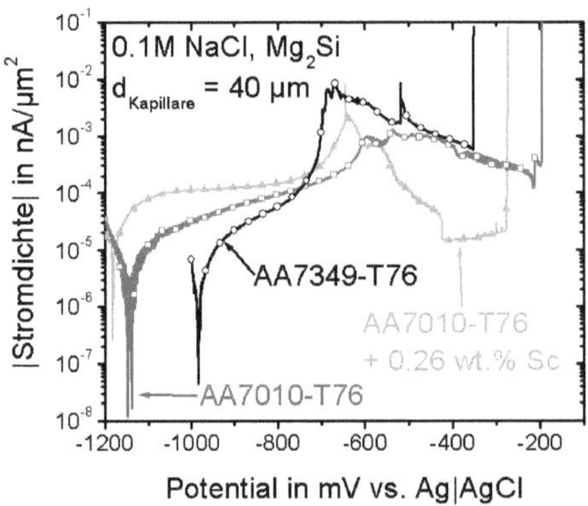

Abb. 5.64: Charakteristische anodische Polarisationskurven auf Mg_2Si-Phasen in Kontakt mit umgebender Matrix (1 mV/s, 0.1M NaCl, 40 µm Kontaktflächendurchmesser).

Wie der Abb. 5.23 zu entnehmen ist, ist nach etwa 10 min Kontaktzeit der erste signifikante Ruhepotentialanstieg, der auf die Auflösung der Mg_2Si-Phase zurückgeführt wurde, bereits abgeschlossen. Die in Abb. 5.64 dargestellten Polarisationskurven wurden gestartet, nachdem das Ruhepotential sich über etwa 15 min einstellen konnte.

Tab. 5.4: Charakteristische Werte aus Polarisationskurven auf Mg_2Si-Partikeln: U_R = Ruhepotential, U_{LF} = Lochfraßpotential, i_{pass} = Passivstromdichte.

	U_R (in mV)	U_{peak} (in mV)	U_{LF} (in mV)	i bei –900 mV (in 10^{-5} nA/µm²)	i_{pass} bei –500 mV (in 10^{-5} nA/µm²)
AA7349	-940 ± 83	-612 ± 81	-419 ± 80	0.98 ± 2.32	59.8 ± 26.7
AA7010	-1038 ± 184	-638 ± 37	-210 ± 126	7.98 ± 10.0	10.4 ± 7.20
AA7010 + 0.25 Gew.% Sc	-1205 ± 33	-668 ± 28	-263 ± 138	12.29 ± 2.42	1.84 ± 0.23

Gegenüber dem reinen Matrixverhalten (vgl. Abb. 5.59) zeigen diese Polarisationskurven deutlich negativere Ruhepotentiale. Nach der Mischpotentialtheorie sind diese auf die hier signifikant höheren anodischen Stromdichten zurückzuführen. Weiterhin ist besonders auffällig, dass bei etwa –650 mV ein reproduzierbarer Stromdichteanstieg zu verzeichnen ist. Die Durchbruchpotentiale sind bei AA7010 gegenüber der reinen Matrix erhöht, bei AA7349 erniedrigt. Allerdings ist auch die Streuung der Durchbruchpotentiale größer. Tab. 5.4 zeigt die statistische Relevanz der charakteristischen Werte, die aus den Polarisationskurven entnommen werden können.

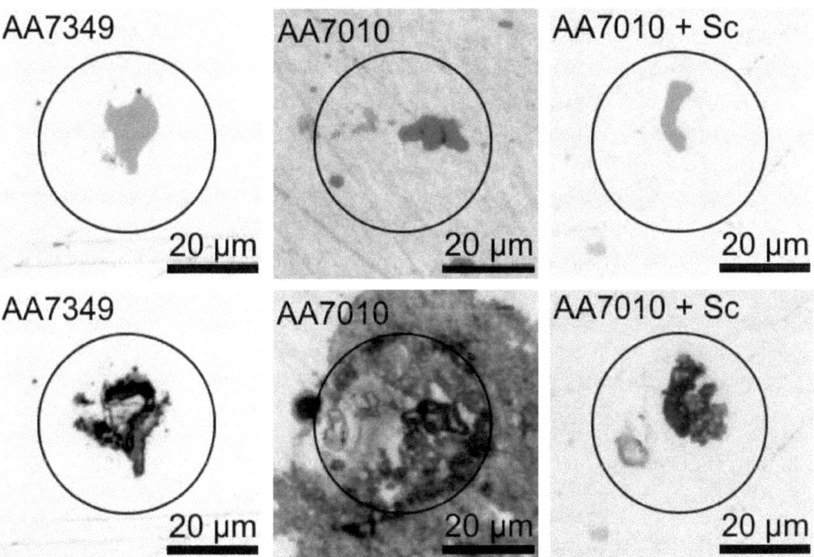

Abb. 5.65: Angriffsmorphologie nach Polarisation bis zum Durchbruchpotential (Bilder entsprechend den Kurven in Abb. 5.65)

In Abb. 5.65 sind lichtmikroskopische Aufnahmen der entsprechenden Untersuchungsstellen vor und nach der Polarisation dargestellt. In allen Fällen zeigt sich, dass die Mg_2Si-Phase gelöst wird und am Rand der Phase ein Korrosionsangriff stattfindet.

Eine detaillierte Untersuchung hat gezeigt, dass die Mg_2Si-Phase nicht, wie behauptet [10], vollständig aufgelöst wird. Vielmehr ist die Mg_2Si-Phase nach einer anodischen Polarisation noch als SiO_2 Partikel vorhanden (vgl. Abb. 5.66). Allerdings ist die umgebende Matrix angegriffen und es hat sich ein deutlicher Spalt zwischen der Matrix und der Mg_2Si-Phase gebildet. Es ist anzunehmen, dass die Mg_2Si-Phasen beim Polieren auf Polierscheiben herausfallen und deshalb bei den Untersuchungen von Andreatta [10] nicht mehr vorhanden waren.

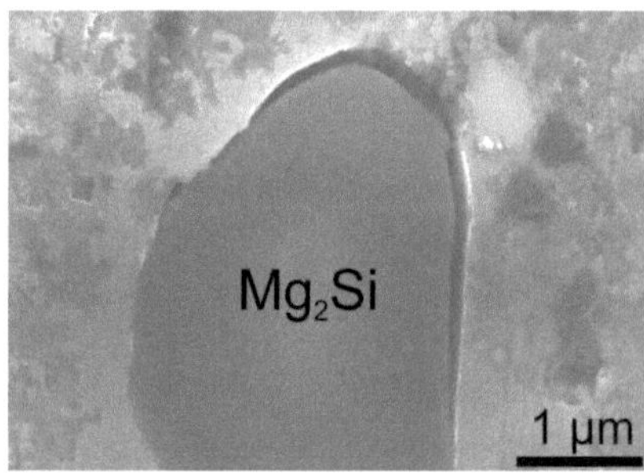

Abb. 5.66: Mg_2Si-Phase mit Randspalt nach anodischer Polarisation.

EDX-Untersuchungen[13] an Mg_2Si-Partikeln nach Durchführung einer Polarisationskurve haben gezeigt, dass diese kaum noch Magnesium enthalten (ähnlich Abb. 5.49). Dafür wird sehr viel Sauerstoff und weiterhin ein hohes Siliziumsignal detektiert.

Dies zeigt, dass Magnesium selektiv aus der Mg_2Si-Phase herausgelöst wird, was auch schon für die S-Phase (Al_2CuMg) beobachtet wurde [52]. Bereits bei der Diskussion der Ruhepotentialverläufe wurde von einer selektiven Magnesiumkorrosion ausgegangen. Würde diese vollständig ablaufen, müsste etwa das Matrixverhalten in Abb. 5.64 zu sehen sein und der Magnesiumauflösungspeak bei –650 mV verschwinden. Zur Validierung wurde eine Mg_2Si-Phase für 1 h unter Ruhepotentialbedingungen in Kontakt mit dem Elektrolyt gebracht. Dabei konnte ein Ruhepotentialverlauf, wie er für Mg_2Si typisch ist (vgl. Abb. 5.23) beobachtet werden. Die anschließend durchgeführte potentiodynamische Messung, wie sie in Abb. 5.67 zu sehen ist, weist den Strompeak bei –650 mV nicht mehr auf. Es konnte ein der Matrix ähnliches Verhalten beobachtet werden. Der etwas frühere Durchbruch könnte auf die Spaltbildung (s. o.) zurückzuführen sein.

[13] Aufgrund des großen Detektionsvolumens des Elektronenstrahls ist EDX für eine Quantifizierung der stöchiometrischen Zusammensetzung kleiner Ausscheidungen nicht geeignet. Allerdings können aus EDX-Messungen wertvolle Hinweise auf vorhandene Elemente gewonnen werden.

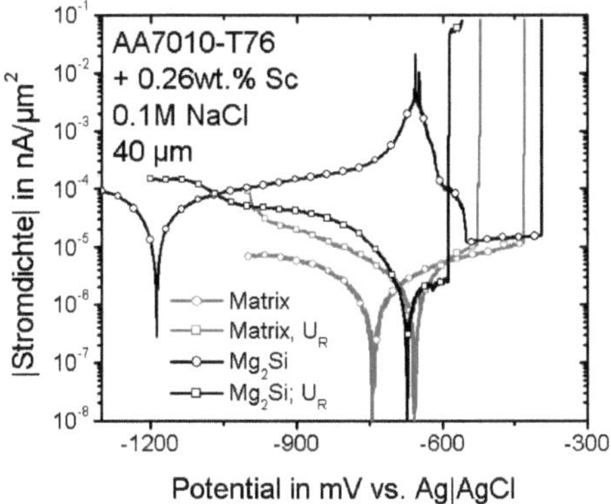

Abb. 5.67: Stromdichte-Potentialkurven für Matrix und Mg_2Si-Matrix auf AA7010 + 0.26 Gew.% Sc.

Der auftretende Auflösungsstrompeak ist bei Anwesenheit von Mg_2Si-Phasen selbst bei sehr negativen Potentialen zu beobachten (vgl. Abb. 5.68), bei denen auf reiner Matrix ein kathodischer Strom zu erwarten wäre.

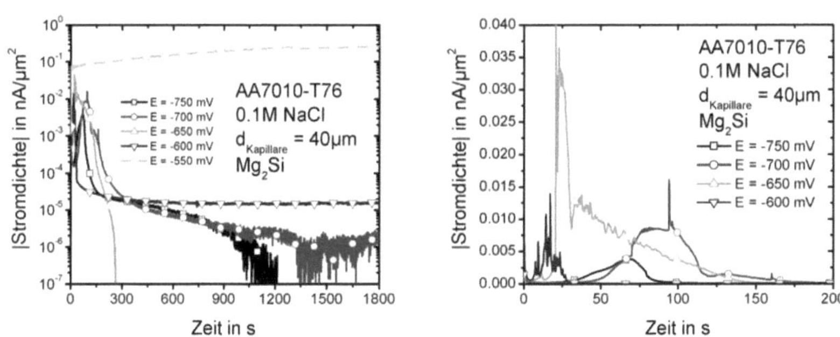

Abb. 5.68: Stromdichte-Zeit-Kurven auf Mg_2Si-Phasen der Legierung AA7010 bei verschiedenen Potentialen.

Da die potentiostatischen Versuche ohne vorherige Verweilzeit am Ruhepotential durchgeführt wurden, müsste sich aus der aus dem Strompeak berechneten Ladung die Größe des aufgelösten Partikels berechnen lassen. Für die zugrunde liegenden Auflösungsreaktionen einer Formeleinheit Mg_2Si lassen sich zwei Extremsituationen annehmen:

Möglichkeit I:

$$2\ Mg \rightarrow 2\ Mg^{2+} + 4e^-$$

$$Si \rightarrow Si^{4+} + 4e^- \rightarrow SiO_2\downarrow$$

=> **8e⁻** werden für eine Mg_2Si Formeleinheit mit 3 Atomen verschoben

Möglichkeit II (unter Berücksichtigung des negativen Potentialeffekts für Magnesium [163]):

$$2\ Mg \rightarrow 2\ Mg^{+} + 2e^{-}$$

$$2\ Mg^{+} + 2\ H_2O \rightarrow 2\ Mg^{2+} + 2\ OH^{-} + H_2$$

$$Si + O_{2,\ \text{gasförmig, gelöst}} \rightarrow SiO_2\downarrow$$

=> **$2e^-$** werden für eine Mg_2Si Formeleinheit mit 3 Atomen verschoben

Alle unter diesen beiden Annahmen berechneten Partikeldimensionen lagen in der richtigen Größenordnung. Die Methode I liefert jedoch zu kleine Dimensionen. Nach Methode II berechnete Ausmaße stimmten mit den gemessenen gut überein. Problematisch ist allerdings immer eine Abschätzung der Partikeltiefe. Hierin dürfte der größte Fehler liegen.

Während Andreatta et al. [10] davon ausgehen, dass die durch Herauslösung der Mg_2Si-Phase entstandenen Kavität als Lochkeim wirkt, sprechen die hier gewonnen Ergebnisse eher dafür, dass der Mikrospalt zwischen der an Magnesium verarmten Mg_2Si-Phase und der umgebenden Matrix als Initiierungsstelle für einen Korrosionsangriff wirkt. Für das makroskopische Verhalten der untersuchten 7xxx Legierungen ist dies allerdings eher von untergeordneter Bedeutung, da die Korrosion meist an den edleren Ausscheidungen initiiert.

Die positiven Auswirkungen des Scandiums auf die Passiveigenschaften der Legierungsmatrix von AA7010 zeigen sich auch bei der Untersuchung des Auflösungsverhaltens von Mg_2Si. Im anodischen Ast (vgl. Abb. 5.64) wird zwar ein hoher Strom gemessen, dieser ist aber, wie oben bereits diskutiert, auf die Herauslösung des Magnesiums bzw. die partielle Oxidation des Siliziums zurückzuführen. Ist dieser Prozess abgeschlossen (bei ca. –450 mV), sinkt der Strom auf das Passivniveau der reinen Matrix (vgl. Abb. 5.59). Nach einer kurzen Verweilzeit im Passivbereich kommt es dann erst bei etwa –300 mV zu einem Durchbruch.

5.4.3.3 Elektrochemische Charakterisierung der kathodischen Phase

Aufgrund ihres verhältnismäßig hohen Korrosionspotentials von –551 mV_{SCE} gehört die in AA7010 vorkommende intermetallische Phase Al_7Cu_2Fe zu den edelsten Phasen, die in kommerziellen 7xxx Legierungen auftreten können. Lediglich die β-Al_3Fe-Phase weist ein positiveres Korrosionspotential auf [24].

Aufgrund der Chrom- und Manganbeigabe finden sich in AA7349 eher chrom-, mangan- und kupferhaltige Al(Fe,Me)Si-Phasen [159], die als Lokalkathoden wirken.

Der kathodische Strom auf diesen Phasen ist sehr hoch (vgl. Abb. 5.69). Bei den beiden AA7010-Varianten ist er um den Faktor 3-5 höher als bei AA7349. Der Mischpotentialtheorie folgend, verschiebt die hohe kathodische Teilstromdichte das Ruhepotential in den anodischen Bereich. Gegenüber der reinen Matrix wird das Ruhepotential um etwa 150 mV (AA7349) bzw. 450 mV (AA7010) positiver. Die geringere Verschiebung des Ruhepotentials bei AA7349 resultiert aus der geringeren kathodischen Stromdichte.

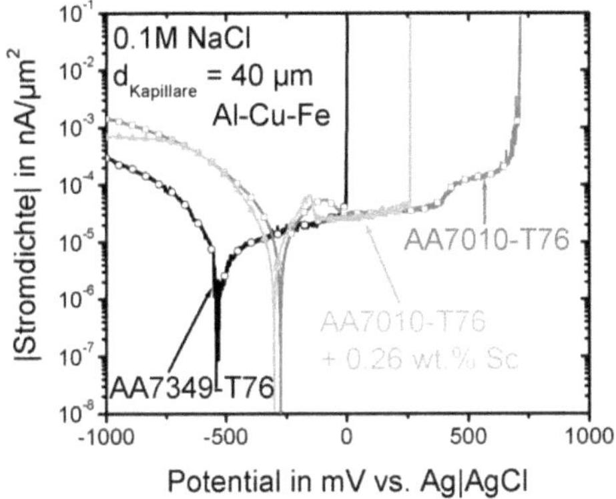

Abb. 5.69: Charakteristische Polarisationskurven auf kathodischen Phasen in AA7349 (Al-Cu-Fe) sowie scandiumfreier und scandiumhaltiger AA7010 (Al_7Cu_2Fe), 0.1M NaCl, 1 mV/s, 40 µm Kapillare.

Während AA7349 nach dem Korrosionspotential spontan in den Passivzustand übergeht, zeigen die beiden AA7010 Varianten einen Aktiv-Passiv-Übergang. Für Aluminiumlegierungen, die immer mit einer Oxidschicht bedeckt sind, ist dieser Passivierungspeak ungewöhnlich. Im Passivzustand zeigen alle drei Legierungen gleiche Passivströme. Wie aus Tab. 5.5 hervorgeht, ist allerdings von AA7349 über AA7010 zu AA7010 + 0.26 Gew.% Sc eine leichte Abnahme des Passivstroms zu verzeichnen. Dieser Trend war auch beim reinen Matrixverhalten sichtbar.

Tab. 5.5: Charakteristische Werte der Polarisationskurven auf Al_7Cu_2Fe-Phasen: U_R = Ruhepotential, U_{DB} = Durchbruchpotential, i_{kath} = kathodische Stromdichte, i_{pass} = Passivstromdichte.

	U_R (in mV)	U_{DB} (in mV)	i_{kath} bei –900 mV (in 10^{-5} nA/µm²)	i_{pass} (in 10^{-5} nA/µm²)
AA7349	-503 ± 117	58 ± 84	-19.55 ± 5.44	3.311 ± 0.23
AA7010	-277 ± 2	866 ± 375	-130 ± 1.57	2.78 ± 0.64
AA7010 + 0.25 Gew.% Sc	-300 ± 3	291 ± 228	-72.01 ± 19.76	2.23 ± 0.22

Besonders auffällig gegenüber den oben diskutierten strukturellen Besonderheiten ist das extrem hohe Durchbruchpotential, das bei AA7010 im Einzelfall bis zu 1300 mV erreichen kann. Während das Ruhepotential – besonders bei den AA7010-Varianten – sehr kleine Streuungen aufweist, ist die Standardabweichung der Durchbruchpotentiale sehr hoch. Tendenziell zeigt AA7349 das niedrigste Durchbruchpotential und AA7010 das höchste. Eine Scandiumzugabe erniedrigt das Lochfraßpotential.

Die Korrosionsmorphologie nach Polarisation bis zum Durchbruchpotential (vgl. Abb. 5.70) unterscheidet sich bei den kathodischen Phasen deutlich gegenüber den oben behandelten strukturellen Besonderheiten. Während die Phase selbst unangegriffen bleibt, zeigt sich direkt neben der Phase die Auflösung der Matrix. Dieser Effekt ist bei den beiden AA7010-Varianten deutlicher ausgeprägt als bei AA7349. Die rasterelektronenmikroskopische Aufnahme in Abb. 5.70 zeigt diesen Angriff, der anschaulich auch als *peripheral pitting* oder *trenching* (Grabenbildung) [23] bezeichnet wird.

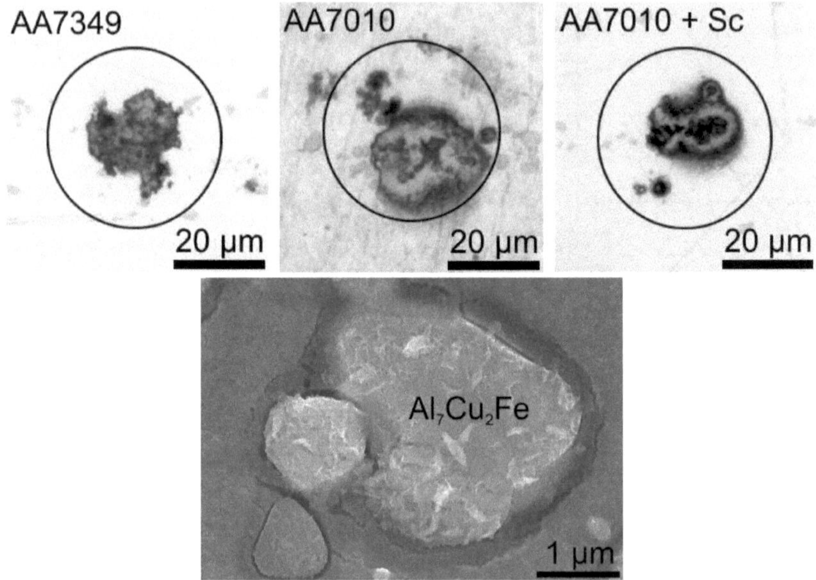

Abb. 5.70: Angriffsmorphologie nach Polarisation bis zum Durchbruchpotential (Bilder entsprechend den Kurven in Abb. 5.69). Die REM-Aufnahme zeigt den Angriff an einer Al_7Cu_2Fe-Phase aus AA7010 genauer.

5.4.3.3.1 Oberflächenkonditionierungseffekt

Während bei der Untersuchung der Matrix und der Mg_2Si-Phasen die Untersuchungsbedingungen und die Durchführung einen eher untergeordneten Einfluss haben, zeigt sich bei den Al_7Cu_2Fe-Phasen ein extremer Einfluss der kathodischen Vorbehandlung auf das Durchbruchpotential.

Wie aus Abb. 5.71 zu entnehmen ist, steigt das Durchbruchpotential an, je länger bei einem Potential kathodisch zum Korrosionspotential vorpolarisiert wurde. Während bei AA7349 die Abhängigkeit etwa linear ist und zu einer Durchbruchpotentialerhöhung von 200 mV führt, ist die Auswirkung der Vorpolarisation bei AA7010 deutlich stärker ausgeprägt. Bei AA7010 wirken sich schon sehr kurze Vorpolarisationszeiten von unter 5 min signifikant durchbruchpotentialerhöhend aus. Ab etwa 10 min ist keine weitere Erhöhung mehr zu verzeichnen. Mit entsprechender Vorbehandlung kann eine Potentialspanne von 1500 mV abgedeckt werden.

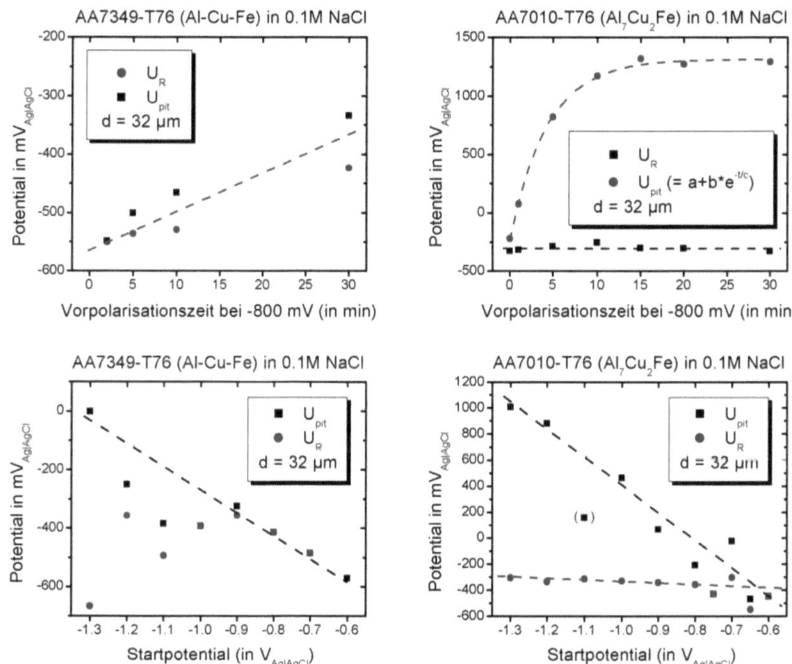

Abb. 5.71: Einfluss der kathodischen Vorbehandlung auf das Durchbruchpotential der Stellen mit kathodischen Phasen.

Der obere Grenzwert des Durchbruchpotentials auf Al_7Cu_2Fe-Phasen in AA7010, der nach etwa 10 min erreicht wird, ist nicht – wie vermutet werden kann – auf Sauerstoffentwicklung zurückzuführen. Diese zeigt sich reproduzierbar bereits bei etwa –1 $V_{Ag|AgCl}$ durch einen kleinen Stromanstieg. Allerdings führt die Sauerstoffentwicklung zu einer stärkeren Ansäuerung des grenzflächennahen Elektrolyten, was den Durchbruch erleichtert. Somit sind die Sauerstoffentwicklung und der Grenzwert des Durchbruchpotentials ursächlich miteinander verknüpft.

Ähnlich wirken sich auch unterschiedliche Startpotentiale aus. Je niedriger das Startpotential der Polarisationskurve, desto positiver ist das Durchbruchpotential. Auch hier zeigt sich, dass der Effekt bei AA7010 deutlich stärker ausgeprägt ist als bei AA7349. Ein negativeres Startpotential bedeutet bei gleicher Potentialvorschubgeschwindigkeit eine betragsmäßig größere geflossene negative Ladungsmenge. Somit sind die beiden Beobachtungen äquivalent: Je größer die ausgetauschte kathodische Ladung bis zum Erreichen des Korrosionspotentials, desto größer wird das Durchbruchpotential.

Die in Abb. 5.72 dargestellte Bilderfolge beschreibt modellhaft die in bestimmten Abschnitten der Polarisationskurve ablaufenden Prozesse, die in ihrer Gesamtheit zu dem außergewöhnlich hohen Durchbruchpotential von Al_7Cu_2Fe-Phasen führen.

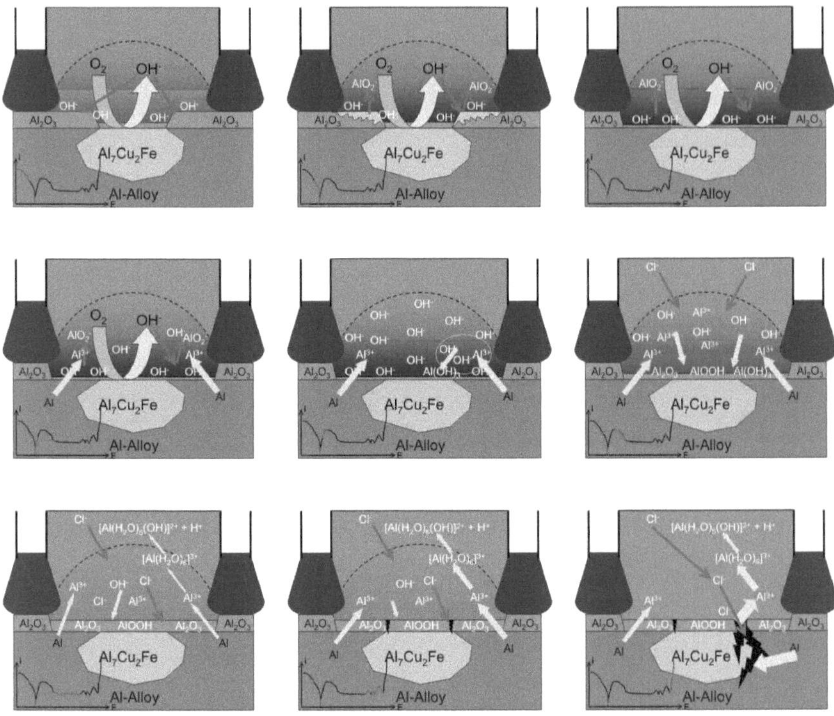

Abb. 5.72: Modellvorstellung zur Erklärung der außergewöhnlich hohen Durchbruchpotentiale von Al_7Cu_2Fe in Abhängigkeit der kathodischen Vorpolarisation. Erklärung siehe Text.

Während der Polarisation bei einem Potential kathodisch zum Korrosionspotential läuft auf der kathodischen Phase (hier beispielhaft Al_7Cu_2Fe) bevorzugt die Reduktion von im Elektrolyt gelösten Sauerstoff zu Hydroxidionen ab. Aufgrund des dünnen Silikondichtrings kommt es ständig zur Nachdiffusion von Sauerstoff aus der Umgebungsluft direkt an die Reaktionsstelle. Diese führt zu einer starken Alkalisierung. Aufgrund der durch die kleine Kontaktfläche eingeschränkten Diffusion (kann als eindimensionale Diffusion angenommen werden) erstreckt sich die Alkalisierung über die gesamte Kontaktfläche. Wird der Stabilitätsbereich des Aluminiumoxids überschritten, wird dieses als Alumination (AlO_2^-) aufgelöst. Durch diesen Prozess kommt es zu einer sehr starken Dünnung der Oxidschicht. Ein Durchbruch zu alkalisch induzierter Korrosion ist bei –700 mV erst nach ca. 10 h zu verzeichnen. Nach Überschreiten des Korrosionspotentials überwiegt der anodische Strom, der auf die Oxidation von Aluminium zu Al^{3+} zurückzuführen ist. Dem Säure-Base-Konzept von Lewis [164] zufolge, ist das Al^{3+} Ion als Elektronenpaar-Akzeptor eine Säure. In einer Säure-Base-Reaktion verbindet sich das Al^{3+} Ion mit den im Überschuss vorhandenen OH^- Ionen und fällt als $Al(OH)_3$ aus. Das Aluminiumhydroxid entwässert schließlich zum schützenden AlOOH. Dieser Prozess wird im Aktiv-Passiv-Übergang messbar. Das schützende AlOOH erschwert zunehmend die Freisetzung neuer Al^{3+} Ionen, wodurch der Strom auf das Passivniveau abfällt. Der so neugebildete Passivfilm scheint bessere Schutzeigenschaften zu haben, als der luftgebildete Oxidfilm. Durch weitere anodische Polarisation im Passivbereich kommt es zu einer weiteren Oxidation von Al zu Al^{3+}. Diese bilden in Lösung einen stark sauer reagierenden Hexaquokomplex [48, 54]:

$$[Al(H_2O)_6]^{3+} \rightarrow [Al(OH)(H_2O)_5]^{2+} + H^+$$

Durch das anliegende positive Potential werden zusätzlich Chloridionen angezogen. Das zunehmend aggressive Elektrolytmilieu führt schließlich zu einer lokalen Zerstörung des Oxidfilms, wodurch es an der Grenzfläche zwischen kathodischer Phase und umgebender Matrix zu einem lochfraßähnlichen Angriff kommt.

Das besonders hohe Durchbruchpotential auf aktiven Lokalkathoden ist somit eine Folge der Elektrolytänderung während der potentiodynamischen Polarisationskurve. Die gemessenen Durchbruchpotentiale entsprechen nicht den Lochfraßpotentialen, die in neutraler 0.1M NaCl zu erwarten wären. Trotzdem lassen sich aus diesen Daten wertvolle Rückschlüsse auf den Einfluss der kathodischen Phasen in den Legierungen ziehen.

Der Kapillardurchmesser hat zudem einen großen Einfluss auf die kathodische Stromdichte. Je kleiner der Kapillardurchmesser ist, desto höher ist die kathodische Sauerstoffdiffusionsstromdichte [143]. Sobald die ablaufende Reaktion diffusionskontrolliert wird, muss beachtet werden, dass der Sauerstoffnachtransport über die schmale Dichtfläche Silikon-Metall schneller erfolgt als bei einer dickwandigen Glas- und Silikonschicht bei Verwendung größerer Kapillaren. Aus diesem Grund wurden die oben diskutierten Messungen mit derselben Kapillare durchgeführt, um eine Vergleichbarkeit der Ergebnisse zu erreichen. Auf Stellen mit geringer kathodischer Aktivität hat dies keine Relevanz.

5.4.3.3.2 Vergleich der Basissysteme

Sowohl in der kathodischen Stromdichte (vgl. Tab. 5.5), als auch im Durchbruchpotential zeigen sich zwischen den beiden Legierungen AA7349 und AA7010 große Unterschiede. Der Einfluss der Versuchsdurchführung (vgl. Oberflächenkonditionierungsmodell, Abb. 5.71 und Abb. 5.72) ist bei AA7349 deutlich schwächer ausgeprägt als bei AA7010.

Obwohl die Legierung AA7349-T76 nominell nur 0.15–0.18 Gew.% Chrom und 0.14–0.19 Gew.% Mangan enthält, finden sich bei EDX-Untersuchungen an Al-Cu-Fe Phasen dieser Legierung (vgl. Abb. 5.73) verhältnismäßig hohe Gehalte dieser beiden Elemente. Mangan ist durchschnittlich auf 2.4 Gew.% und Chrom auf 1.0 Gew.% angereichert. Auffällig ist das relativ konstante Mn : Cr Atomverhältnis von etwa 2-2.5. Scheinbar wird Mangan bevorzugt in Al-Cu-Fe-Phasen eingebaut. Dort ist es für eine Unterdrückung der kathodischen Aktivität verantwortlich, was zu den in Abb. 5.69 erkennbaren Unterschieden in den Polarisationskurven führt.

In der Literatur finden sich keine Angaben zur Beeinflussung der kathodischen Aktivität intermetallischer Phasen durch gelöstes Chrom oder Mangan. Chromhaltige Dispersoide allein wirken zwar nicht korrosionsfördernd, können aber in Verbindung mit Eisenverunreinigungen das Korrosionsverhalten massiv verschlechtern, was auf eine Vergrößerung des Anteils an eisenhaltigen Lokalkathoden zurückzuführen ist [26].

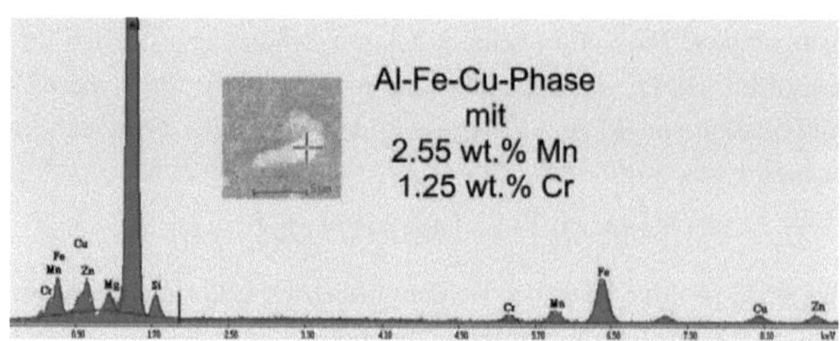

Abb. 5.73: EDX-Spektrum einer Al-Fe-Cu-Phase in AA7349.

Die im Rahmen dieser Arbeit ermittelten Daten sprechen dafür, dass Chrom und Mangan die kathodische Aktivität der Al-Fe-Cu Phasen herabsetzt. Birbilis et al. haben die kathodische Aktivität an synthetisierten Al_7Cu_2Fe-Phasen, wie sie in AA7075 vorkommen, untersucht [23]. Diese Legierung enthält ebenfalls Chrom und Mangan, in der synthetisierten Phase wurde nur Mangan detektiert. Sie ermittelten bei vergleichbaren Potentialen kathodische Ströme, die zwischen den beiden in dieser Arbeit gemessenen Werte liegen. Allerdings muss berücksichtigt werden, dass in der vorliegenden Arbeit die Summe aus Matrixverhalten und Phase gemessen wurde, wodurch die errechnete Stromdichte unter dem tatsächlichen Wert der alleinigen Phase liegt. Somit bestätigen die Werte von Birbilis die hier ermittelten Daten dahingehend, dass Chrom und Mangan die kathodische Aktivität herabsetzen. Ein Vergleich der $Al_{20}Cu_2Mn_3$ und der Al_7Cu_2Fe-Phasen ergibt bei Birbilis eine geringere kathodische Aktivität für die offensichtlich manganhaltige Phase [23]. Auch dies spricht für eine Hemmung der kathodischen Teilreaktion durch Manganzugabe. Außerdem ist bekannt, dass die Schutzwirkung von Chromatschichten auf der Hemmung der kathodischen Teilreaktion beruht [51]. Die Zugabe von 1 % Chromat zu AA7010 senkt die kathodische Stromdichte um etwa drei Größenordnungen.

Ein Vergleich der kathodischen Ströme auf der Matrix und den Al-Cu-Fe-Phasen (Tab. 5.3 und Tab. 5.5) zeigt, dass sich die Werte bei AA7349 nur wenig unterscheiden. Unter Einbeziehung der Passivströme führt das zu einem geringeren Ruhepotentialunterschied, der auf eine geringere galvanische Kopplung schließen lässt. Aufgrund der kleineren Triebkraft ist ein schwächerer Korrosionsangriff zu erwarten. Bei AA7010 hingegen zeigt sich ein Unterschied der kathodischen Stromdichten von etwa 3 Größenordnungen, der zu massiven Ruhepotentialunterschieden und starker galvanischer Kopplung führt [11]. Der Korrosionsangriff an Al_7Cu_2Fe-Phasen in AA7010 ist demzufolge stärker. Aus Abb. 5.34 und Abb. 5.57 ist zu erkennen, dass bei AA7349 diskrete Löcher entstehen, während sich bei AA7010 bevorzugt die Matrix um intermetallische Phasen herauslöst. Der lokale Angriff der Matrix in der Umgebung edler intermetallischer Phasen wird in der Literatur als *trenching* oder *peripheral pitting* bezeichnet [23]. Da er auf galvanische Kopplung zwischen Matrix und intermetallischer Phase zurückzuführen ist, ist der Angriff umso größer, je höher der Korrosionspotentialunterschied ist. Allerdings spielt die kathodische Reaktionsrate und die damit verbundene Alkalisierung ebenfalls eine wichtige Rolle (vgl. Abb. 3.5)

Verglichen mit den Literaturdaten [23] sind die in dieser Studie ermittelten Durchbruchpotentiale deutlich größer, was auf eine dynamische Veränderung des Elektrolyten zurückzuführen ist. Bei Start der Polarisationskurve am Korrosionspotential – ohne vorherige kathodische Polarisation – sind die Durchbruchpotentiale deutlich geringer (vgl. Abb. 5.71)

Auch bei potentiostatischen Sprungversuchen zeigen sich Unterschiede. Gemäß der Polarisationskurve sind bei –600 mV kathodische Ströme zu erwarten. Wird in einem Sprungversuch direkt vom Ruhepotential auf –600 mV polarisiert, werden ausschließlich – wie in Abb. 5.74 – anodische Auflösungsströme gemessen. Dies bestätigt das oben beschriebene Oberflächenkonditionierungsmodell. Anfänglich ist die Auflösung der AA7010-T76 Matrix schneller als die der AA7349-T76 Probe. Nach etwa 5 min Polarisationsdauer ist der Auflösungsstrom der Matrix von AA7349 größer. Bei –650 mV sind zunächst ebenfalls anodische Ströme zu beobachten, die dann nach etwa 30 s kathodisch werden. Auch hier zeigt AA7010 anfänglich den höheren Auflösungsstrom und nach 100 s den höheren kathodischen Strom.

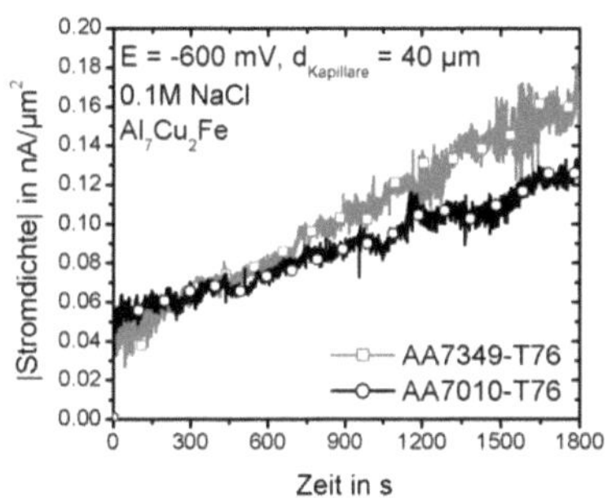

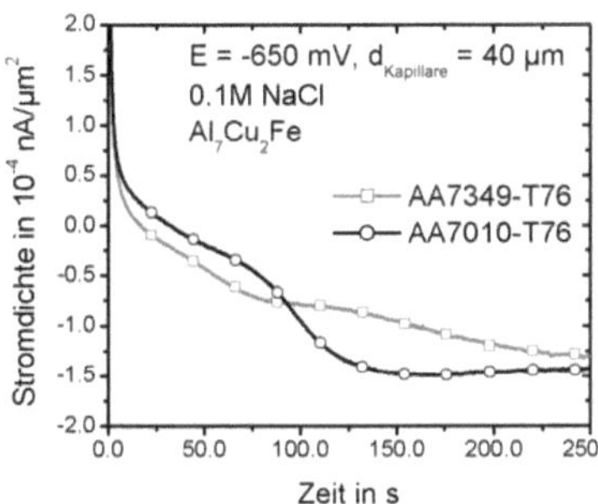

Abb. 5.74: Potentiostatische Polarisation von AA7349 und AA7010 in Kontakt mit einer kathodischen Phase bei E = -600 mV und E = -650 mV.

Für gute Passiveigenschaften ist zur Passivierung eine schnelle Reaktion notwendig, wohingegen zum Erhalt der Passivität eine eher langsame Reaktionsrate genügt [165].

Beide Sprungversuche sprechen dafür, dass die Al_7Cu_2Fe-Phase in der chrom- und manganfreien Legierung AA7010 die effizientere Kathode ist, die allerdings nur zögerlich anspringt. Die Al-Cu-Fe-Phase mit gelöstem Chrom und Mangan wirkt schneller als Kathode, ist dafür aber weniger effizient.

Wie Abb. 5.75 zeigt, ist die Korrosionsmorphologie nach Polarisation bei –600 mV bei den beiden Legierungen unterschiedlich. In beiden Fällen kam es aufgrund der starken Auflösung zu einer Unterwanderung der Silikondichtung. Während AA7010 trotz des niedrigeren Stroms (vgl. Abb. 5.74) einen großflächigen oberflächlichen Angriff zeigt, muss die Auflösung bei AA7349 aufgrund des höheren Stromes stark in die Tiefe gehen. Zudem zeigt der Angriff von AA7010 einen interkristallinen Charakter, während bei AA7349 die Korngrenzen nicht zu erkennen sind.

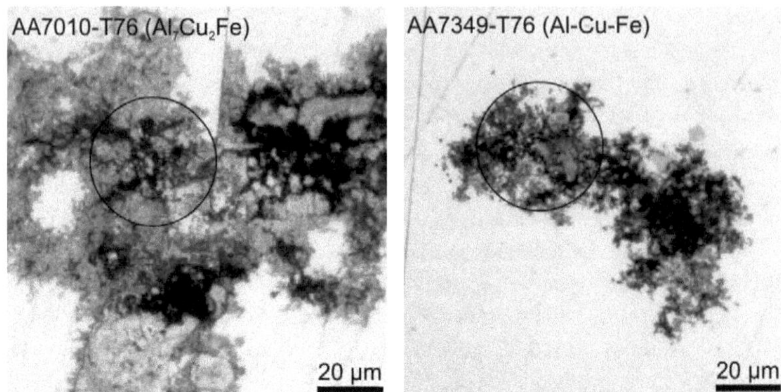

Abb. 5.75: Korrosionsmorphologie nach 30 min Polarisation bei E = -600 mV auf einer kathodischen Phase.

Der Angriff wird bei potentiostatischer Polarisation innerhalb kürzester Zeit an den kathodischen Al_7Cu_2Fe-Phasen initiiert. Abb. 5.76 zeigt den initialen Korrosionsangriff an der Grenze zu einer Al_7Cu_2Fe-Phase in AA7010.

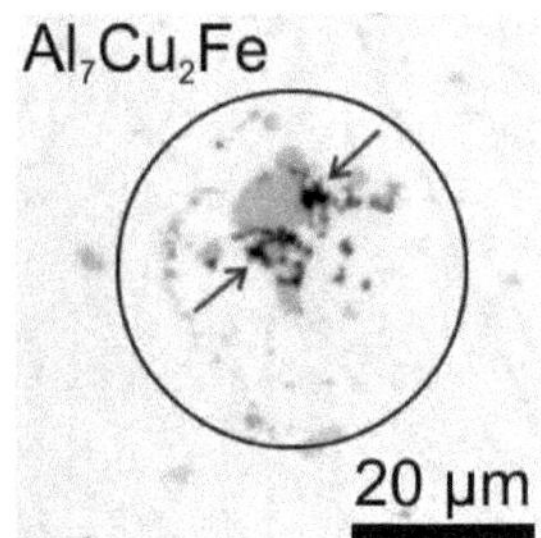

Abb. 5.76: Angriff der Matrix (Pfeile) nach 30 s Polarisation bei –600 mV an einer Al_7Cu_2Fe-Phase in AA7010.

Wie auch die Angriffsmorphologien bei den anderen Phasen und der Matrix zeigen, ist der Angriff bei AA7010 immer oberflächlicher Natur, wohingegen er bei AA7349 massiv in die Tiefe fortschreitet. Dies ist möglicherweise auf eine Anreicherung von Chrom und Mangan in der Oxidschicht zurückzuführen, was die Schutzwirkung erhöht. Ist allerdings diese Oxidschicht durchbrochen, schreitet die Korrosionsfront in die Tiefe fort.

Während bei AA7010 bei allen getesteten Potentialen ein glatter Kurvenverlauf zu finden ist, zeigen die Stromdichte-Zeit-Kurven von AA7349 sehr starke Schwankungen. Trotz dieser Schwankungen, die scheinbar mit positiverem Potential zunehmen, bleibt die Angriffsmorphologie gleich. Es kommt immer zu tiefem Angriff und nicht, wie bei AA7010, zu einer oberflächlichen Korrosion.

5.4.3.3.3 Einfluss des Scandiums

Scandium schränkt bei stark negativen Potentialen die kathodische Aktivität gegenüber der scandiumfreien Legierungsvariante etwas ein, ansonsten ist das Verhalten im kathodischen Bereich von Scandium nahezu unbeeinflusst. Beim Ruhepotential liegt die scandiumhaltige Variante etwas negativer. Möglicherweise ist dies auf das sehr negative Redoxpotential von Scandium zurückzuführen [108].

Auffallend ist jedoch, dass sich bei der scandiumhaltigen Variante der Aktiv-Passiv-Übergang mit einer größeren kritischen Stromdichte und einem darauffolgenden rascheren Abfall des Stroms bemerkbar macht (vgl. Abb. 5.69). Gemäß dem oben beschriebenen Oberflächenkonditionierungmodell scheint Scandium einen entscheidenden Einfluss auf die Oxidschichtneubildung zu haben. Mit dem Modell von Ganiev [94] und Vyazovikina [98], die eine rasche Scandiumoxid- bzw. Scandiumhydroxidschichtbildung vorschlagen, wäre dieser schnelle Abfall gut erklärbar. Im Passivbereich zeigt die scandiumhaltige Variante im Mittel einen etwas kleineren Passivstrom als die scandiumfreie Variante, allerdings mit einem stärkeren Rauschen. Das Durchbruchpotential wird von Scandium stark herabgesetzt. Durch Zulegieren von Scandium bildet sich $Al_3Sc_xZr_{1-x}$, das nicht nur als Primärphase, sondern auch als Dispersoid neue Grenzflächen in die Oberfläche einbringt. An diesen Grenzflächen ist der Passivfilm gestört und es kann zu einem lokalen Angriff kommen. Es wird daher angenommen, dass der gegenüber der scandiumfreien Variante frühere Durchbruch auf die Wirkung zusätzlicher intermetallischer Phasen zurückzuführen ist. Wird allerdings der rasche Aktiv-Passiv-Übergang mit der Schutzwirkung einer Scandiumoxid-/Hydroxidschicht begründet, ist es auch denkbar, dass die im anodischen Teil zunehmende Ansäuerung durch in Lösung gehende Metallionen diese Schicht früher zerstört als die Aluminiumoxidhydroxidschicht und somit ebenfalls zu einem verfrühten Durchbruch führt.

5.4.3.4 Elektrochemische Charakterisierung der $Al_3Sc_xZr_{1-x}$ Primärphase

Die $Al_3Sc_xZr_{1-x}$-Primärphase entsteht beim Erstarren der Legierungsschmelze in einer eutektischen Reaktion (vgl. Abb. 3.15). Während den nachfolgenden thermomechanischen Prozessschritten wächst sie auf eine Größe von etwa 20-30 µm.

In Abb. 5.77 sind typische Polarisationskurven von Matrix, $Al_3Sc_xZr_{1-x}$ und Al_7Cu_2Fe in AA7010 zu sehen. Deutlich zu erkennen ist, dass die kathodische Stromdichte auf der $Al_3Sc_xZr_{1-x}$-Phase gegenüber der Matrix etwa um den Faktor 3 größer ist, aber noch deutlich unter der der Al_7Cu_2Fe-Phase liegt.

Da die Passivstromdichte nur um den Faktor 1.5 größer ist als die der reinen Matrix, verschiebt sich nach der Mischpotentialtheorie das Ruhepotential auch nur leicht in anodische Richtung. Als Folge der höheren kathodischen und anodischen Teilstromdichte liegt die Korrosionsstromdichte am Korrosionspotential höher, ist aber noch unter dem Wert für die Al_7Cu_2Fe-Phase. Das Durchbruchpotential ist mit dem der Matrix gut vergleichbar. Mittelwerte und Standardabweichungen der charakteristischen Werte finden sich in Tab. 5.6.

Die ermittelten Werte für das Ruhe- und Lochfraßpotential stimmen sehr gut mit neuesten Daten, die an reinen Al_3Sc-Phasen in binären AlSc-Legierungen ermittelt wurden, überein [102].

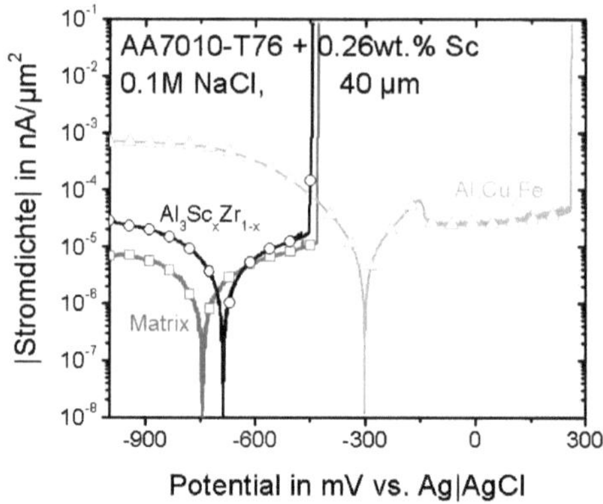

Abb. 5.77: Typische Polarisationskurven auf Matrix, $Al_3Sc_xZr_{1-x}$ und Al_7Cu_2Fe in AA7010, 0.1M NaCl, 1 mV/s, 40 µm Kapillare.

Tab. 5.6: Charakteristische Werte aus Polarisationskurven von AA7010 + 0.26 Gew.% Sc: U_R = Ruhepotential, U_{DB} = Durchbruchpotential, i_{kath} = kathodische Stromdichte, i_{pass} = Passivstromdichte.

	U_R (in mV)	U_{DB} (in mV)	i_{kath} bei –900 mV (in 10^{-5} nA/µm²)	i_{pass} bei –500 mV (in 10^{-5} nA/µm²)
Matrix	-738 ± 56	-473 ± 35	-0.79 ± 0.26	0.94 ± 0.13
Matrix + $Al_3Sc_xZr_{1-x}$	-690 ± 14	-462 ± 36	-2.49 ± 0.38	1.49 ± 0.22

Der Korrosionsangriff wird, wie auch makroskopische Versuche gezeigt haben, an der Grenzfläche $Al_3Sc_xZr_{1-x}$/Matrix oder in der Nähe zur $Al_3Sc_xZr_{1-x}$-Phase initiiert (vgl. Abb. 5.78). Der geringe Unterschied im dynamisch ermittelten Durchbruchpotential bei reiner Matrix oder Matrix mit $Al_3Sc_xZr_{1-x}$-Phase lässt sich auf ein Versagen der Matrix in beiden Fällen zurückführen.

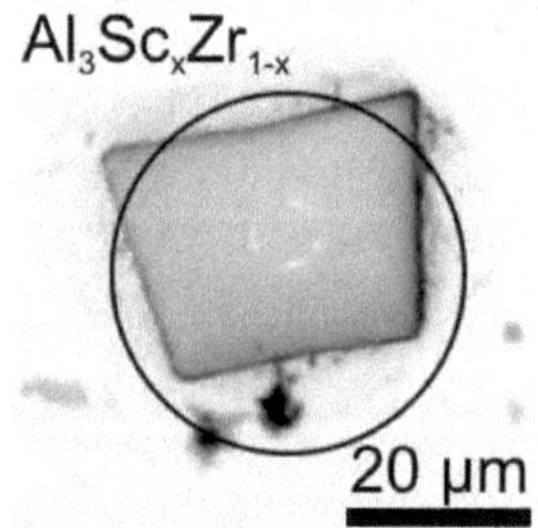

Abb. 5.78: Korrosionsangriff nach Polarisation bis zum Durchbruchpotential an einer $Al_3Sc_xZr_{1-x}$-Phase.

Wie die Stromdichte-Potentialkurve von Abb. 5.77 zeigt, verhält sich die $Al_3Sc_xZr_{1-x}$-Phase leicht kathodisch in Bezug zur AA7010-Matrix. Die Auswirkung dieser Eigenschaft auf die Initiierung eines Korrosionsangriff wurde in potentiostatischen Sprungversuchen ermittelt. Einige Strom-Zeit-Kurven sind in Abb. 5.79 abgebildet.

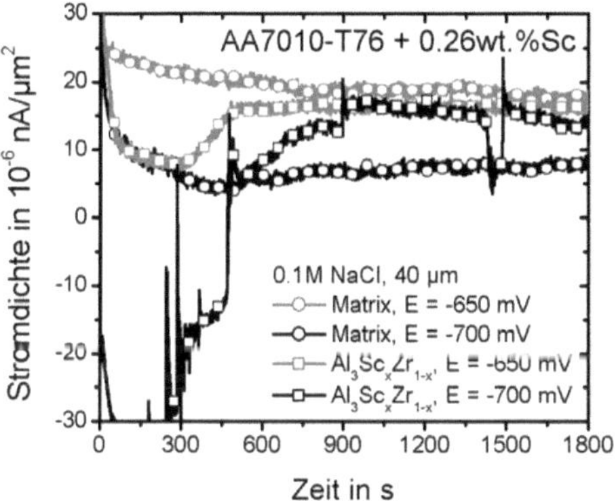

Abb. 5.79: Potentiostatische Sprungversuche auf ausscheidungsfreier Matrix und $Al_3Sc_xZr_{1-x}$ mit umgebender Matrix, AA7010 + 0.26 Gew.% Sc, 0.1M NaCl, 40 µm Kapillare.

Der aktive Auflösungsstrom bei potentiostatischer Polarisation mit –600 mV beträgt bei Einschluss einer $Al_3Sc_xZr_{1-x}$-Primärphase nur etwa 80 % des Stromes der reinen Matrix. Die $Al_3Sc_xZr_{1-x}$-Phase wird nicht angegriffen, sondern nur die umgebende Matrix.

Die kathodische Eigenschaft der $Al_3Sc_xZr_{1-x}$-Phase tritt besonders während des Initiierungsprozesses zutage. Wie aus Abb. 5.79 zu erkennen ist, ist während der ersten 10 min die gemessene Stromdichte bei Anwesenheit einer $Al_3Sc_xZr_{1-x}$-Phase deutlich geringer als bei reiner Matrix. Während dieser Zeit ist die Matrix passiv und liefert einen anodischen Strom, wohingegen die $Al_3Sc_xZr_{1-x}$-Phase einen kathodischen Strom liefert. Die gemessene Summenstromdichte ist bei –650 mV noch anodisch, während sie bei –700 mV schon kathodisch ist, was gut im Einklang mit der Polarisationskurve von Abb. 5.77 ist.

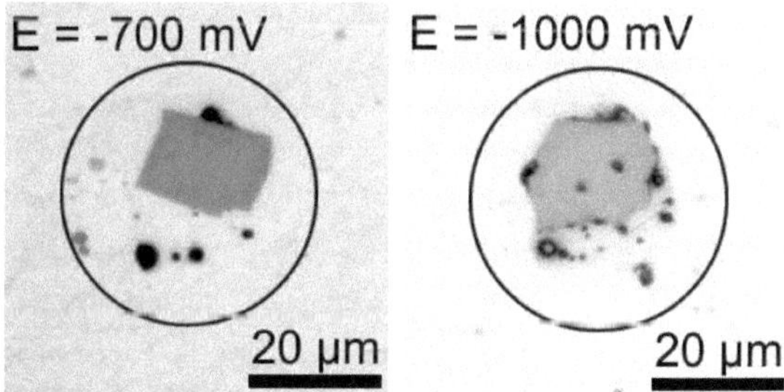

Abb. 5.80: Morphologie nach potentiostatischer Polarisation von $Al_3Sc_xZr_{1-x}$ in Verbindung mit umgebender Matrix.

Der kathodische Strom auf der $Al_3Sc_xZr_{1-x}$-Phase führt zu einer Alkalisierung, die an der Grenzfläche eine Auflösung des Aluminiumoxids bewirkt und so einen Korrosionsangriff der Matrix initiiert. Dieser Effekt ist bei höherer kathodischer Polarisation deutlicher zu sehen (vgl. Abb. 5.80).

Ein ähnliches Verhalten zeigt sich auch im Wärmebehandlungszustand T6 bei höherer Chloridkonzentration, wie es in Abb. 5.81 dargestellt ist.

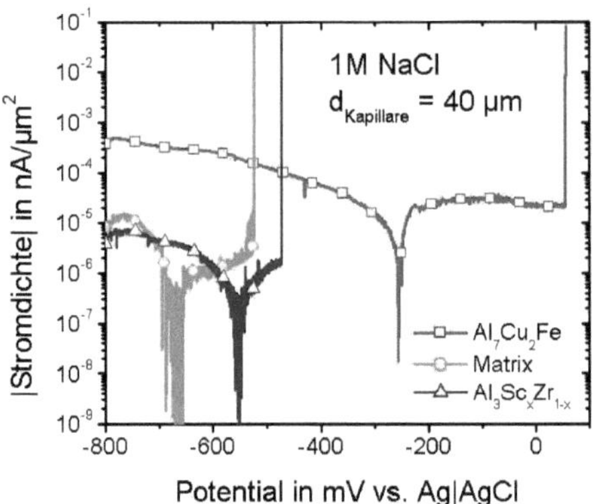

Abb. 5.81: Polarisationskurven mit 40 µm Kapillare auf $Al_3Sc_xZr_{1-x}$, Al_7Cu_2Fe und Matrix von AA7010-T6 + 0.26 Gew.% Sc in 1M NaCl mit 0.1 mV/s.

Aufgrund der besseren Elektrolytleitfähigkeit, aber auch höheren Aggressivität der Lösung durch mehr Chloridionen kommt es zu einer leichten Verschiebung des Verhaltens.

$Al_3Sc_xZr_{1-x}$ und Matrix zeigen im Kathodischen wieder ein ähnliches Verhalten, wobei die hohe Chloridkonzentration bei der Matrix zu metastabilen Korrosionsereignissen führt, die sich als Stromtransienten bemerkbar machen. Im direkten Vergleich zeigt die $Al_3Sc_xZr_{1-x}$-Phase ein ruhigeres Stromverhalten, was auf eine geringere Anfälligkeit auf chloridinduzierte Korrosion schließen lässt. Dies zeigt sich besonders im positiveren Korrosionspotential gegenüber der Matrix. Beim Durchbruchpotential zeigen sich wiederum kaum Unterschiede. Wie aus Abb. 5.82 zu erkennen ist, findet der Korrosionsangriff nur in der Matrix statt, die $Al_3Sc_xZr_{1-x}$-Phasen werden nicht angegriffen. Somit ist die $Al_3Sc_xZr_{1-x}$-Phase bis zum Durchbruchpotential der Matrix passiv.

Die Al_7Cu_2Fe-Phase zeigt auch hier einen auf den hohen Kupfer- und Eisengehalt zurückzuführenden hohen kathodischen Strom, der aufgrund des bereits diskutierten Oberflächenkonditionierungseffekts zu einem deutlich erhöhten Durchbruchpotential führt.

Wie in Abb. 5.77, zeigt auch die Kurve auf Al_7Cu_2Fe-Partikeln in Abb. 5.81 eine deutlich höhere Korrosionsstromdichte als die reine Matrix, was sich im Schädigungsgrad der Oberfläche (Abb. 5.82) bemerkbar macht. Außerdem wird durch die hohe Austauschstromdichte am Korrosionspotential zusätzlich das Oberflächenkonditionierungsmodell bestätigt

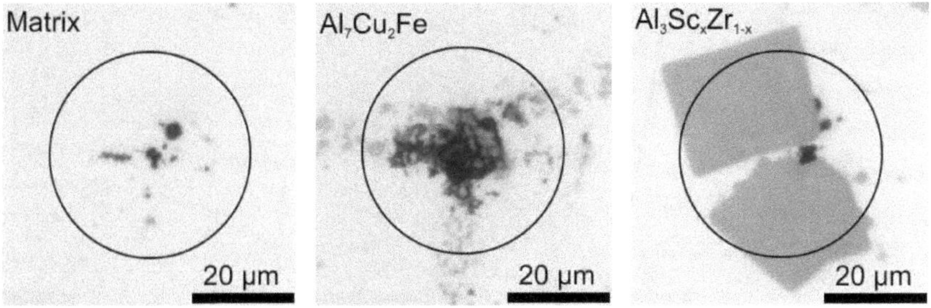

Abb. 5.82: Korrosionsmorphologie nach Polarisationskurve (vgl. Abb. 5.81) in 1M NaCl auf Matrix, Al_7Cu_2Fe und $Al_3Sc_xZr_{1-x}$. Kontaktflächendurchmesser: 40 µm.

Eine potentiostatische Polarisation führt bei Verwendung einer höheren Chloridkonzentration und gleichem angelegten Potential zu höheren Auflösungsstromdichten. Wie aus Abb. 5.83 zu entnehmen ist, lässt sich auf Al_7Cu_2Fe bei –650 mV nach einer kurzen anodischen Phase nur ein kathodischer Strom messen, während auf Matrix und $Al_3Sc_xZr_{1-x}$ aktive anodische Auflösung stattfindet.

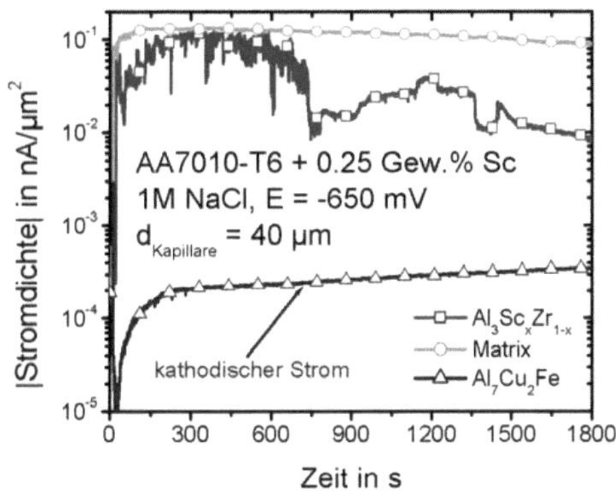

Abb. 5.83: Potentiostatische Polarisation struktureller Besonderheiten in 1M NaCl mit 40 µm Kapillare bei E = -650 mV.

Matrix und Al_7Cu_2Fe zeigen das bereits bei 0.1 molarer Chloridkonzentration gefundene Schadensbild. Die $Al_3Sc_xZr_{1-x}$-Phase wird trotz der hohen Chloridkonzentration nicht angegriffen. Aufgelöst wird lediglich die umgebende Matrix (vgl. Abb. 5.84).

Bei der $Al_3Sc_xZr_{1-x}$-Phase in Abb. 5.84 zeigt sich im Phaseninneren auch ein Korrosionsangriff. Dieser ist aber nicht auf eine Auflösung der intermetallischen Phase zurückzuführen. Durch Wachstum der $Al_3Sc_xZr_{1-x}$-Phase während der thermomechanischen Nachbehandlung wird auch etwas Matrix in die Phase eingeschlossen. Dieser Rest wurde – genauso wie die umgebende Matrix – in Abb. 5.84 angegriffen.

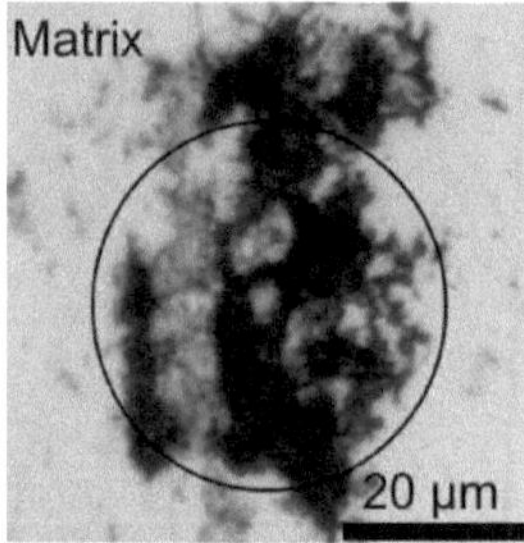

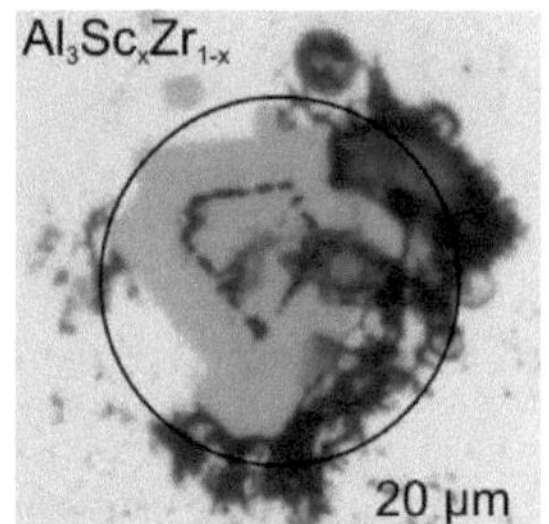

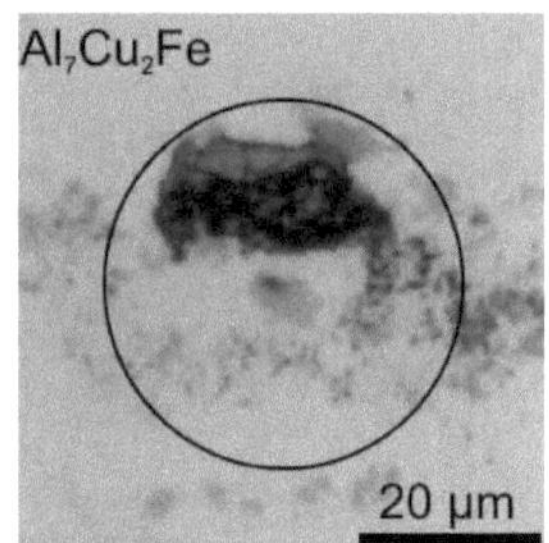

Abb. 5.84: Korrosionsmorphologie nach potentiostatischer Polarisation bei E = -650 mV für 30 min (Matrix: 10 min) mit 40 µm Kapillare (Kreis) in 1M NaCl.

Die $Al_3Sc_xZr_{1-x}$-Primärphase kann somit unter freien Korrosionsbedingungen als Lokalkathode gegenüber der AA7010-Matrix wirken. Wie aber ein Vergleich der kathodischen Aktivität dieser Phase und der Al_7Cu_2Fe-Phase zeigt, ist die Wirkung der $Al_3Sc_xZr_{1-x}$-Phase jedoch deutlich geringer. Problematisch ist außerdem die zusätzliche Grenzfläche zwischen Phase und umgebender Matrix, an der ein Korrosionsangriff initiiert werden kann.

Nach [78] löst sich in der Al_3Sc-Phase bis zu 11 Gew.% Chrom. Da sich trotz des kleinen nominellen Chrom- und Mangangehaltes in AA7349 eine Auswirkung auf das elektrochemische Verhalten der kathodischen Phase nachweisen lässt, bleibt zu untersuchen, ob auch eine Auswirkung auf das Verhalten der $Al_3Sc_xZr_{1-x}$-Phasen feststellbar ist. Zu diesem Zweck wurden mit einer 28 µm Kapillare die in Abb. 5.85 dargestellten Stromdichte-Potential-Kurven auf $Al_3Sc_xZr_{1-x}$-Primärphasen in AA7349 und AA7010 aufgenommen.

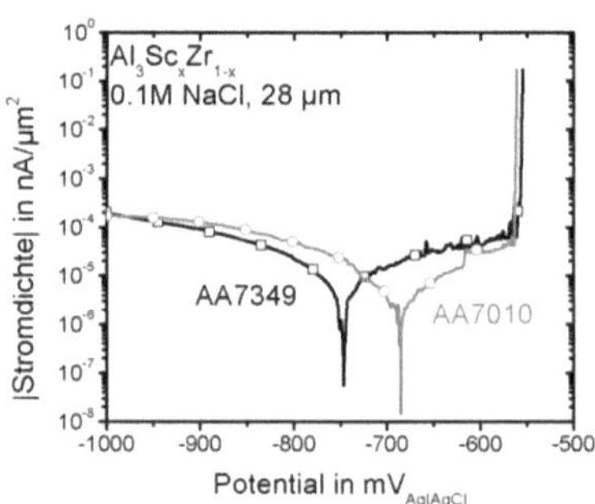

Abb. 5.85: Stromdichte-Potentialkurven auf $Al_3Sc_xZr_{1-x}$-Primärphasen und umgebender Matrix in AA7349 und AA7010, 28 µm Kapillare, 0.1M NaCl, 1 mV/s.

Bei einem Vergleich der kathodischen Stromdichten von Abb. 5.85 mit denen aus Abb. 5.59 und Abb. 5.77 fällt auf, dass mit der 28 µm Kapillare etwa um eine Größenordnung höhere kathodische Ströme gemessen werden, als mit der 40 µm Kapillare. Dies ist darauf zurückzuführen, dass bei einer kleineren Kapillare der Sauerstoffnachtransport über die dünne Silikondichtung zur Kontaktstelle schnell abläuft und die sauerstoffverarmte Diffusionsschicht nicht größer als der Kapillarradius werden kann. Aus diesem Grund dürfen kathodische Stromdichten (falls sie diffusionskontrolliert sind) nur dann verglichen werden, wenn sie mit derselben Kapillare gemessen werden.

Aus Abb. 5.85 ist zu entnehmen, dass die kathodische Stromdichte auf $Al_3Sc_xZr_{1-x}$-Primärphasen der chrom- und manganhaltigen Legierung AA7349 geringer sind als bei der chrom- und manganfreien Legierung AA7010. Dies hat nach der Mischpotentialtheorie zur Folge, dass das Korrosionspotential niedriger liegt, was auch seine Ursache in dem höheren Passivstromniveau von AA7349 hat. Beim Durchbruchpotential zeigen sich hingegen kaum Unterschiede. Obwohl die $Al_3Sc_xZr_{1-x}$-Phasen bis zu 11 % Chrom lösen kann [78], konnte in den hier untersuchten Primärphasen kein Chrom oder Mangan nachgewiesen werden.

In chromathaltigen Elektrolyten werden signifikant niedrigere kathodische Stromdichten gemessen [162]. Analog wird berichtet, dass eine 10 s dauernde Tauchzeit in Chromatlösung ausreicht, um die kathodische Aktivität von AA6060 stark herabzusetzen, was auf eine rasche Oxidbildung auf kathodischen α-Al(Fe,Mn)Si Phasen zurückgeführt wird [166]. Aus diesen Gründen ist anzunehmen, dass die Inhibierung der kathodischen Teilreaktion auch durch Zulegieren von Chrom, besonders bei Anreicherung in kathodischen intermetallischen Phasen, wirksam wird. Somit lässt sich das niedrigere kathodische Stromdichteniveau auf intermetallischen Phasen in AA7349 gegenüber AA7010 verstehen.

Weiterhin sind die Kopplungseffekte in den beiden Legierungssystemen verschieden. Durch das relativ positivere Ruhepotential der AA7349-Matrix (vgl. Tab. 5.3) kann die $Al_3Sc_xZr_{1-x}$ auch als anodische Phase gegenüber der Legierungsmatrix eingestuft werden. Gestützt wird dies durch das Korrosionspotenital der Al_3Zr [24] und der Al_3Sc [102] Phase, die mit –776 mV_{SCE} bzw. –700 mV_{SCE} negativer als das Ruhepotential der AA7349-Matrix (–690 mV_{SCE}, vgl. Tab. 5.3) sind. Es ist anzunehmen, dass das Korrosionspotential der $Al_3Sc_xZr_{1-x}$ Phase – je nach Zirkongehalt – zwischen diesen beiden Extremwerten liegt. Das Ruhepotential der AA7010-Matrix ist dagegen mit –755 mV_{SCE} niedrig genug, damit die $Al_3Sc_xZr_{1-x}$ Phase edler als die Matrix ist.

5.4.3.5 Fazit der Untersuchungen grober intermetallischer Phasen

Die mikroelektrochemischen Untersuchungen an der „ausscheidungsfreien" Legierungsmatrix sowie an den groben intermetallischen Phasen hat zu folgenden Ergebnissen geführt:

1. Die AA7349-Matrix ist edler als die AA7010-Matrix, was wohl auf die Chrom- und Manganzugaben zurückzuführen ist. Bei AA7349 erfolgt der Korrosionsangriff eher in die Tiefe, während er bei AA7010 oberflächlich bleibt.
2. Die Mg_2Si-Phase ist stark anodisch und erfährt selektive Magnesiumkorrosion. Die Korrosionsmorphologie zeigt kaum signifikante Unterschiede im Vergleich zur Matrix.
3. Die Al-Cu-Fe-Phasen sind kathodisch, wobei die Al_7Cu_2Fe-Phase in AA7010 deutlich aktiver ist. Durch dynamische Elektrolytänderung in der Nähe dieser Phase ist hier mit starker Korrosion zu rechnen.
4. Die $Al_3Sc_xZr_{1-x}$-Phase ist sehr reaktionsträge. Bezüglich der AA7010-Matrix ist sie als kathodische, bezüglich der AA7349-Matrix als anodische Phase einzustufen.

5.4.4 Analyse der Mikrotransienten

Bei mikroelektrochemischen Untersuchungen auf rostfreiem Stahl, wurden kurz vor dem Lochfraßpotential Stromtransienten beobachtet. Diese wurden als metastabiler Lochfraß interpretiert, der möglicherweise auf die Auflösung von 50-100 nm großen Partikeln zurückzuführen ist [136]. Größere Strompeaks wurden mit der Auflösung von MnS-Einschlüssen in Verbindung gebracht [136]. Einzelne Stromtransienten lassen sich umso besser als singuläre Ereignisse erkennen, je kleiner die Kontaktfläche und je geringer die Aggressivität des Elektrolyten ist [136]. Bei makroelektrochemischen Untersuchungen überlagern sich diese Peaks auf der um mehrere Größenordnungen größeren Messfläche zu einem insgesamt höheren Stromniveau und können nicht mehr als Einzelereignisse erkannt werden [134, 139].

Die im vorliegenden System auftretenden großen Strompeaks konnten, wie in Kapitel 5.4.3.2 dargelegt, eindeutig mit der Auflösung anodischer Mg_2Si-Phasen korreliert werden. Eine Berechnung der Partikeldimensionen liefert die richtige Größenordnung. Neben diesen Peaks können bei äußerer Polarisation von AA7010 und AA7349 im Passivbereich weitere Mikrotransienten beobachtet werden, die geflossenen Ladungen im pC-Bereich entsprechen (vgl. Abb. 5.69). Aufgrund der sehr guten Stromauflösung des Potentiostaten von 10 fA ist eine klare Abgrenzung der Transienten (ca. 10 pA) vom Rauschniveau möglich.

In 7xxx-Legierungen bildet die η-$MgZn_2$-Phase an den Korngrenzen Ausscheidungen in der Größenordnung von 50-100 nm (z. B. [11, 37, 46, 153]); in überalterten Zuständen sogar bis 250 nm [41, 167]. Im Korninneren ist die η-Phase mit 40-80 nm [39, 41] etwas kleiner. Elektrochemische Untersuchungen an speziell synthetisierten makroskopischen $MgZn_2$-Proben haben ergeben, dass diese Phase ein sehr niedriges Korrosionspotential von $-1029\ mV_{SCE}$ (in 0.1M NaCl) und eine sehr hohe Korrosionsrate von $8.4\times10^{-4}\ A/cm^2$ aufweist [24]. Daher wird vermutet, dass es sich bei den beobachteten Mikrotransienten um die anodische Auflösung von $MgZn_2$ handelt. Folgende Annahmen dienen zum rechnerischen Nachweis:

- Ein einzelner Mikrotransient beschreibt die aktive Auflösung eines $MgZn_2$-Partikels.
- Vollständige Oxidation der Atome in der intermetallischen Phase: $MgZn_2 \rightarrow Mg^{2+} + 2\ Zn^{2+} + 6e^-$
- Der negative Potentialeffekt von Magnesium wird vernachlässigt [163].
- Der gesamte Stromfluss erfolgt über den Potentiostaten (keine Eigenkorrosion).
- 10^{22} Atome/cm^3 ($6.7\times10^{21}\ cm^{-3}$ für η' bis $9.9\times10^{21}\ cm^{-3}$ für η [33])[14].
- Aufgrund der konstanten Polarisationsgeschwindigkeit in potentiodynamischen Versuchen lässt sich das Potential in ein Zeitäquivalent umrechnen.
- Während der kurzen Transientendauer ist das Potential als konstant anzunehmen.
- Die $MgZn_2$-Phase hat die geometrische Form eines Rotationsellipsoids.

[14] Bei den Gitterparametern besteht nach Literaturangaben keine Einigkeit. Da die sich auflösenden großen Phasen am ehesten der Gleichgewichtsphase (η) entsprechen , wurde deren Raumausfüllung für weitere Berechnungen zugrunde gelegt.

In Abb. 5.86 sind einige Beispiele für Stromtransienten dargestellt. Der Transient ist deutlich vom Hintergrundstrom abgesetzt. Aufgrund der Datenerfassungsrate von 10 Hz ist ein Transient durch etwa 10 Datenpunkte bestimmt. Der Anstieg erfolgt sehr schnell, während der Rückgang auf das Rauschniveau langsamer verläuft.

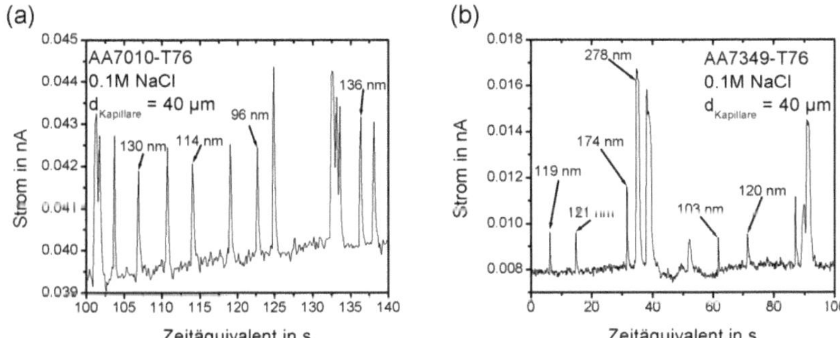

Abb. 5.86: Beispiele für Mikrotransienten auf (a) AA7010-T76 und (b) AA7349-T76 (jeweils in 0.1M NaCl, 40 µm Kapillardurchmesser).

Aus der Transientenlänge (Δt) und der Höhe (ΔI) lässt sich die geflossene Ladungsmenge ΔQ nach folgender Gleichung berechnen:

$$\Delta Q = \int_{t_1}^{t_2} I dt \overset{\text{Dreieck}}{=} \frac{1}{2} \cdot \Delta I \cdot \Delta t$$

Da jedes Atom der $MgZn_2$-Phase bei vollständiger Oxidation 2 Elektronen abgibt, lässt sich mit Hilfe der Elementarladung e ($e = 1.6022 \times 10^{-19}$ As [108]) die Anzahl der aufgelösten Atome (N) berechnen:

$$N = \frac{\Delta Q}{2 \cdot e}$$

Daraus ergibt sich das Volumen des aufgelösten Partikels ($V_{Partikel}$):

$$V_{Partikel} = \frac{1\,cm^3}{10^{22}} \cdot N = \frac{1\,nm^3}{10} \cdot N$$

Für die Form der $MgZn_2$-Phasen wird ein linsenförmiger Rotationsellipsoid angenommen, dessen Volumen sich aus folgender Formel berechnet [168]:

$$V_{Rotationsellipsoid} = \frac{4\pi}{3} abc$$

Die Bedeutung der Achsenlängen a, b, c ist der Abb. 5.87 zu entnehmen.

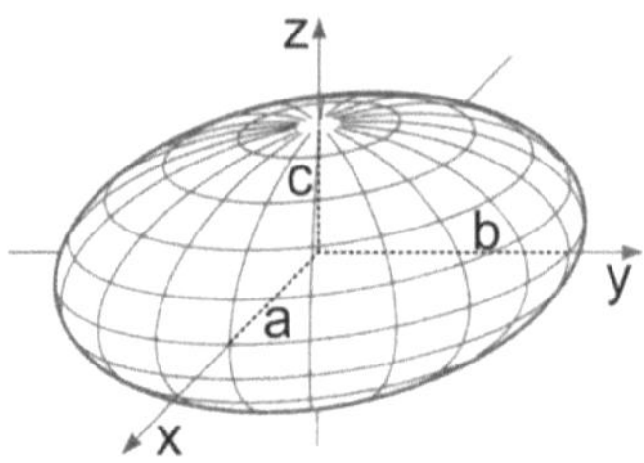

Abb. 5.87: Linsenförmiger Rotationsellipsoid mit a = b > c (nach [168])

Eine Analyse der $MgZn_2$-Dimensionen aus TEM Aufnahmen (Abb. 4.7) lässt ein Dicke-zu-Breite-Verhältnis von etwa 3:1 ($a = b = 3c$) sinnvoll erscheinen, wodurch sich die Berechnungsformel des Partikeldurchmessers d (= $2a$) näherungsweise vereinfacht zu:

$$d = \sqrt[3]{6 \cdot V_{Partikel}}$$ [15]

Anhand dieser Näherung wurden aus den Transienten zahlreicher Versuche die Dimensionen der $MgZn_2$-Partikel abgeschätzt.

Die kleinsten Mikrotransienten konnten auf Partikeldurchmesser von 50 nm zurückgeführt werden. Wie aus Abb. 5.86 zu entnehmen ist, liegen die errechneten Partikeldimensionen meist im Bereich von 100-150 nm. Dies stimmt mit den in der Literatur für verschiedene 7xxx-Legierungen berichteten Größen von 50-100 nm gut überein [11, 37, 46, 152, 153, 169]. Eigene TEM-Bilder zeigen Korngrenzenphasen derselben Größe. Größere Transienten sind auf die Auflösung mehrerer zusammenhängender $MgZn_2$-Phasen zurückzuführen, wie für den interkristallinen Korrosionsmechanismus bereits oben diskutiert wurde. Im Wärmebehandlungszustand T6 ist eine perlschnurartige Anordnung der Korngrenzenphasen zu finden, woraus gerade in diesem Wärmebehandlungszustand viele große Transienten resultieren. Im überalterten Zustand können die η-Phasen Größen von bis zu 250 nm erreichen [41, 167].

Entsprechend der Transientendauer ist eine $MgZn_2$-Phase im kürzesten Fall innerhalb von etwa 0.3 s aufgelöst. Diese Zeit stimmt sehr genau mit der „Fallzeit" der Ruhepotentialtransienten überein (vgl. Abb. 5.25). Daher lässt sich schlussfolgern, dass die „Fallzeit" im Ruhepotentialtransienten die Auflösung wiederspiegelt, während die „Steigzeit" die Repassivierung bzw. den Wiederaufbau einer Oberflächenkapazität beschreibt [170].

Die sehr gute Übereinstimmung der errechneten Partikeldimensionen mit der im TEM bestimmten Größe der η-Phase, sowie deren unedler Charakter führen zu dem Schluss, dass die Mikrotransienten eindeutig singuläre Auflösungsereignisse der $MgZn_2$-Phase darstellen. Weitere unedle Phasen, die ebenfalls Ursache der Mikrotransienten sein könnten, lassen sich bei TEM-Untersuchungen nicht finden. Die Entstehung der nur im Passivzustand beobachtbaren Mikrotransienten, lässt sich mit folgender Modellvorstellung veranschaulichen:

[15] Der Faktor 6 unter der Wurzel ist ein vernünftiger Mittelwert. Er variiert von etwa 2 (kugelförmig) bis etwa 10 für ein Dicke-zu-Breite-Verhältnis von 5:1.

Der Passivgrundstrom (i_p = 8 pA in Abb. 5.86 b) ist auf eine konstante Auflösungsrate der Matrix zurückzuführen (vgl. Abb. 5.88). Diese ist aufgrund des gut schützenden Oxidfilms allerdings sehr gering. Wird durch Auflösung der Matrix eine $MgZn_2$-Phase freigelegt, so kommt es aufgrund ihres unedlen Charakters zur spontanen Auflösung. Diese äußert sich in einem Stromtransienten. Sobald die $MgZn_2$-Phase aufgelöst ist, kommt es zu einer Repassivierung der im Loch freigelegten Matrix und es wird wieder der Passivgrundstrom gemessen. Der Mikrotransient hat eine längere Lebenszeit (Δt) und zeigt einen größeren Stromausschlag (ΔI), wenn er auf die Auflösung mehrerer zusammenhängender $MgZn_2$-Phasen zurückzuführen ist.

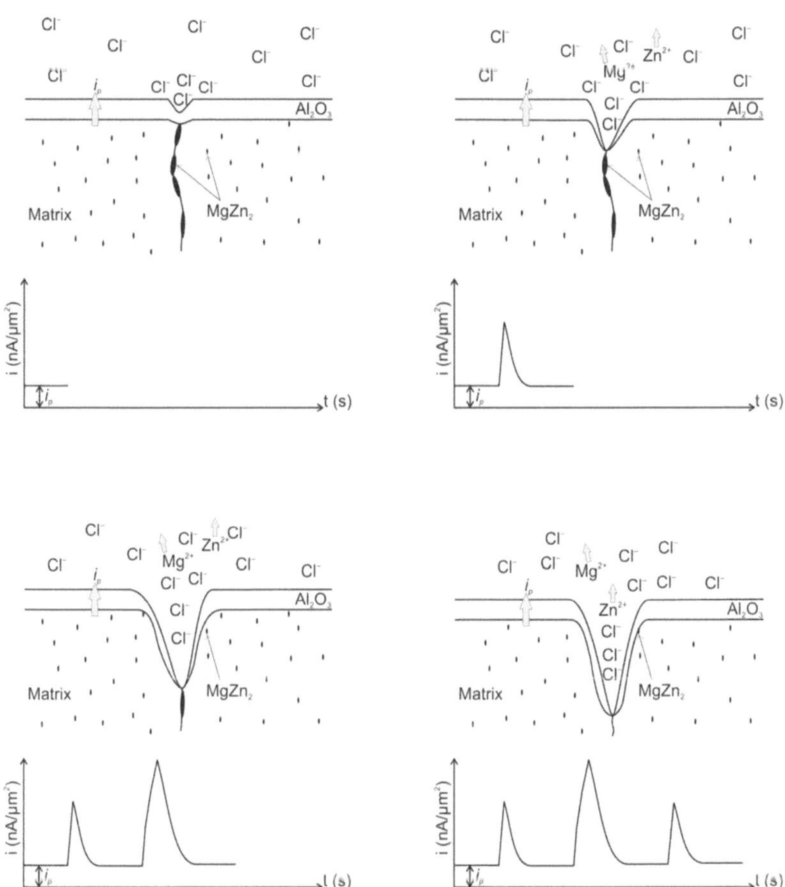

Abb. 5.88: Modellvorstellung zur Entstehung der Mikrotransienten. Erklärung siehe Text.

Wie aus Abb. 5.89 zu entnehmen ist, lassen sich abseits der auffallenden lochfraßartigen Angriffsstellen zahlreiche kleine Löcher mit einer Größe von etwa 5-15 nm finden. Es wird berichtet, dass die η'-Phase üblicherweise eine Größe um 10 nm aufweist [18, 26, 33, 39]. Eigene TEM-Untersuchungen haben eine Partikelgröße von ebenfalls etwa 10 nm (vgl. Abb. 4.7) ergeben. Daraus lässt sich schließen, dass es sich bei den in Abb. 5.89 erkennbaren Löchern um herausgelöste η'-Phasen handelt.

(a) 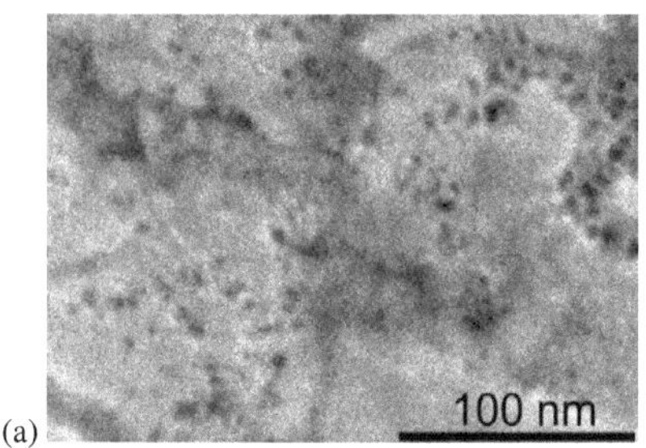

(b) 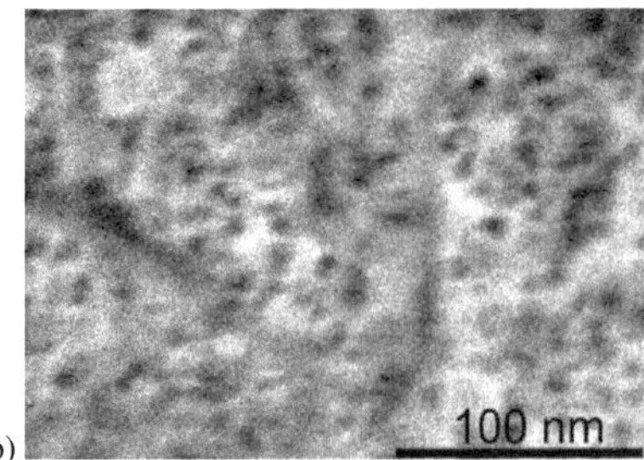

Abb. 5.89: REM-Aufnahmen der Matrixoberfläche nach potentiodynamischer Polarisation bis zum Durchbruch. (a) AA7349, (b) AA7010. (0.1M NaCl, 1 mV/s, 28 µm Kapillardurchmesser)

Dem obigen Berechnungsmodell folgend, würde ein 10 nm großes, kugelförmiges Teilchen bei Auflösung innerhalb von 0.3 s einen Mikrotransienten mit 11 fA Ausschlag erzeugen. Mit der Auflösungsgrenze des Potentiostaten von 10 fA ist dies nicht detektierbar. Aufgrund der hohen Partikeldichte der η'-Phasen wird angenommen, dass ihre Auflösung wesentlich zum Passivgrundstrom (i_p) beiträgt.

Nichtsdestotrotz konnte hier erstmals gezeigt werden, dass die Aluminiumoberfläche von „Nanopits" bedeckt ist, die auf die Auflösung der η'-Phase zurückzuführen sind. Ein experimenteller Nachweis der Auflösung größerer $MgZn_2$-Gleichgewichtsphasen, die an den Korngrenzen und z.T. auch im Korninneren vorkommen, ist mit der Mikrokapillartechnik gelungen.

6 Lokale Untersuchungen an Schweißnähten

Im Rahmen dieser Arbeit wurden zwei Stumpfstoß-Laserschweißverbindungen (LBW 7050 und LBW-K888, Tab. 6.1) mittels EC-pen [145] und Mikroelektrochemie untersucht, um die für die Korrosion kritischen Bereiche in der Schweißnaht bzw. Wärmeeinflusszone elektrochemisch zu charakterisieren. Kupferhaltige Aluminiumlegierungen gelten in der Regel als schwer schweißbar, da aufgrund der Bildung spröder, kupferhaltiger Verbindungsphasen eine erhöhte Rissgefahr resultiert (vgl. Kapitel 3.1). Im vorliegenden Fall wurde dieses Problem durch die Zugabe kornfeinender Elemente im Schweißdrahtwerkstoff minimiert. Durch diese Maßnahme wurde ein feineres Gefüge in der Schweißnaht erreicht, was auch die Bildung von Korngrenzenphasen eindämmt [42, 74, 125].

Tab. 6.1: Parameterübersicht der untersuchten Schweißnähte [125].

	LBW 7050	**LBW-K888**
Grundwerkstoff	Al-6Zn-2Cu-2Mg-Zr (AA7050-T76)	Al-9Zn-2Mg-2Cu-0.13Zr-0.05Sc (T651)
Schweißzusatzwerkstoff	Al-6.3Mg-0.35Sc -0.12Cr-0.11Zr (RU01571 [171]) keine Schweißnachbehandlung Nd:YAG, 3.5kW	Al-6.3Mg-0.35Sc-0.12Cr-0.11Zr (RU01571 [171]) keine Schweißnachbehandlung Nd:YAG, 3.5kW
Schweißgeschwindigkeit	3 m/min	2.75 m/min
Nahttyp	Stoßnaht	Stoßnaht
Schweißverfahren	Laserstrahlschweißen	Laserstrahlschweißen

Wie aus Abb. 6.1 zu entnehmen ist, verbessert Scandium sowohl im Grundwerkstoff als auch im Schweißzusatzwerkstoff die mechanischen Eigenschaften einer Schweißnaht um mehr als 7 % [4].

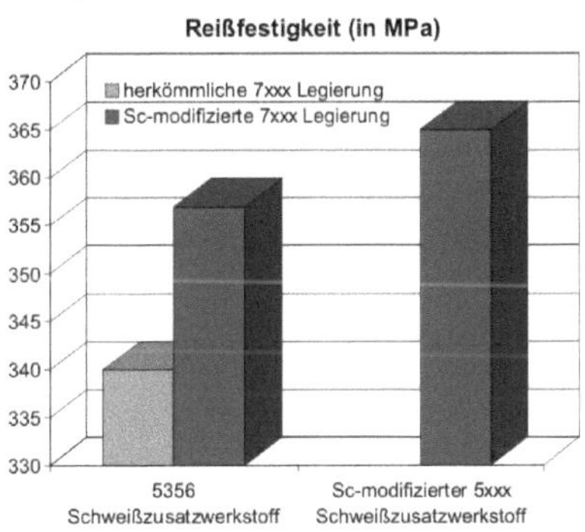

Abb. 6.1: Bruchspannung von 7xxx-Schweißverbindungen mit und ohne Sc-haltigen Schweißzusatzwerkstoff auf 5xxx Basis, nach [4].

Aus diesem Grund wurde dem Basiswerkstoff von LBW-K888 0.05 Gew.% Scandium zugegeben. Die mechanischen Daten der untersuchten Schweißverbindungen sind nicht zugänglich [125].

6.1 Mikrostruktur der Schweißnähte

Wesentliche mikrostrukturelle Änderungen im Gefüge, die durch den Schweißvorgang entstanden sind, lassen sich durch eine 45-minütige Ätzung des Querschliffs in HNO_3 (20 %) sichtbar machen (vgl. Abb. 6.2).

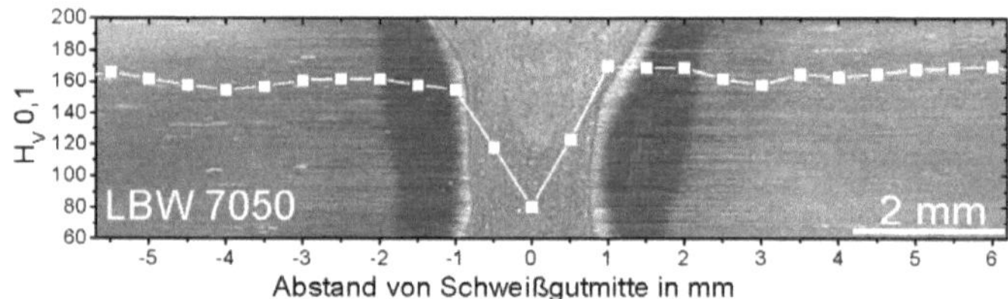

(a)

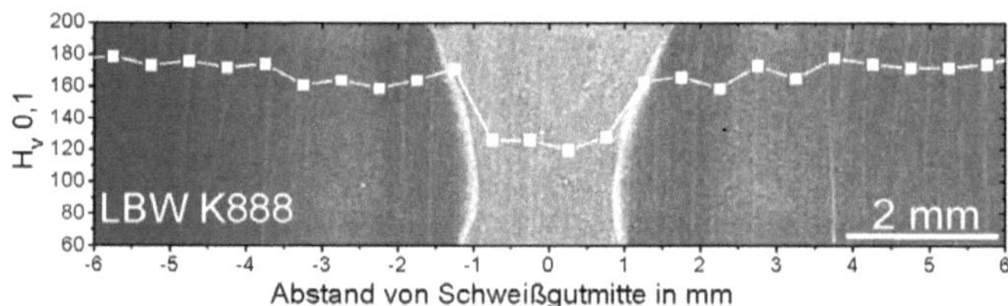

(b)

Abb. 6.2: Makroätzungen der Schweißnähte (a) LBW 7050 und (b) LBW K888. Der Makroätzung überlagert ist der Mikrohärteverlauf $H_V 0,1$ aufgetragen.

In den Makroätzungen (vgl. Abb. 6.2) ist der Aufbau der Schweißverbindungen klar erkennbar. In der Mitte der Aufnahmen befindet sich mit einer Breite von etwa 2-3 mm der aufgeschmolzene Bereich. Symmetrisch dazu erstreckt sich zu beiden Seiten die ca. 2 mm breite Wärmeeinflusszone. Diese ist kein homogener und fest abgegrenzter Bereich, sondern unterteilt sich in unterschiedliche Bereiche, die exemplarisch für die Schweißverbindung LBW K888 in Abb. 6.3 dargestellt sind.

(a) 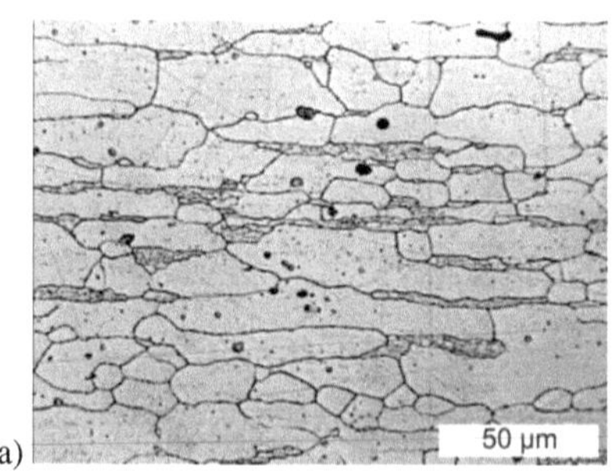

(b) 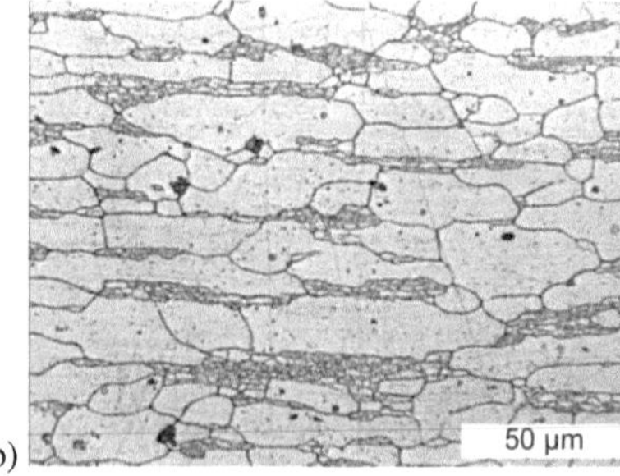

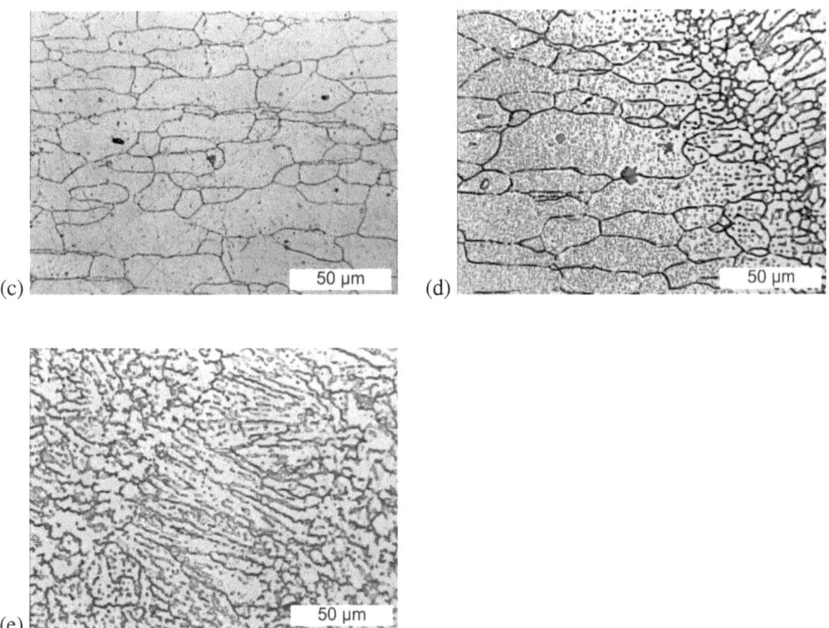

Abb. 6.3: Mikrostrukturelle Details der Schweißverbindung LBW K888: (a) Grundwerkstoff, (b) Übergang Grundwerkstoff-WEZ, (c) Grobkornzone (WEZ), (d) teilaufgeschmolzener Bereich, (e) Schweißgut.

Das Gefüge des Grundwerkstoffs von LBW K888 (Abb. 6.3a) zeichnet sich durch gestreckte Körner aus, in deren Zwischenräumen einige Nester mit primär rekristallisierten Körnern zu finden sind. Die Wärmebehandlung T651 sieht ein Homogenisierungsglühen vor; dabei wurde die Rekristallisationstemperatur überschritten und die stark verformten Bereiche wurden primär rekristallisiert [172]. Triebkraft für die primäre Rekristallisation ist eine hohe Versetzungsdichte, die durch das Walzen gegeben ist. In circa 2 mm Entfernung zur Schmelzgrenze beginnt die Wärmeeinflusszone (Abb. 6.3b, helles Band in Abb. 6.2b), die ebenfalls hauptsächlich aus gestreckten Körnern besteht, aber im Gegensatz zum Grundgefüge mehr und größere Nester rekristallisierter Körner aufweist. Da die Rekristallisation während der Lösungsglühung in T651 offenbar nicht vollständig abgelaufen war und die Behandlung T651 eine erneute Verformung vorsieht, wodurch neue Versetzungen eingebracht werden, konnte diese nach Überschreiten der Rekristallisationstemperatur während des Schweißens in diesem Bereich fortgesetzt werden. In einem Abstand von etwa 1 mm zur Schweißnahtgrenze befindet sich die Grobkornzone, die als dunkler Bereich in Abb. 6.2 zu erkennen ist. Diese entsteht, wenn primär rekristallisiertes Gefüge länger über der Rekristallisationstemperatur gehalten wird. Triebkraft ist hier die in den Korngrenzen gespeicherte Grenzflächenenergie [35, 118, 172]. Aufgrund der Nähe zur Schweißnaht ist davon auszugehen, dass in diesem Bereich über ausreichend lange Zeit eine hohe Temperatur herrschte. Im Übergangsbereich zur Schweißnaht (Abb. 6.3d) – teilaufgeschmolzener Bereich [110, 124] – wurden aufgrund des hohen Wärmeeintrags während des Schweißens die Härtungsphasen (η'-$MgZn_2$) teilweise in Lösung gebracht. Während des Abkühlens kam es dann im direkten Übergangsbereich zur Schweißnaht zu einer Überalterung, die sich durch übermäßiges Wachstum der nicht aufgelösten $MgZn_2$-Gleichgewichtsphasen zeigt. Aufgrund der ausscheidungsfreien Säume um die groben Primärphasen herum ist davon auszugehen, dass auch diese während des Schweißens weiter gewachsen sind [43]. Eine weitere Übersättigung des Mischkristalls wurde durch Kaltaushärtung abgebaut (siehe Härteverlauf in Abb. 6.2). Der teilaufgeschmolzene Bereich, der dadurch entsteht, dass er während des Schweißens eine Temperatur zwischen der eutektischen Temperatur und der Liquidustemperatur der Legierung erreicht [110], wird begrenzt durch einen etwa 10 µm breiten feinkörnigen Bereich. Ähnlich wie beim Kokillenguss [16] entsteht dieser feinkörnige Bereich durch starke Unterkühlung der Schmelze, wodurch viele Kristallisationskeime gebildet werden. Aufgrund seiner hellen Färbung (vgl. Abb. 6.2) wird dieser Bereich als „white zone" bezeichnet. In die Schweißnaht erstrecken sich circa 40 µm lange, gerichtet erstarrte Stängelkristalle. Diese wachsen in der Regel senkrecht zur Schweißrichtung, also in der Richtung der größten Wärmeabfuhr. Die Schweißnaht (Abb. 6.3e) zeichnet sich durch ein feinkörniges Gussgefüge aus. Die Korngrößen variieren jedoch stark in Abhängigkeit von der exakten Lage im Schweißgut. Durch die kornfeinende Wirkung des Scandiums im Schweißzusatzwerkstoff wurden feine, globulare Körner im Schweißgut erzeugt, die die Erstarrungsrissanfälligkeit reduzieren und die mechanischen Eigenschaften der Schweißung erhöhen (vgl. Kapitel 3.3). Außerdem sind bei einem feinkörnigen Gefüge niedrigschmelzende Segregate über eine längere Korngrenze verteilt, wodurch Spannungen besser aufgenommen werden können [110].

Grundsätzlich zeigt die Schweißverbindung LBW 7050 den selben mikrostrukturellen Aufbau wie LBW K888. Allerdings ist bei LBW 7050 der Übergang der Wärmeeinflusszone in den Grundwerkstoff fließend und wird nicht durch eine Zone mit erhöhtem Rekristallisationsgrad klar abgegrenzt. Aufgrund des Wärmebehandlungszustandes T76 (überaltert) wurde das Material nach dem Lösungsglühen und Warmauslagern nicht mehr mechanisch verformt. Somit ist eine weitere primäre Rekristallisation nicht möglich.

6.2 Härteverlauf über der Schweißnaht

Mit einem Leco M-400-G-Mikrohärtemessgerät wurde an einem polierten Querschliff auf halber Dicke der Mikrohärteverlauf (H_V 0.1) beider Schweißverbindungen bestimmt.

Aus Abb. 6.2 ist deutlich ein Härteabfall im Schweißgut zu erkennen. Dies ist verständlich, da die Schweißzone – abgesehen von Legierungseffekten durch aufgeschmolzenen Grundwerkstoff – aus einer weicheren AlMg-Legierung besteht. Der Vorteil von kaltaushärtenden Aluminiumlegierungen besteht beim Schweißen darin, dass sich die durch die Schweißwärme aufgelöste Härtungsphase erneut bilden kann [124], wodurch die Wärmeeinflusszone dann die Härte des Wärmebehandlungszustandes T4 aufweist. Dieser Effekt ist besonders bei LBW 7050 sichtbar, wo kein Unterschied zwischen der Grundwerkstoffhärte und der Mikrohärte der Wärmeeinflusszone feststellbar ist. Damit zeigt sich auch, dass die

Härte des überalterten Zustands T76 identisch mit der Härte des kaltausgehärteten Zustands T4 sein muss.

Anders verhält es sich bei der Schweißverbindung LBW K888, die im Zustand höchster Festigkeit (T651) verschweißt wurde. Hier erreicht die Wärmeeinflusszone ebenfalls nur das Festigkeitsniveau des kaltausgehärteten Zustandes, was durch etwas geringere Härtewerte sichtbar wird.

Der Grundwerkstoff von LBW K888 zeigt eine um etwa 20 Härteeinheiten höhere Grundwerkstoffhärte als LBW 7050. Dies ist zum einen mit dem auf höhere Festigkeit abzielenden Wärmebehandlungszustandes T651 gegenüber T76 erklärbar. Darüber hinaus hat LBW K888 einen um drei Prozentpunkte höheren Zinkanteil, wodurch mehr Härtungsphasen gebildet werden können [19, 31]. Scandium wirkt hier unterstützend, indem es den übersättigten Mischkristall stabilisiert (vgl. Kapitel 3.3.3)

6.3 Untersuchung der Schweißnähte mit dem EC-Pen

Für den Querschliff wurde die Probe in kaltaushärtendes Epoxidharz (EpoFix von Struers) eingebettet und bis zu einer Körnung von 2500 mit SiC-Schleifpapier geschliffen, mit Ethanol gespült und im warmen Luftstrom getrocknet. Da beim Schleifen Wasser als Schmiermittel eingesetzt wurde, kann davon ausgegangen werden, dass kaum noch Mg_2Si-Phasen an der Oberfläche vorhanden sind. Mit zwei Stiftgrößen (Kontaktfläche: 1.3 mm^2 bzw. 1.6 mm^2) und drei Elektrolyten mit unterschiedlichen Chloridkonzentrationen (0.1M NaCl (fein), 0.1M Na_2SO_4 + 10mM NaCl (fein) und 0.1M Na_2SO_4 + 1mM NaCl (grob)) wurde eine 40 mm lange Messstrecke über die Schweißnaht 10 mal hintereinander mit einer Schrittweite von 0.5 mm abgefahren. An jedem Messpunkt betrug die Haltezeit 10 s, um ein stabiles Ruhepotential einzustellen.

Abb. 6.4 zeigt die Ergebnisse der EC-Pen-Ruhepotentialmessungen beider Schweißnähte. Die angegebenen Ruhepotentialwerte sind auf die Wasserstoffnormalelektrode bezogen (vgl. Kalibrierkurve in Abb. 4.10).

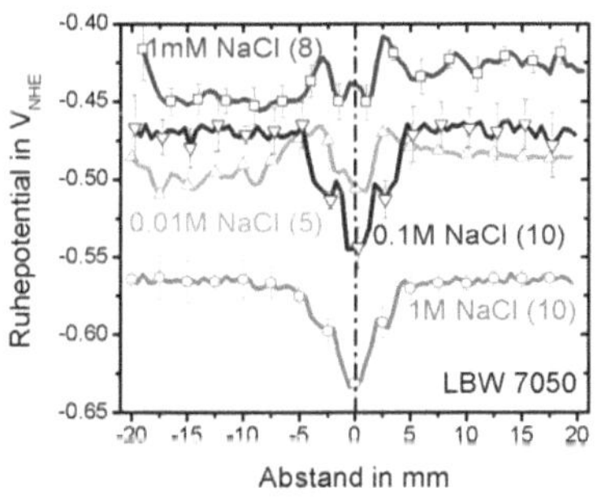

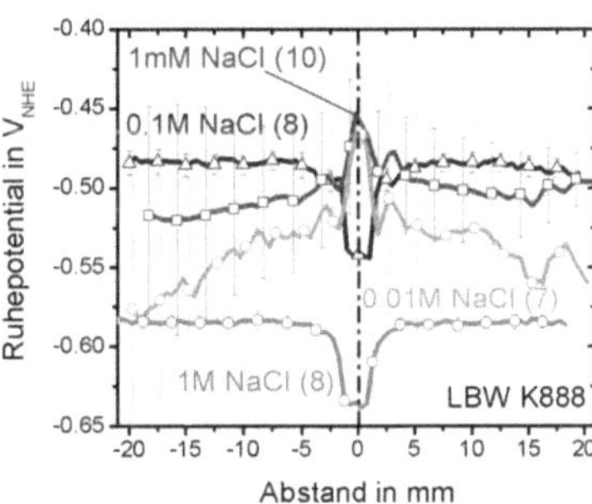

Abb. 6.4: Gemittelte Ruhepotentialmessungen mit dem EC-Pen an den Schweißnähten LBW 7050 und LBW K888 mit unterschiedlichen Elektrolyten. In Klammern ist die Zahl der gemittelten Kurven angegeben.

In beiden Proben ist die Auswirkung der Schweißnaht und der Wärmeeinflusszone deutlich zu erkennen, wenngleich die Art der Auswirkung nicht dieselbe ist.

Generell lässt sich feststellen, dass mit einem aggressiveren Elektrolyten bessere Ergebnisse zu erzielen sind. Bei Verwendung geringer Chloridkonzentrationen (0.01M oder 0.001M) ist die Wiederholbarkeit der Einzelmessungen nicht gut. Aufgrund der zu geringen Chloridkonzentration kommt es zu einer Schichtbildung an der Metalloberfläche, die durch einen zusätzlichen Potentialabfall starke Drifterscheinungen bewirkt. Außerdem überwiegt bei zu kleiner Chloridkonzentration die lochfraßinhibierende Wirkung der SO_4^{2-} Ionen [54].

Für aggressive Elektrolyte (0.1M und 1M NaCl) zeigt das Ruhepotential in der Schweißnaht in beiden Fällen ein Minimum; über eine Zwischenstufe im Abstand von etwa 2 mm zur Schweißnahtmitte wird nach circa 5 mm das Niveau des Grundwerkstoffs erreicht. Die Zwischenstufe ist bei LBW 7050 deutlicher zu erkennen als bei LBW K888, wo sie nur mit dem 0.1M NaCl Pen ersichtlich ist. Da schon bei einer Chloridkonzentration von 0.1 mol/l in Kontakt mit Luftsauerstoff bei diesen Legierungen mit Lochfraß zu rechnen ist, kann daraus geschlossen werden, dass die Schweißnaht elektrochemisch am aktivsten ist und die Aktivität über die Wärmeeinflusszone zum Grundwerkstoff hin abnimmt.

Aus den metallografischen Schliffen der Schweißnähte geht hervor, dass die aufgeschmolzene Zone von LBW K888 breiter ist als die von LBW 7050. Auch die Wärmeeinflusszone von LBW K888 scheint breiter zu sein als die von LBW 7050. Die Ausdehnung der im metallografischen Schliff sichtbaren durch das Schweißen beeinflussten Zone von LBW K888 stimmt mit einer Breite von ca. 3-4 mm mit den Ruhepotentialmessungen des EC-Pens überein. Bei LBW 7050 hingegen ist die metallografisch festgestellte Wärmeeinflusszone etwa 3 mm breit, das Ruhepotential zeigt aber erst nach 5 mm das Niveau des Grundwerkstoffs. Dies bedeutet, dass sich mikrostrukturelle Änderungen weiter in das Grundmaterial ausgedehnt haben, als im metallografischen Schliff sichtbar wird. Ein korrosiver Angriff ist damit in einem größeren Bereich wahrscheinlich als aus der metallografischen Untersuchung oder dem Härteverlauf denkbar wäre.

Ruhepotentialmessungen haben den Vorteil, dass das Korrosionsverhalten ohne äußere Beeinflussung durch angelegte Potentiale untersucht werden kann. Allerdings ist dieser Zustand auch sehr instabil, wodurch schwer interpretierbare Ergebnisse resultieren können. Aus diesem Grund wurden die Schweißverbindungen unter potentiostatischen Bedingungen in der Nähe des Ruhepotentials mit zwei unterschiedlichen Chloridkonzentrationen untersucht. Es wurden jeweils in der Mitte der geschliffenen Querschlifffläche nacheinander 10 Linescans mit einer Schrittweite von 0.5 mm und einer Haltezeit von 5 s/Messpunkt über die Schweißnaht durchgeführt. Nach Beendigung eines Scans ist der Pen wieder zum Ausgangspunkt zurückgefahren. Eine Zwischenreinigung der Oberfläche bzw. Entfernung etwaiger Salzkristalle erfolgte nicht.

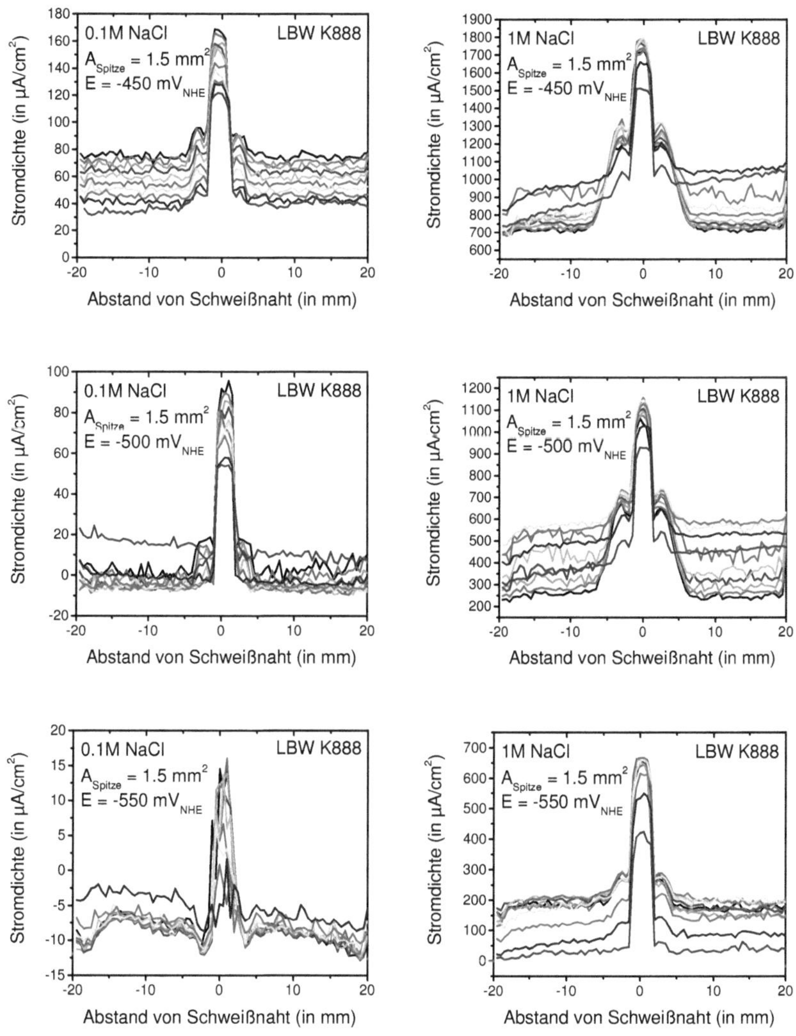

Abb. 6.5: Potentiostatische Untersuchung der Schweißnaht LBW K888 mit 0.1M (links) und 1M (rechts) NaCl bei (1. Reihe) -450 mV, (2. Reihe) –500 mV, (3. Reihe) –550 mV (Potentiale bezogen auf Normalwasserstoffelektrode).

Bei einem Vergleich der Stromdichten, die während der Linienabrasterungen aufgenommen wurden, lässt sich feststellen, dass die Schweißnaht und die Wärmeeinflusszone sich durch ein höheres Stromdichteniveau deutlich vom Grundwerkstoff absetzen. Außerdem nimmt die Stromdichte mit kleinerem angelegten Potential ebenfalls ab. Mit 0.1M NaCl stellen sich deutlich niedrigere Stromdichten ein als mit 1M NaCl.

Aufgrund der abweichenden Werkstoffzusammensetzung des Schweißzusatzes gegenüber dem Grundmaterial zeigt sich ein klar zu erkennender Unterschied in der Auflösungsstromdichte zwischen diesen beiden Materialien. Der relativ unedlere Schweißzusatz (AlMg6) korrodiert bei konstantem Potential schneller als der Grundwerkstoff (Al9Zn2Mg2Cu).

Bei –450 mV_{NHE} befindet sich das Werkstoffsystem bei beiden Chloridkonzentrationen im stark anodischen Bereich. Die Stromdichte der Schweißnaht ist etwa um den Faktor 2-4 größer als die Auflösungsstromdichte des Grundwerkstoffs. Bei Verwendung von 0.1M NaCl lässt sich zudem feststellen, dass das Stromdichteniveau mit steigender Scanzahl zunimmt. Bei zunehmender Scanzahl wird die Abrasterung einer bereits vorkorrodierten/angegriffenen Oberfläche durchgeführt. Dies bedeutet, dass die Oxidschicht bereits geschädigt ist, und so auf erneute anodische Polarisation empfindlicher reagiert. Außerdem kommt es durch das Verdunsten des Wassers im „Elektrolytschweif", den der Pen systembedingt (offenes System) hinter sich herzieht zu einer Aufkonzentration von Chloridsalzen auf der Oberfläche. Bei 1M NaCl als Penelektrolyt führt diese Chloridaufkonzentration, die durch ihre hygroskopische Wirkung (78 % rel. Luftfeuchte) und hohe elektrolytische Leitfähigkeit die Auflösungsstromdichte anhebt, sogar zu einer scheinbaren Verbreiterung der Wärmeeinflusszone. Dies lässt sich damit erklären, dass durch die Bedeckung der Oberfläche mit einem feuchten Salzfilm und dessen elektrolytischer Leitfähigkeit das Stromsignal aus einer größeren Entfernung von der Kontaktstelle ebenfalls registriert wird. Diese scheinbare Verbreiterung ist bei 1M NaCl auch bei –500 mV_{NHE}, aber nicht mehr bei –550 mV_{NHE} erkennbar. Während bei 0.1M NaCl mit zunehmender Scanzahl eine Erhöhung der Auflösungsstromdichte zu verzeichnen ist, ist dieser Trend bei 1M NaCl aufgrund des sich bildenden Salzfilms entgegengesetzt. Es ist bekannt, dass die Korrosionsgeschwindigkeit bei 3-5 % NaCl maximal wird [173]. Üblicherweise wird für eine Abnahme der Korrosionsrate in höher konzentrierten Lösungen die verminderte Sauerstofflöslichkeit angeführt. Hier – unter potentiostatischer Kontrolle – dürfte aber der ohm'sche Spannungsabfall über der Salzschicht, wie er auch für Lochkorrosion diskutiert wird [48, 53], ausschlaggebend sein.

Unter kathodischen Bedingungen ($i < 0$) (siehe –550 mV_{NHE}, 0.1M NaCl in Abb. 6.5) ist keine Änderung der Stromdichten zu verzeichnen. Dies deutet darauf hin, dass bei der mit zunehmender Scanzahl steigenden Auflösungsstromdichte weniger die Chloridaufkonzentration, sondern eher die vorkorrodierte und damit auf weitere Auflösung anfälligere Oberfläche eine wichtige Rolle spielt.

Die ersten 1-3 Linescans zeigen noch nicht die Kurvenform, die die Anfälligkeit der Schweißnaht auf Korrosion widerspiegelt. Besonders bei 0.1M NaCl ist zu erkennen, dass die Wärmeeinflusszone erst mit steigender Scanzahl deutlich sichtbar wird und sich klar vom Rauschen abgrenzt. Hier ist die zunehmende Empfindlichkeit von Vorteil, während sie bei 1M NaCl schon zu einer scheinbaren Verbreiterung führt.

Trotz der relativ groben Auflösung (1.2 mm Kontaktflächendurchmesser) des EC-Pens lässt sich unter geeigneten Bedingungen die Korrosionsempfindlichkeit der einzelnen Bereiche der Schweißnaht gut erkennen. Aus den EC-Pen Stromprofilen ergibt sich bei allen Potentialen und bei beiden Chloridkonzentrationen eine scheinbare Schweißgutbreite von 3-3.5 mm. Dies ist eine Verbreiterung gegenüber der wahren Schweißgutbreite um ca. 100 %, die aber eindeutig auf die Größe der Kontaktfläche und dem weitaus größeren Auflösungsstrom des Schweißzusatzwerkstoffs zurückzuführen ist. Für 0.1M NaCl hat die Wärmeeinflusszone eine Ausdehnung von etwa 3-4 mm (bezogen auf Schweißgutmitte). Dies stimmt recht gut mit der tatsächlichen Ausdehnung, die über einen metallografischen Schliff bestimmt wurde, überein. Aufgrund des kontinuierlichen Übergangs der Wärmeeinflusszone in das Grundmaterial und des nicht übermäßigen Auflösungsstromunterschieds zwischen diesen beiden Zonen, wirkt sich die Größe der Kontaktfläche nicht so stark aus. Bemerkenswert ist allerdings, dass trotz aller Überlappungseffekte (Faltung, Konvolution) das relative Stromdichteminimum zwischen den Maxima von Schweißgut und Wärmeeinflusszone, das auf die relativ stabile Grobkornzone hinweist, gut zu erkennen ist. Bei 1M NaCl bewirkt die Salzschichtbildung auf der Oberfläche eine Vergrößerung der Stromeinfangfläche. Dadurch erreicht die Wärmeeinflusszone eine scheinbare Ausdehnung von 7-8 mm, was überhaupt nicht mehr mit den Ergebnissen des metallografischen Schliffs übereinstimmt.

Dennoch zeigen die EC-Pen-Messungen deutlicher die mikrostrukturellen Veränderungen an als beispielsweise die Härtemessungen. Auch der zeitliche Aufwand ist deutlich geringer.

6.4 Mikroelektrochemische Untersuchung der Schweißnähte

Der wesentliche Vorteil der Mikroelektrochemie gegenüber konventionellen elektrochemischen Methoden bei der Untersuchung der Korrosionseigenschaften einer Schweißverbindung ist die erhebliche Zeitersparnis bei der Probenpräparation und der Versuchsdurchführung. Nach erfolgter Politur des Querschliffs und Kalibrierung der Kapillarposition kann die Kapillare auf jede beliebige Stelle abgesenkt werden. Ein aufwendiges Herauspräparieren oder Abdecken der entsprechenden Stellen kann entfallen [120]. Gegenüber einer Auslagerung der gesamten Schweißverbindung in einem Elektrolyten können bei dieser Versuchsmethodik keine oder nur sehr geringe Kopplungseffekte der elektrochemisch unterschiedlichen Bereiche auftreten. Durch die nahezu freie Wahl der Kapillargröße lässt sich die gegenüber konventionellen Schweißmethoden (z. B. Lichtbogen- oder Schutzgasschweißen) sehr kleine Wärmeeinflusszone der Laserschweißnaht sehr gut untersuchen und somit können die einzelnen Bereiche bezüglich ihrer elektrochemischen Eigenschaften aufgelöst werden.

Für die mikroelektrochemischen Untersuchungen wurde eine Kapillare mit einem Kontaktflächendurchmesser von 190 µm gewählt. Aufgrund der mit bis zu 100 µm langen Körner wäre bei einem kleineren Kapillardurchmesser nicht mehr gewährleistet, dass sich mehrere Körner und Korngrenzen in einem Messfleck befinden, um eine für den entsprechenden Bereich repräsentative Messung durchzuführen.

Zunächst wurde die Kapillare auf eine frisch mit wässrigem Schmiermittel polierte Probe an den entsprechenden Stellen abgesetzt und das sich einstellende Ruhepotential aufgezeichnet. Diese Methodik entspricht weitgehend der Arbeitsweise des EC-Pens. Da die Oberfläche mit einem wässrigen Schmiermittel (Diamantschmiermittel) poliert wurde, sind die Mg_2Si-Phasen bereits herausgelöst und das Ruhepotential ist über die gesamte Kontaktzeit von 10 min relativ konstant. Der in Kapitel 5.2 ausführlich diskutierte Effekt der zeitabhängigen Ruhepotentialeinstellung konnte somit nicht beobachtet werden. In der Schweißnaht und an der Grenze der Schweißnaht zur Wärmeeinflusszone wurden die niedrigsten Ruhepotentiale festgestellt, was die Ergebnisse der Ruhepotentialmessungen mit dem EC-Pen sehr gut bestätigt.

Aus den durchgeführten Polarisationskurven, wie sie in Abb. 6.6 dargestellt sind, lässt sich das Durchbruchpotential der entsprechenden Stellen ermitteln.

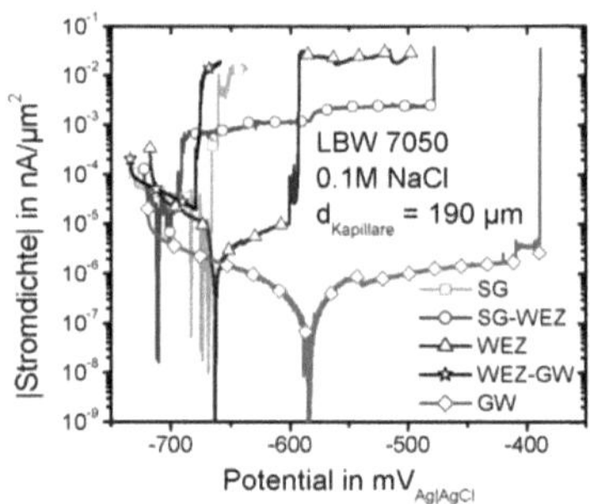

Abb. 6.6: Polarisationskurven auf definierten Stellen der Schweißnaht LBW 7050.

Das Durchbruchpotential des Grundwerkstoffs (GW) ist nach einem ausgedehnten Passivbereich am positivsten. Die Grobkornzone in der Wärmeeinflusszone (WEZ) zeigt bei etwa –600 mV einen Durchbruch und ist damit innerhalb des gefügeveränderten Bereichs am beständigsten. Der Übergangsbereich zwischen Wärmeeinflusszone und Grundgefüge (WEZ-GW) zeigt noch vor Erreichen des Korrosionspotentials einen Durchbruch, was gut mit dem interkristallinen Angriff korreliert werden kann. Die Schweißnaht (SG) zeigt – wie auch aus den EC-Pen Messungen zu erwarten ist – einen frühen Durchbruch. Der Übergangsbereich zwischen Schweißnaht und Grobkornzone (teilaufgeschmolzener Bereich SG-WEZ) bricht erstmals bei einem Potential vergleichbar mit dem Durchbruchpotential der Schweißnaht durch und zeigt dann einen verhältnismäßig hohen Korrosionsstrom bis bei höheren Potentialen ein weiterer Durchbruch erfolgt.

Eine Korrelation des ermittelten Durchbruchpotentials mit der Korrosionsmorphologie ist nur eingeschränkt möglich. Dies liegt wohl daran, dass durch die relativ kleine Kontaktfläche eventuell eingeschlossene grobe intermetallische Phasen eine starke Auswirkung auf die gemessenen Ströme haben. Sehr gut reproduzierbar sind hingegen die auftretenden Korrosionsmorphologien. Diese treten immer symmetrisch zur Schweißnahtmitte auf und können sehr gut mit den metallografischen Makroätzungen korreliert werden.

Die Korrosionsmorphologie in der Schweißnaht ist in Abb. 6.7 dargestellt. Deutlich zu erkennen ist, dass bei LBW K888 das interdendritische Resteutektikum bevorzugt aufgelöst wird. Der scheinbar punktförmige Angriff bei LBW 7050 ist darauf zurückzuführen, dass hier mit der Kapillare eine Stelle mit sehr kleiner Korngröße kontaktiert wurde. Der Angriff erfolgt auch hier an den Korngrenzen.

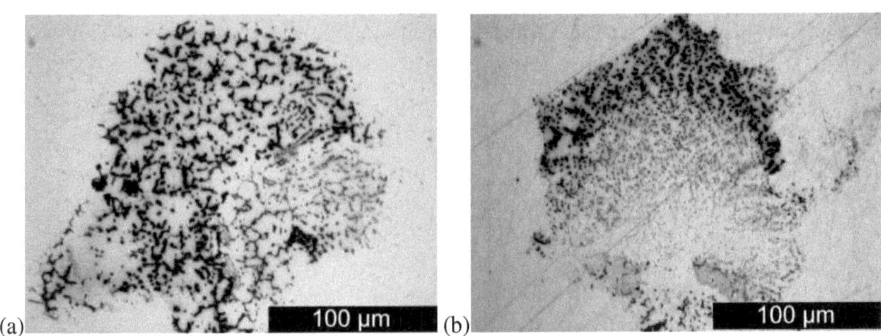

Abb. 6.7: Korrosionsmorphologie des Gussgefüges in der Schweißnaht (190 µm Kapillare), 0.1M NaCl, (a) LBW K888, (b) LBW 7050.

Im Übergangsbereich der aufgeschmolzenen Zone zur Wärmeeinflusszone zeigt sich bei beiden Schweißverbindungen, dass die teilaufgeschmolzenen Bereiche interkristallin angegriffen werden. Außerdem werden auch die wiederausgeschiedenen und gealterten η-$MgZn_2$-Phasen bevorzugt angegriffen. In der Literatur wird dieser teilaufgeschmolzene Bereich als „*white zone*" bezeichnet, in dem es häufig zu Heißrissen kommen kann. Es werden nur die Korngrenzen durch die intensive Wärmezufuhr aufgeschmolzen. Beim Abkühlen kann unter Umständen die noch flüssige Schmelze an den Korngrenzen nicht mehr nachfließen um thermische Volumenkontraktion auszugleichen, was zu Heißrissen senkrecht zur Schweißrichtung führt [174]. Durch die Korngrenzenphase ist dieser Bereich auch aus Korrosionssicht stark gefährdet.

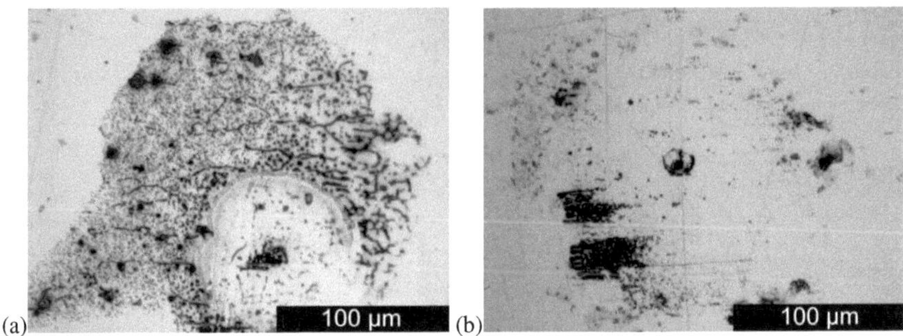

Abb. 6.8: Korrosionsmorphologie des Übergangsbereiches Schweißnaht-WEZ, 0.1M NaCl, (a) LBW K888, (b) LBW 7050.

In der Grobkornzone ist der korrosive Angriff gering. Es kommt nur vereinzelt zu Lochfraß. Dies ist darauf zurückzuführen, dass die Korngrenzen nicht mit einer anodischen Phase bedeckt sind, die interkristalline Korrosion verursachen. Die noch vorhandenen intermetallischen Phasen bieten hier bevorzugte Angriffsstellen.

Im Übergangsbereich der Wärmeeinflusszone zum Grundwerkstoff ist bei beiden Schweißverbindungen starke interkristalline Korrosion zu beobachten. Dagegen kommt es kaum zum selektiven Angriff von Ausscheidungsphasen im Korninneren. Dieser Bereich korreliert mit dem stark primär rekristallisierten Bereich, wie er als metallografischer Schliff in Abb. 6.3 b zu sehen ist. Während des Schweißprozesses kommt es in dieser Zone zu einer starken Sensibilisierung der Korngrenzen.

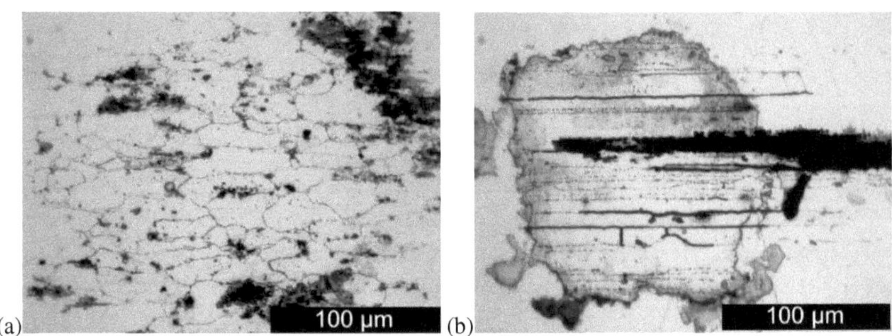

Abb. 6.9: Interkristalline Korrosion in der Wärmeeinflusszone von (a) LBW K888, (b) LBW 7050.

Die jeweiligen Grundwerkstoffe zeigen in der Regel Lochkorrosion, die an intermetallischen Phasen initiiert wird. Vereinzelt lässt sich auch interkristalliner Angriff beobachten. Dies entspricht weitgehend dem für AlZnMgCu-Legierungen üblichen Bild.

Um die Auflösungskinetik zu bestimmen, wurden auch mit der Mikroelektrochemie potentiostatische Messungen durchgeführt. In den aus Korrosionssicht interessanten Bereichen – Schweißgut, teilaufgeschmolzener Bereich, Wärmeeinflusszone, Übergang der Wärmeeinflusszone zum Grundwerkstoff sowie dem Grundwerkstoff – wurde für 30 min potentiostatisch bei –500 mV polarisiert (vgl. Abb. 6.10a).

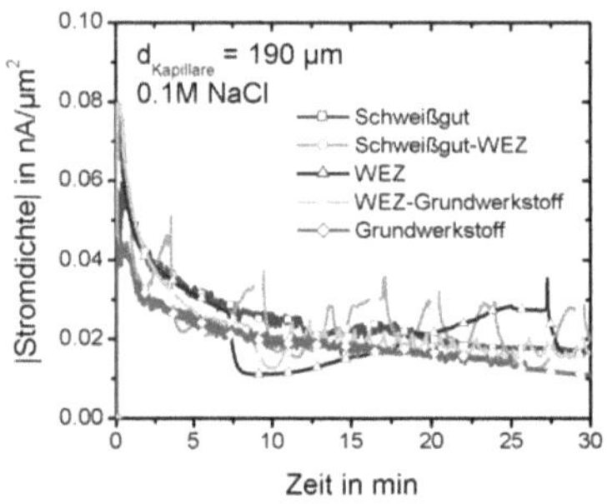

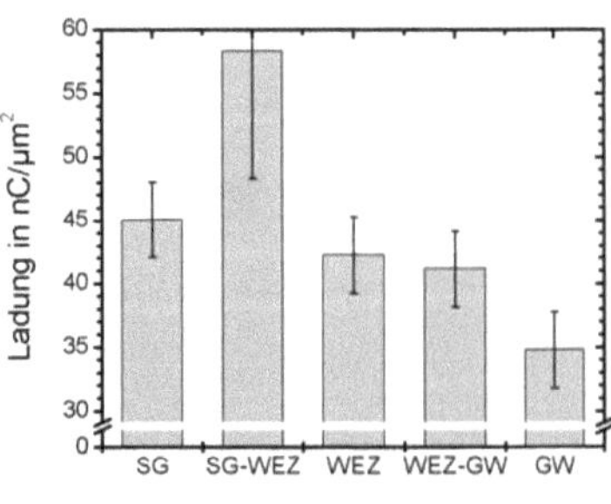

Abb. 6.10: (a) i-t-Kurven bei potentiostatischer Polarisation unterschiedlicher Bereiche in der Schweißnaht LBW 7050, 0.1M NaCl, –500 mV, (b) Ladung, die während 30-minütiger Polarisation bei –500 mV geflossen ist.

Aus Abb. 6.10a geht hervor, dass der Stromverlauf für das Grundmaterial und das Schweißgut ohne Transienten verläuft. Obwohl auch hier lokalisierte Korrosion vorliegt, erfolgt der Angriff eher gleichmäßig. Besonders im teilaufgeschmolzenen Bereich (in Verbindung mit der Feinkornzone des Schweißguts) fällt auf, dass starke Transientenbildung auftritt. Dies lässt sich mit dem starken Angriff verhältnismäßig weniger Korngrenzen erklären. Solange eine Korngrenze aktiv korrodiert und die Korrosionsfront ins Material fortschreiten kann, steigt der Strom. Kommt es aufgrund der hohen Konzentration von gelösten Ionen zur Überschreitung des Löslichkeitsprodukts, fallen Korrosionsprodukte aus und blockieren den Stofftransport, was zu einem starken Stromabfall führt. Für den folgenden Transienten wird eine neue Korngrenzenphase aktiviert, für die der eben beschriebene Prozess von Neuem beginnt. Im teilaufgeschmolzenen Bereich kommt es zu einem starken Angriff einiger Korngrenzen, was sich in wenigen stark ausgeprägten Transienten zeigt. Im Übergangsbereich zwischen Wärmeeinflusszone und Grundmaterial hingegen werden viele Korngrenzen angegriffen, was zu vielen kleinen Transienten führt. Der eine stark ausgeprägte Transient in der Grobkornzone lässt sich mit Aktivierung und Repassivierung eines Lochs erklären.

Über eine Integration der geflossenen Ströme lässt sich die Auflösungskinetik quantifizieren, Abb. 6.10b. Der größte Ladungsaustausch geschieht im teilaufgeschmolzenen Bereich, gefolgt vom Schweißgut. Am geringsten war die Korrosionsrate im Grundmaterial.

Der über Abb. 6.10b vermittelte Eindruck der Auflösungsintensität der einzelnen Zonen wird gut durch die Angriffsmorphologien bestätigt. In Auslagerungsversuchen wurde festgestellt, dass die an die Feinkornzone angrenzenden Körner des teilaufgeschmolzenen Bereichs besonders stark angegriffen werden. Durch mikroelektrochemische Untersuchungen konnte gezeigt werden, dass der Angriff auch an diesen Stellen initiiert wird.

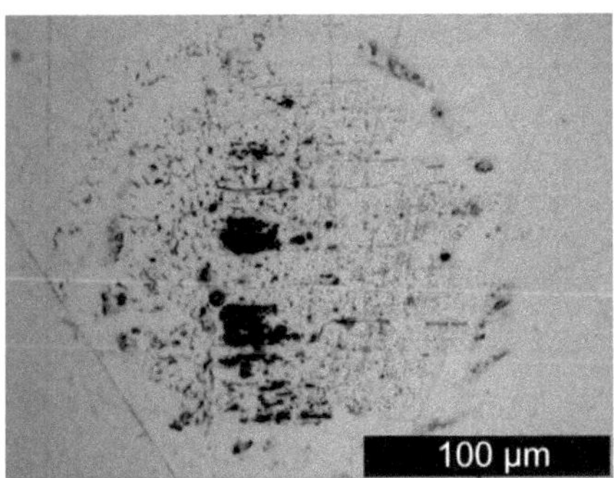

Abb. 6.11: Angriff der Feinkornzone nach 30-minütiger potentiostatischer Polarisation in 0.1M NaCl bei E=-500mV. Mikroelektrochemische Messung mit 190 µm Kapillare.

Aus Abb. 6.11 ist der starke Angriff angrenzend an die Feinkornzone klar zu erkennen. Von dort schreitet die Korrosion entlang der Korngrenzen in den teilaufgeschmolzenen Bereich fort. Außerdem werden die vergröberten $MgZn_2$-Phasen und im Schweißgut die Korngrenzenphase aufgelöst.

6.5 Vergleich und Diskussion

Bei einem Vergleich der lokalen elektrochemischen Messtechniken mit dem Härteverlauf fällt auf, dass sich sowohl beim EC-Pen als auch bei den mikroelektrochemischen Untersuchungen eine feinere Auflösung der Eigenschaften der durch das Schweißen veränderten Mikrostruktur ergibt. Verfahrensbedingt werden selbstverständlich unterschiedliche Eigenschaften erfasst. Die hohe elektrochemische Aktivität einzelner Zonen, wie die Feinkornzone, der teilaufgeschmolzene Bereich oder auch der Übergangsbereich zwischen Wärmeeinflusszone und Grundmaterial lässt sich mit beiden Untersuchungsmethoden gut untersuchen. Für den EC-Pen spricht vor allem die verhältnismäßig einfache Handhabung mit hohem Automatisierungsanteil (automatische Scans). Problematisch ist allerdings die nicht genauer spezifizierte Kontaktfläche und die Aufkonzentration von Salzen durch Verdunstung des Wasseranteils wegen des offenen Systems. Aufgrund der Größe der Kontaktfläche bei EC-Pen Messungen kommt es zu einer scheinbaren Verbreiterung der einzelnen Zonen in der Schweißverbindung. Daher eignet sich der EC-Pen nur eingeschränkt, um die Reichweite schweißbedingter Gefügeveränderungen festzustellen. Ebenso sind mehrere Wiederholungsmessungen notwendig, da aufgrund der Oxidschicht anfänglich kein gutes Stromsignal aufgenommen werden kann. Mit zunehmender Scanzahl können aber auch durch die fortschreitende „Zerstörung" der Oberfläche weitere Effekte auftreten, die zu einem falschen Ergebnis führen. Es muss für jeden Einzelfall eine geeignete Parameterkonstellation (Chloridkonzentration und Potential) herausgefunden werden, was die Schnelligkeit und Automatisierbarkeit der Messmethode wieder relativiert. Verlässliche quantifizierbare Ergebnisse lassen sich nur mit der lokal hochauflösenden Mikroelektrochemie erreichen, die allerdings sehr zeitintensiv ist. Eine Automatisierung der Messwerterfassung ist hier nicht möglich.

Die Ergebnisse an den beiden exemplarisch ausgewählten Laserschweißverbindungen, die durch die Härte-, EC-Pen- und Mikroelektrochemiemessungen, sowie durch Auslagerungsversuche und Metallographie gewonnen wurden, bestätigen und ergänzen sich gegenseitig. Eine kombinierte Untersuchung von Schweißnähten mittels lokaler Elektrochemie wurde auch schon erfolgreich an Stahl-Aluminium Schweißlötverbindungen [175] und Laserschweißverbindungen von AlCuLiMg-Legierungen angewandt.

Ein Vergleich der beiden untersuchten Schweißverbindungen hat gezeigt, dass der unterschiedliche Zinkgehalt und die unterschiedlichen Wärmebehandlungszustände der Grundwerkstoffe zwar einen Einfluss auf die Härte, aber kaum auf die Korrosionseigenschaften haben. In beiden Fällen war die Schweißnaht und benachbarte Zonen deutlich anfälliger auf Korrosion als der Grundwerkstoff. Im Fall der Wärmeeinflusszone lässt sich das gut mit den schweißbedingten mikrostrukturellen Änderungen erklären, wohingegen für die schlechten Eigenschaften des Schweißgutes eher die geänderte Legierungszusammensetzung verantwortlich ist.

Obwohl in beiden Schweißproben Scandium vorhanden war, konnte keine scandiumspezifischen Schädigungen, z.B. an groben $Al_3Sc_xZr_{1-x}$ Primärphasen, beobachtet werden.

7 Zusammenfassende Diskussion

In [46] wurde ein Modell vorgestellt, das den zeitlichen Verlauf des Korrosionsangriffs beschreibt. Dem Ruhepotentialverlauf einer frisch polierten AA7075 Probe (vergleichbar mit dem von Abb. 7.1) folgend, wurde der Bereich A auf die Auflösung der unedlen η-Phase zurückgeführt. Im Bereich B nimmt der Flächenanteil der η-Phase ab und die kathodischen Phasen werden aktiv, bis schließlich im Bereich C durch die Auflösung der die kathodischen Phasen umgebenden Matrix das Ruhepotential auf das Lochfraßpotenital gezogen wird. Die im Rahmen dieser Arbeit gewonnenen Ergebnisse ermöglichen eine Korrektur und Erweiterung des Verständnisses der korrosionsinitiierenden Prozesse.

Anhand der in Abb. 7.1 exemplarisch gezeigten Ruhepotentialentwicklung werden die sukzessive ablaufenden Ereignisse und Prozesse dargelegt.

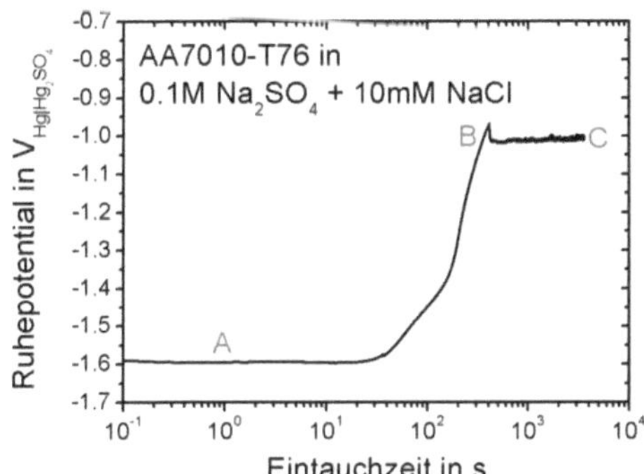

Abb. 7.1: Ruhepotentialverlauf einer AA7xxx-Legierung in einem chloridhaltigen, sauerstoffgesättigten Elektrolyten.

In Kapitel 5.2.2.3 dieser Arbeit konnte eindeutig gezeigt werden, dass das anfangs gemessene sehr negative Ruhepotential (Abb. 7.1, Bereich A) auf die selektive Auflösung des Magnesiums aus den Mg_2Si-Phasen zurückzuführen ist. In [46] wird dieses negative Potential mit der Auflösung von an der Oberfläche vorhandenen η-Phasen begründet. Wie aus einem Vergleich [24, 176] der elektrochemischen Daten der Mg_2Si-Phase und der η-$MgZn_2$-Phase hervorgeht, ist die η-Phase zwar etwas edler als die Mg_2Si-Phase aber ihre Korrosionsgeschwindigkeit ist etwa eine Größenordnung höher. Unter Berücksichtigung des Größenunterschieds beider Phasen – Mg_2Si einige µm, $MgZn_2$ maximal 100 nm – ist es sehr naheliegend anzunehmen, dass die aktiven kleinen $MgZn_2$-Phasen sich sofort bei Kontakt (ca. 0.3 s, Kapitel 5.2.2.3) mit einem aggressiven Elektrolyten auflösen. Die Transientenanalyse (Kapitel 5.4.4) belegt zudem, dass die Auflösung der $MgZn_2$-Phase während einer Polarisation ständig abläuft. Dies konnte auch durch die Ruhepotentialtransienten in Anwesenheit polarisierender kathodischer Phasen in Kapitel 5.2.2.3 nachgewiesen werden. Abb. 7.1 zeigt aber über einen Zeitraum von etwa 30 s ein niedriges Potential. Dies ist nur mit der in Kapitel 5.2.2.3 gezeigten langsamen Auflösung von Mg_2Si in Einklang zu bringen.

Der Anstieg des Ruhepotentials bis zu Punkt B in Abb. 7.1 ist neben der Passivschichtbildung im wässrigen chloridhaltigen Elektrolyten auf die abnehmende Reaktionsbereitschaft der an Magnesium verarmenden Mg_2Si-Phase zurückzuführen, wie es in Kapitel 5.2.3 diskutiert wurde. Die Wärmebehandlung hat keinen Einfluss auf das Anstiegsverhalten, was belegt, dass die Ursache nicht in der wärmebehandlungsabhängigen η-Phase liegt.

In einer sauerstoffhaltigen Lösung wird das Ruhepotential durch die kathodische Aktivität der edlen Phasen (bei AA7010: Al_7Cu_2Fe, vgl. Kapitel 5.4.3.3) auf das Lochfraßpotential gezogen [48]. Dort findet eine lokale Alkalisierung statt, die wesentlich von der Phasenzusammensetzung und deren Fähigkeit, Sauerstoff zu reduzieren, abhängt (Kapitel 5.4.3.3). Auch ist die räumliche Verteilung der Lokalkathoden ein wichtiges Kriterium für den zu erwartenden Schädigungsgrad. Überlappen die Diffusionssphären der einzelnen Lokalkathoden, so wirken diese wie eine flächige Kathode. Die aus der Sauerstoffreduktion resultierende Alkalisierung löst die umgebende Matrix auf, was zur Lochbildung um die Lokalkathoden führt. Liegen diese nahe beieinander, so kommt es durch Überlappung der Diffusionssphären zu einer Aufkonzentration der Hydroxidionen, was zu insgesamt stärkerer Korrosion führt. Der lokale Angriff um die edlen intermetallischen Phasen schlägt schließlich bei langen Zeiten in Lochfraß mit sauren Lochbedingungen und Wasserstoffentwicklung im Loch um.

Zusammenfassend ist dieses Modell in Abb. 7.2 dargestellt.

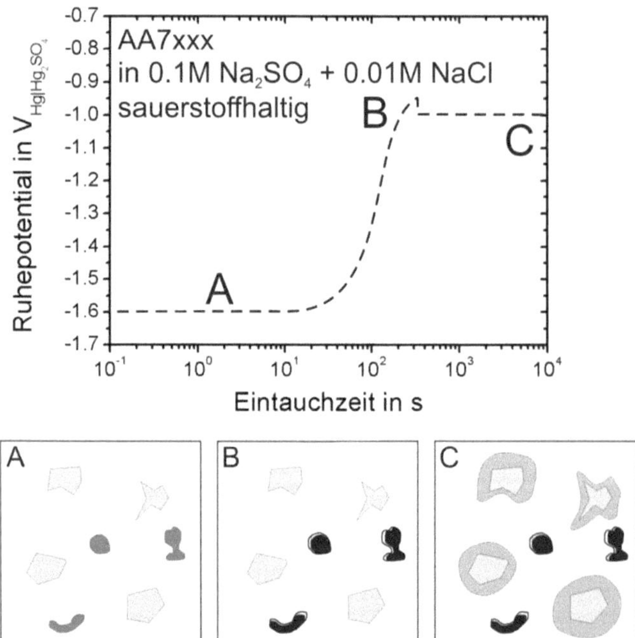

Abb. 7.2: Modellvorstellung der Korrosionsschadensentwicklung während des Eintauchens einer AlZnMgCu-Legierung in eine belüftete, sauerstoffhaltige Lösung.

Die zu den Zeitpunkten A, B und C vorherrschende Korrosionsmorphologie lässt sich folgendermaßen beschreiben:

A Die Mikrostruktur besteht aus Matrix und groben intermetallischen Phasen (Mg_2Si rundlich, Al_7Cu_2Fe eckig) sowie kleinen $MgZn_2$-Partikeln.
Aufgrund ihrer hohen Auflösungsrate lösen sich die $MgZn_2$-Phasen sofort auf, wenn die Legierung mit einem Elektrolyten in Kontakt kommt.
Die Mg_2Si-Auflösung ist langsamer und somit der potentialbestimmender Prozess.
Auf der Matrix bildet sich eine schützende Passivschicht aus.

B Die Mg_2Si-Phasen sind weitgehend aufgelöst (jetzt SiO_x, mit Randspalt).
Die Oberfläche durchstoßende η-Phasen lösen sich als Transienten auf.
Die Sauerstoffreduktion findet auf kathodischen Al_7Cu_2Fe-Phasen statt.

C Die Sauerstoffreduktion auf Lokalkathoden führt zu starker lokaler Alkalisierung.
Die Matrix um Lokalkathoden wird aufgelöst => *peripheral pitting* [23].
Das Ruhepotential wird auf das Lochfraßpotential gezogen.
Der Auflösungsprozess läuft weiter, bis die Lokalkathode unterwandert ist und herausfällt.
Entwicklung von Lochkorrosion.

Neben der Präzisierung und Korrektur des oben dargestellten Modells der Korrosionsschadensentwicklung in AlZnMgCu-Legierungen konnte in dieser Arbeit durch einen Vergleich von sieben Legierungsvarianten in unterschiedlichen Wärmebehandlungszuständen festgestellt werden, dass die Zugabe von Scandium nicht einheitlich zu bewerten ist.

Während Scandium sich, wie auch in der Literatur beschrieben [94, 98], in fester Lösung befindet, senkt es die kathodische und anodische Stromdichte der Matrix ab, was zu besseren Korrosionseigenschaften führt. Ebenso wirkt es sich bei interkristalliner Korrosion durch Verschmälerung des ausscheidungsfreien Saums positiv aus. Andererseits verhindert Scandium die Ausbildung einer rekristallisierten Grobkornzone, was zu einem erleichterten interkristallinen Korrosionsangriff führt. Ähnlich wirken die $Al_3Sc_xZr_{1-x}$ Primärphasen, deren kathodische Eigenschaften nicht unbedingt eine Gefahr darstellen, die aber neue Grenzflächen und damit Störungen in die Legierung einbringen (vgl. Abb. 4.5). Dies führt zu einer Erniedrigung des makroskopischen Lochfraßpotentials der scandiumhaltigen Legierungsvarianten.

Darüber hinaus scheint auch eine Wechselwirkung von Scandium mit Chrom oder Mangan zu bestehen. Der kombinierte Einfluss dieser drei Mikrolegierungselemente führt zu geringeren kathodischen Stromdichten der $Al_3Sc_xZr_{1-x}$ Phasen und zu einer Anhebung der anodischen Auflösungsstromdichte. Wahrscheinlicher ist jedoch, dass Chrom und Mangan das elektrochemische Verhalten der jeweiligen Legierungsmatrix derart modifizieren, dass die $Al_3Sc_xZr_{1-x}$ Phase in AA7349 als anodische und in AA7010 als kathodische Phase einzustufen ist. In beiden Fällen ist die $Al_3Sc_xZr_{1-x}$-Phase jedoch reaktionsträge. Dieser uneinheitliche Einfluss von Scandium erklärt die teils widersprüchlichen Angaben in der verfügbaren Literatur.

Es hat sich gezeigt, dass die untersuchten Legierungen im Wärmebehandlungszustand T4 die schlechtesten Korrosionseigenschaften aufweisen. Dies hat besonders für Schweißverbindungen dahingehend Relevanz, da die Wärmeeinflusszone nach dem Schweißen wieder aushärten kann und dann im kaltausgehärteten Zustand T4 vorliegt. Somit lässt sich das schlechtere Korrosionsverhalten der wieder ausgehärteten Wärmeeinflusszone mit dem geringeren Lochfraßpotential in Einklang bringen.

Die in der Literatur häufig diskutierte Besonderheit von AlZnMgCu-Legierungen, dass diese zwei Durchbruchpotentiale bei einer potentiodynamischen Messung aufweisen, konnte als messtechnisches Artefakt identifiziert werden. Zwar kommt es beim sogenannten ersten Durchbruch zu einer Auflösung der η-Phase an den Korngrenzen sowie zu einem Angriff der korngrenzennahen Bereiche, was aber nicht mit stationärer interkristalliner Korrosion gleichzusetzen ist. Mittels Zyklovoltammetrie, verschiedenen Polarisationsgeschwindigkeiten und mikroelektrochemischen Messungen auf reiner Legierungsmatrix konnte bestätigt werden, dass es sich bei dem „ersten" Durchbruchpotential um eine Übergangserscheinung handelt.

Durch mikroelektrochemische Untersuchungen an einzelnen intermetallischen Phasen in den Legierungssystemen AA7010 und AA7349 wurde besonders bei den kathodischen Phasen eine unterschiedliche Reaktivität beobachtet. Diese auf kleiner Größenskala gewonnenen Daten ermöglichen es, den Initiierungsprozess der Schichtkorrosion genauer zu erklären. Bis sich ein Kupferfilm auf der Oberfläche niedergeschlagen hat sind die kathodischen intermetallischen Phasen korrosionsgeschwindigkeitsbestimmend. In der chrom- und manganhaltigen Variante zeigen diese Phasen eine kleinere kathodische Aktivität, was dazu führt, dass der Schichtkorrosionsinitiierungsprozess langsamer abläuft. Auf die Initiierung hat damit Zink, trotz der Herabsenkung des Lochfraßpotentials, keinen großen Einfluss. Allerdings bewirkt Zink nach Ende der Auslagerung eine größere Schädigung [156].

Die in dieser Arbeit angewandte Mikrokapillartechnik ermöglicht es, getrennt voneinander den Einfluss von groben Primärphasen, Dispersoiden und kleinsten Ausscheidungsteilchen zu untersuchen. Während das Verhalten der groben Primärphasen weitgehend bekannt ist, hat sich gezeigt, dass besonders die feinen Dispersoide in AA7349 das Korrosionsverhalten der Matrix bestimmen. Dabei wirken sie – auf einer anderen Größenskala – durch lokale Erhöhung des pH-Wertes genauso wie größere intermetallische Phasen. Die Auflösung der Legierungsmatrix wird begleitet von $MgZn_2$-Phasen, die sich, sobald sie in Kontakt mit dem umgebenden Elektrolyt kommen, sehr schnell auflösen und dabei „Nanopits" hinterlassen. Diese Diskontinuitäten in der Oberfläche können als Keime für weiteren Korrosionsangriff wirken, falls sie nicht mehr in der Lage sind zu repassivieren.

8 Schlussfolgerungen und Ausblick

Scandium hat sowohl positive als auch negative Auswirkungen auf die Korrosionseigenschaften. Für den praktischen Einsatz im Flugzeugbau dürften die Nachteile allerdings überwiegen. Durch neue Grenzflächen in Form der $Al_3Sc_xZr_{1-x}$-Phase setzt Scandium das Lochfraßpotential herab. Besonders wichtig für die Luftfahrt sind die interkristallinen und die Schichtkorrosionseigenschaften. Hier zeigt sich auf den ersten Blick ein positiver Einfluss des Scandiums, da der Gewichtsverlust mit steigendem Scandiumgehalt abnimmt. Allerdings wird die Initiierung der Korrosion durch Unterdrückung der rekristallisierten Grobkornzone erleichtert. Da die interkristallinen Korrosionsraten kaum von Scandium beeinflusst werden, ist eine Verkürzung der Inkubationszeit durch Scandium nachteilig für die gesamthafte Bewertung des Einflusses.

Durch die Scandiumzugabe sollen die kupferhaltigen AA7xxx Legierungen schweißbar werden. Im Rahmen dieser Arbeit wurden zwei Laserschweißnähte mit mikroelektrochemischen Methoden auf ihre Korrosionseigenschaften untersucht. Da als Schweißzusatzwerkstoff eine scandiumhaltige AA5xxx Legierung zum Einsatz kam, treten zwischen Schweißnaht und umgebendem Blech Kontaktkorrosionserscheinungen auf. Weiterhin führt der Wärmeeintrag beim Schmelzschweißen zu einer starken Änderung des Mikrogefüges in der Wärmeeinflusszone. Bis zu einem Abstand von etwa 3 mm von der Schweißnahtmitte ist eine erhöhte Anfälligkeit auf Korrosion zu verzeichnen. In der Schweißnaht wurden keine Hinweise darauf gefunden, dass sich Scandium hier besonders schädlich auswirkt.

Schlussfolgernd lässt sich feststellen, dass Scandium zwar die technisch relevanten Korrosionseigenschaften von AA7xxx Legierungen verschlechtert, diese Verschlechterung aber vernachlässigbar wird, wenn eine durch den Schweißprozess induzierte, unkontrollierte Gefügeänderung stattfindet. Diese verschlechtert die Korrosionseigenschaften weitaus mehr als durch Zulegieren von bis zu 0.25 Gew.% Scandium zu erwarten ist.

Um den Scandiumeffekt in Schweißverbindungen eindeutig bewerten zu können, wäre ein Vergleich scandiumhaltiger und scandiumfreier Paarungen mit verschiedenen Schweißzusatzwerkstoffen nötig. Diese lagen bei der hier durchgeführten Arbeit nicht vor. Scandium verschlechtert zwar die Korrosionseigenschaften des Grundmaterials, verfeinert aber stark das Gussgefüge. Somit ist eine Reduktion der galvanischen Effekte in der Schweißnaht denkbar, was sogar zu einer besseren Beständigkeit gegenüber einer scandiumfreien Verbindung führen könnte.

Es zeigten sich besonders bei den mikroelektrochemischen Untersuchungen der $Al_3Sc_xZr_{1-x}$-Primärphasen, dass Scandium möglicherweise mit Chrom und/oder Mangan wechselwirkt und sich somit die elektrochemischen Eigenschaften dieser Phase ändern. Worauf diese Änderung zurückzuführen ist, bleibt allerdings unklar. Möglich ist eine Beeinflussung der Phasenstruktur oder eine Deckschichtbildung.

Um die Auflösung der feinen η-Phase elektrochemisch nachweisen zu können, sind kleinere Kontaktflächen resp. Kapillardurchmesser nötig. Außerdem muss die Stromauflösung des Potentiostaten weiter verbessert werden.

Anhang

Eigene Publikationen

- J. Wloka, T. Hack, S. Virtanen: *"Repassivation Kinetics of Al-Alloys for Aircraft Structures"*, in Proc. of the 9th International Symposium on the Passivation of Metals and Semiconductors, and the Properties of Thin Oxide Layers, Paris, 2006.
- J. Wloka, S. Virtanen: *"Microelectrochemical Study on Aluminium Alloy AA7010"*, ATB-Métallurgie, **45** (2006) 536-541.
- J. Wloka, S. Virtanen: *"Microstructural Effects on the Corrosion Properties of High Strength Al-Zn-Mg-Cu Alloys in an Overaged Condition"*, Journal of the Electrochemical Society (akzeptiert), 2006.
- J. Wloka, T. Hack, S. Virtanen: *"Influence of temper and surface condition on the exfoliation behaviour of high strength Al-Zn-Mg-Cu alloys"*, Corrosion Science **49** (2007) 1437-1449.
- J. Wloka, S. Virtanen: *"Influence of Second Phase Particles on Initial Electrochemical Properties of Al-Zn-Mg-Alloys"*, eingereicht bei Electrochimica Acta, 2007.
- J. Wloka, T. Hack, S. Virtanen: *"Local electrochemical properties of laser beam welded high-strength Al-Zn-Mg-Cu alloys"*, Werkstoffe und Korrosion / Materials and Corrosion (akzeptiert), 2007.
- J. Wloka, H. Laukant, U. Glatzel, S. Virtanen: *"Corrosion Properties of Laser Beam Joints of Aluminium with Zinc-Coated Steel"*, Corrosion Science (akzeptiert), 2007.
- J. Wloka, S. Virtanen: *"Detection of Nanoscale η-$MgZn_2$ Phase Dissolution from an Al-Zn-Mg-Cu Alloy by Electrochemical Microtransients"*, eingereicht bei Electrochimica Acta, 2007.

Lebenslauf

Zur Person

Dipl.-Ing. Joachim Peter Wloka
geboren am 23. Januar 1979
in Würzburg
ledig

Grübelstr. 1 b
90522 Oberasbach

Ausbildung

06/2004 – heute	Wissenschaftlicher Mitarbeiter am Lehrstuhl für Korrosion und Oberflächentechnik (Universität Erlangen-Nürnberg) bei Prof. Dr. S. Virtanen
10/1999 – 04/2004	Studium der Werkstoffwissenschaften an der Universität Erlangen-Nürnberg Diplomarbeit mit dem Thema „Porosifizierung von Galliumphosphid" am Lehrstuhl für Korrosion und Oberflächentechnik der Universität Erlangen-Nürnberg bei Prof. Dr. P. Schmuki
08/2002	Aufnahme als Stipendiat in die Studienstiftung des deutschen Volkes nach besonderer Aufnahmeprüfung
06/1999	Besondere Prüfung beim Ministerialbeauftragten für Mittelfranken, daraufhin Hochbegabtenstipendium nach BayBFG vom Freistaat Bayern
09/1990 – 06/1999	Dietrich-Bonhoeffer-Gymnasium Oberasbach (Bayern)
09/1989 – 07/1990	Pestalozzi-Hauptschule Oberasbach (Bayern)
09/1985 – 07/1989	Pestalozzi-Grundschule Oberasbach (Bayern)

Danksagung

An erster Stelle möchte ich mich bei Frau Prof. Dr. S. Virtanen für die Überlassung dieses wissenschaftlich sehr interessanten und herausfordernden Themas sowie für die geduldige Unterstützung während der Fertigstellung dieser Dissertation bedanken. Besonders erwähnenswert sind die zahlreichen wertvollen Gespräche, Anregungen und Diskussionen sowie das stete Interesse am Fortgang der Arbeit.

Herrn Professor Dr.-Ing. R. F. Singer danke ich für die Übernahme des Korreferats.

Herrn Professor em. Dr. H. Kaesche möchte ich für sein Interesse sowie für die fruchtbaren Diskussionen über die Ergebnisse dieser Arbeit danken.

Herrn Hack vom EADS Corporate Research Center Germany GmbH in München danke ich für die stete Diskussionsbereitschaft sowie die schnelle Lieferung neuer Proben. Hilfreich für die Arbeit war auch die Bereitstellung des EC-Pens. Danke auch für die finanzielle Unterstützung dieser Arbeit aus EADS-Mitteln. Ebenso gilt Herrn Schneider und Frau Dr. Lenczowksi, ebenfalls vom EADS Corporate Research Center, Dank für die kooperative Zusammenarbeit und die anregenden Gespräche.

Am Lehrstuhl für Korrosion und Oberflächentechnik geht mein besonderer Dank an meinen Diplomanden Gotthold Bürklin und meinen Studienarbeiter Peter Drechsel für die gute und effektive Zusammenarbeit auf dem Gebiet der Aluminiumkorrosion. Erwähnung finden sollen auch Kathrin Müller, Birgit Rackl, Florian Kellner und Johannes Brunner, die in ihrer Studien- bzw. Diplomarbeit zwar andere Themen bearbeiteten, mir aber durch deren Betreuung Einblick in andere Aspekte ermöglicht haben.

Weiterhin gilt mein Dank allen weiteren Mitarbeitern des Lehrstuhls, die mir mit Rat und Tat zur Seite standen. Besonders erwähnenswert ist die schnelle Hilfe von Herrn Rollig, wenn es darum ging, etwas „Neues“ zu konstruieren, zu bauen oder abzuändern. Frau Marten danke ich für die XPS-, Frau Friedrich für REM- und EDX-, Frau Hildebrand für die ESCA- und AES-Messungen, sowie Irena Topic für die TEM-Aufnahmen

Abschließend möchte ich all jenen Menschen danken, die ihren Beitrag zum Gelingen dieser Arbeit geleistet haben. Ohne die ideelle Unterstützung meiner Familie und meiner Freundin wären die nicht so ganz von Erfolg gekrönten Zeiten während der vergangenen drei Jahre sicherlich nicht so einfach zu überstehen gewesen.

Literaturverzeichnis

[1] W. Bergmann: "Werkstofftechnik - Teil 2: Anwendung", Carl Hanser Verlag, München, 3. Auflage, 2005.

[2] H. Buhl: "Advanced Aerospace Materials", Springer-Verlag, Heidelberg, 1. Auflage, 1992.

[3] P. Fournier: "New developments of aluminium alloys on Airbus aircraft", *Aluminium International Today* **November/December**, 16-18 (2005).

[4] B. Irving: "Scandium places Aluminium Welding on a new Plateau", *Welding Journal* **7**, 53-57 (1997).

[5] J. Røyset und N. Ryum: "Scandium in aluminium alloys", *International Materials Reviews* **50**, 19-44 (2005).

[6] I. J. Polmear: "Light Alloys - Metallurgy of the light metals", Arnold, London, 3. Auflage, 1995.

[7] H. Breuer: "dtv-Atlas zur Chemie", Deutscher Taschenbuchverlag GmbH & Co. KG, München, 2. Auflage, 1997.

[8] D. G. Altenpohl: "Aluminium und Aluminiumlegierungen", W. Köster, Reine und angewandte Metallkunde in Einzeldarstellungen, Springer-Verlag, Berlin, 1. Auflage, 1965.

[9] F. Andreatta, M. M. Lohrengel, H. Terryn und J. H. W. de Wit: "Electrochemical characterisation of aluminium AA7075-T6 and solution heat treated AA7075 using a micro-capillary cell", *Electrochimica Acta* **48**, 3239-3247 (2003).

[10] F. Andreatta, H. Terryn und J. H. W. de Wit: "Effect of solution heat treatment on galvanic coupling between intermetallics and matrix in AA7075-T6", *Corrosion Science* **45**, 1733-1746 (2003).

[11] F. Andreatta, H. Terryn und J. H. W. de Wit: "Corrosion behaviour of different tempers of AA7075 aluminium alloy", *Electrochimica Acta* **49**, 2851-2862 (2004).

[12] International Alloy Designations and Chemical Composition Limits for Wrought Aluminum and Wrought Aluminum Alloys (The Aluminum Association, Inc., 2004).

[13] L. F. Mondolfo: "Aluminum Alloys: Structure and Properties", Butterworth & Co Ltd., London, 1. Auflage, 1976.

[14] J. D. Robson: "Microstructural evolution in aluminium alloy 7050 during processing", *Materials Science and Engineering A* **382**, 112-121 (2004).

[15] C. Mondal und A. K. Mukhopadhyay: "On the nature of T and S-Phases present in as-cast and annealed 7055 aluminum alloy", *Materials Science and Engineering A* **391**, 367-376 (2005).

[16] H.-J. Bargel und G. Schulze: "Werkstoffkunde", Springer-Verlag, Berlin, 6. Auflage, 1999.

[17] J.-Q. Su, T. W. Nelson, R. S. Mishra und M. W. Mahoney: "Microstructural investigation of friction stir welded 7050-T651 aluminium", *Acta Materialia* **51**, 713-729 (2003).

[18] G. Godard, P. Archambault, E. Aeby-Gautier und G. Lapasset: "Precipitation sequences during quenching of the AA7010 alloy", *Acta Materialia* **50**, 2319-2329 (2002).

[19] Y. V. Milman, A. I. Sirko, D. V. Lotsko, O. N. Senkov und D. B. Miracle: "Microstructure and Mechanical Properties of Cast and Wrought Al-Zn-Mg-Cu Alloys Modified with Zr and Sc", *Materials Science Forum* **296-402**, 1217-1222 (2002).

[20] G. Gottstein: "Physikalische Grundlagen der Materialkunde", Springer-Verlag, Berlin, 2. Auflage, 2001.

[21] E. Riedel: "Allgemeine und Anorganische Chemie", Walter de Gruyter Verlag, Berlin, 7. Auflage, 1999.

[22] X.-M. Li und M. J. Starink: "Effect of compositional variations on characteristics of coarse intermetallic particles in overaged 7000 aluminium alloys", *Materials Science and Technology* **17**, 1324-1328 (2001).

[23] N. Birbilis, M. K. Cavanaugh und R. G. Buchheit: "Electrochemical behavior and localized corrosion associated with Al_7Cu_2Fe particles in aluminium alloy 7075-T651", *Corrosion Science* **48**, 4202-4215 (2006).

[24] N. Birbilis und R. G. Buchheit: "Electrochemical Characteristics of Intermetallic Phases in Aluminum Alloys", *Journal of The Electrochemical Society* **152**, B140-B151 (2005).

[25] T. P. Earle, J. S. Robinson und J. J. Colvin: "Investigating the mechanisms that cause quench cracking in aluminium alloy 7010", *Journal of Materials Processing Technology* **153-154**, 330-337 (2004).

[26] E. Mattsson, L.-O. Gullman, L. Knutsson, R. Sundberg und B. Thundal: "Mechanism of Exfoliation (Layer Corrosion) of Al-5%Zn-1%Mg", *British Corrosion Journal* **6**, 73-83 (1971).

[27] R. G. Hamerton, H. Cama und M. W. Meredith: "Development of the Coarse Intermetallic Particle Population in Wrought Aluminium Alloys During Ingot Casting and Thermo-mechanical Processing", *Materials Science Forum* **331-337**, 143-154 (2000).

[28] L. Dorn: "Schweißverhalten von Aluminium und seinen Legierungen", *Materialwissenschaft und Werkstofftechnik* **29**, 412-423 (1998).

[29] A. Deschamps und Y. Bréchet: "Influence of quench and heating rates on the ageing response of an Al-Zn-Mg-(Zr) alloy", *Materials Science and Engineering A* **251**, 200-207 (1998).

[30] A. Deschamps und Y. Bréchet: "Nature and Dristribution of Quench-Induced Precipitation in an Al-Zn-Mg-Cu Alloy", *Scripta Materialia* **39**, 1517-1522 (1998).

[31] M. M. Sharma, M. F. Amateau und T. J. Eden: "Hardening mechanisms of spray formed Al-Zn-Mg-Cu alloys with scandium and other elemental additions", *Journal of Alloys and Compounds* **416**, 135-142 (2006).

[32] T. H. Sanders und E. A. Starke: "The Relationship of Microstructure to Monotonic and Cyclic Straining of Two Age Hardening Aluminium Alloys", *Metallurgical Transactions A* **7A**, 1407-1418 (1976).

[33] J.-K. Park und A. J. Ardell: "Microstructures of the Commercial 7075 Al Alloy in the T651 and T7 Tempers", *Metallurgical Transactions A* **14A**, 1957-1965 (1983).

[34] C. Wolverton: "Crystal Structure and Stability of Complex Precipitate Phases in Al-Cu-Mg-(Si) and Al-Zn-Mg Alloys", *Acta Materialia* **49**, 3129-3142 (2001).

[35] U. Dilthey und S. Trube: "Schweißtechnische Fertigungsverfahren - Verhalten der Werkstoffe beim Schweißen", U. Dilthey, Schweißtechnische Fertigungsverfahren, VDI-Verlag, Düsseldorf, 2. Auflage, 1995.

[36] T. Ramgopal, P. Schmutz und G. S. Frankel: "Electrochemical Behavior of Thin Film Analogs of $Mg(Zn,Cu,Al)_2$", *Journal of The Electrochemical Society* **148**, B348-B356 (2001).

[37] T. Ramgopal, P. I. Gouma und G. S. Frankel: "Role of Grain-Boundary Precipitates and Solute-Depleted Zone on the Intergranular Corrosion of Aluminum Alloy 7150", *Corrosion* **58**, 687-697 (2002).

[38] M. Nicolas und A. Deschamps: "Characterisation and modelling of precipitate evolution in an Al-Zn-Mg alloy during non-isothermal heat treatments", *Acta Materialia* **51**, 6077-6094 (2003).

[39] Y. H. Zhao, X. Z. Liao, Z. Jin, R. Z. Valiev und Y. T. Zhu: "Microstructures and mechanical properties of ultrafine grained 7075 Al alloy processed by ECAP and their evolutions during annealing", *Acta Materialia* **52**, 4589-4599 (2004).

[40] V. V. Zakharov und T. D. Rostova: "High-Strength Weldable Alloy 1970 Based on the Al-Zn-Mg System", *Metal Science and Heat Treatment* **47**, 131-138 (2005).

[41] M. Puiggali, A. Zielinski, J. M. Olive, E. Renauld, D. Desjardins und M. Cid: "Effect of Microstructure on Stress Corrosion Cracking of an Al-Zn-Mg-Cu Alloy", *Corrosion Science* **40**, 805-819 (1998).

[42] V. V. Zakharov, T. D. Rostova und I. A. Fisenko: "High-Strength Weldable Corrosion-Resistant Aluminum Alloy For Bearing Building Structures", *Metal Science and Heat Treatment* **47**, 377-382 (2005).

[43] R. Y. Hwang und C. P. Chou: "The Study on Microstructural and Mechanical Properties of Weld Heat Affected Zone of 7075-T651 Aluminium Alloy", *Scripta Materialia* **38**, 215-221 (1998).

[44] D. Najjar, T. Magnin und T. Warner: "Influence of critical surface defects and localized competetion between anodic dissolution and hydrogen effects during stress corrosion cracking of a 7050 aluminium alloy", *Materials Science and Engineering* **A238**, 293-302 (1997).

[45] H. Assler, *Innovation in advanced metallic airframe structures*, DLR Werkstoff-Kolloquium Köln, 2006.

[46] N. Birbilis, M. K. Cavanaugh, R. G. Buchheit, D. G. Harlow und R. P. Wei: "Understanding damage accumulation upon AA7075-T651 used in airframes from a microstructural point of view" in Symposium Applications of Materials Science to Military Systems, Pittsburgh, (Hrsg.), Materials Science and Technology '05, TMS, 2005.

[47] R. W. Revie: "Uhlig's Corrosion Handbook", Electrochemical Society Series, John Wiley & Sons, Inc., New York, 2. Auflage, 2000.

[48] H. Kaesche: "Die Korrosion der Metalle", Springer-Verlag, Berlin, 3. Auflage, 1990.

[49] T. J. R. Leclère und R. C. Newman: "Self-Regulation of the Cathodic Reaction Kinetics during Corrosion of AlCu Alloys", *Journal of The Electrochemical Society* **149**, B52-B56 (2002).

[50] J. Richter und H. Kaesche: "Untersuchungen über den Einfluß der Mikrostruktur auf die interkristalline und Kornflächenkorrosion von reinen Aluminium-Zink-Magnesium-Legierungen in 1M Natriumchloridlösung", *Werkstoffe und Korrosion* **32**, 174-182 (1981).

[51] Y. Yoon und R. G. Buchheit: "The Effect of Cu Content on Chromate Conversion Coating Formation of Compositional Analogs of the η Phase $Mg(Zn,xCu)_2$", *Electrochemical and Solid-State Letters* **8**, B65-B68 (2005).

[52] Y. Yoon und R. G. Buchheit: "Dissolution Behavior of Al_2CuMg (S-Phase) in Chloride and Chromate Conversion Coating Solutions", *Journal of The Electrochemical Society* **153**, B151-B155 (2006).

[53] Z. Szklarska-Smialowska: "Pitting corrosion of aluminum", *Corrosion Science* **41**, 1743-1767 (1999).

[54] J. R. Galvele: "Transport Processes and the Mechanism of Pitting in Metals", *Journal of The Electrochemical Society* **123**, 464-474 (1976).

[55] S. L. Winkler, M. P. Ryan und H. M. Flower: "Pitting corrosion in cast 7XXX aluminium alloys and fibre reinforced MMCs", *Corrosion Science* **46**, 893-902 (2004).

[56] Z. Szklarska-Smialowska: "Pitting Corrosion of Metals", National Assosciation of Corrosion Engineers, Houston, 1. Auflage, 1986.

[57] W. Hufnagel: "Aluminium-Taschenbuch", Aluminium-Zentrale, Düsseldorf, 14. Auflage, 1988.

[58] D. McNaughtan, M. Worsfold und M. J. Robinson: "Corrosion product force measurements in the study of exfoliation and stress corrosion cracking in high strength aluminium alloys", *Corrosion Science* **45**, 2377-2389 (2003).

[59] M. J. Robinson und N. C. Jackson: "The influence of grain structure and intergranular corrosion rate on exfoliation and stress corrosion cracking of high strength Al-Cu-Mg alloys", *Corrosion Science* **41**, 1013-1028 (1999).

[60] T. S. Huang, G. S. Frankel, B. Farahbakhsh und D. Peeler: "Localized Corrosion Growth Kinetics in Al-Alloys" in 6th Joint FAA/DoD/NASA Aging Aircraft Conference, D. Peeler (Hrsg.), 2002.

[61] W. Zhang und G. S. Frankel: "Localized Corrosion Growth Kinetics in AA2024 Alloys", *Journal of The Electrochemical Society* **149**, B510-B519 (2002).

[62] X. Zhao, G. S. Frankel, B. Zoofan und S. I. Rokhlin: "In Situ X-Ray Radiographic Study of Intergranular Corrosion in Aluminum Alloys", *Corrosion* **59**, 1012-1018 (2003).

[63] M. J. Robinson: "Mathematical Modelling of Exfoliation Corrosion in High Strength Aluminium Alloys", *Corrosion Science* **22**, 775-790 (1982).

[64] M. Liao, N. C. Bellinger und J. P. Komorowski: "Modeling the effects of prior exfoliation corrosion on fatigue life aircraft wing skins", *International Journal of Fatigue* **25**, 1059-1067 (2003).

[65] X. Zhao und G. S. Frankel: "Effects of Relative Humidity, Temper, and Stress on Exfolation Corrosion Kinetics of AA7178", *Corrosion* **62**, 956-966 (2006).

[66] F. Bellenger, H. Mazille und H. Idrissi: "Use of acoustic emission technique for the early detection of aluminium alloys exfoliation corrosion", *NDT&E International* **35**, 385-392 (2002).

[67] M. J. Robinson: "The Role of Wedging Stresses in the Exfoliation Corrosion of High Strength Aluminium Alloys", *Corrosion Science* **23**, 887-899 (1983).

[68] X. Zhao und G. S. Frankel: "Quantitative study of exfoliation corrosion: Exfoliation of slices in humidity technique", *Corrosion Science* **49**, 920-938 (2007).

[69] G. S. Frankel, T.-S. Huang und X. Zhao: "Localized Corrosion Growth Kinetics in AA7178" in Passivation of Metals and Semiconductors, and Properties of Thin Oxide Layers, Paris, P. Marcus und V. Maurice (Hrsg.), Elsevier B.V., 2006.

[70] T.-S. Huang und G. S. Frankel: "Kinetics of sharp intergranular corrosion fissures in AA7178", *Corrosion Science* **49**, 858-876 (2007).

[71] F. H. Cao, Z. Zhang, J.-X. Su und J.-Q. Zhang: "Electrochemical impedance spectroscopy analysis on aluminum alloys in EXCO solution", *Materials and Corrosion* **56**, 318-324 (2005).

[72] C. Dalle Donne, R. Braun, G. Staniek, A. Jung und W. A. Kaysser: "Mikrostrukturelle, mechanische und korrosive Eigenschaften reibrührgeschweißter Stumpfnähte in Aluminiumlegierungen", *Materialwissenschaft und Werkstofftechnik* **29**, 609-617 (1998).

[73] M. C. Reboul und J. Bouvaist: "Exfoliation corrosiom mechanisms in the 7020 aluminium alloy", *Werkstoffe und Korrosion* **30**, 700-712 (1979).

[74] A. F. Norman, K. Hyde, F. A. Costello, S. Thompson, S. S. Birley und P. B. Prangnell: "Examination of the effect of Sc on 2000 and 7000 series aluminium alloy castings: for improvements in fusion welding", *Materials Science and Engineering* **A354**, 188-198 (2003).

[75] V. G. Davydov, T. D. Rostova, V. V. Zakharov, Y. A. Filatov und V. I. Yelagin: "Scientific priciples of making an alloying addition of scandium to aluminium alloys", *Materials Science and Engineering* **A280**, 30-36 (2000).

[76] L. L. Rokhlin, T. V. Dobatkina, N. R. Bochvar und E. V. Lysova: "Investigation of phase equilibria in alloys of the Al-Zn-Mg-Cu-Zr-Sc system", *Journal of Alloys and Compounds* **367**, 10-16 (2004).

[77] Y. V. Milman, D. V. Lotsko und O. I. Sirko: "'Sc-Effect' of Improving Mechanical Properties in Aluminium Alloys", *Materials Science Forum* **331-337**, 1107-1112 (2000).

[78] E. M. Sokolovskaya, E. F. Kazakova und E. I. Podd'yakova: "Reaction of Aluminum with Chromium and Scandium", *Metal Science and Heat Treatment* **11**, 837-839 (1989).

[79] F. A. Costello, J. D. Robson und P. B. Prangnell: "The Effect of Small Scandium Additions to AA7050 on the As-cast and Homogenized Microstructure", *Materials Science Forum* **396-402**, 757-762 (2002).

[80] A. F. Norman, P. B. Prangnell und R. S. McEwen: "The solidification behaviour of dilute aluminium-scandium alloys", *Acta Materialia* **46**, 5715-5732 (1998).

[81] J. Røyset und N. Ryum: "Kinetics and mechanisms of precipitation in an Al-0.2 wt.% Sc alloy", *Materials Science and Engineering* **A396**, 409-422 (2005).

[82] J. Røyset und Y. W. Riddle: "The Effect of Sc on the Recrystallisation Resistance and Hardness of an Extruded and Subsequently Cold Rolled Al-Mn-Mg-Zr Alloy", *Materials Forum* **28**, 1210-1215 (2004).

[83] D. N. Seidman, E. A. Marquis und D. C. Dunand: "Precipitation strengthening at ambient and elevated temperatures of heat-treatable Al(Sc) alloys", *Acta Materialia* **50**, 4021-4035 (2002).

[84] V. G. Davydov, V. I. Elagin, V. V. Zakharov und T. D. Rostova: "Alloying Aluminum Alloys with Scandium and Zirconium Additives", *Metal Science and Heat Treatment* **38**, 347-352 (1996).

[85] T. Torma, E. Kovács-Csetényi, T. Turmezey, T. Ungár und I. Kovács: "Hardening mechanisms in Al-Sc alloys", *Journal of Materials Science* **24**, 3924-3927 (1989).

[86] R. Braun, B. Lenczowski und G. Tempus: "Effect of Thermal Exposure on the Corrosion Properties of an Al-Mg-Sc Alloy Sheet", *Materials Science Forum* **331-337**, 1647-1652 (2000).

[87] G. Lapasset, Y. Girard, M. H. Campagnac und D. Boivin: "Investigation of the Microstructure and Properties of a Friction Stir Welded Al-Mg-Sc Alloy", *Materials Science Forum* **426-432**, 2987-2992 (2003).

[88] www.scandium.org, aufgerufen am 15.03.2007.

[89] O. N. Senkov, R. B. Bhat, S. V. Senkova und J. D. Scholz: "Microstructure and Properties of Cast Ingots of Al-Zn-Mg-Cu Alloys Modified with Sc and Zr", *Metallurgical and Materials Transactions A* **36A**, 2115-2126 (2005).

[90] V. I. Elagin, V. V. Zakharov und T. D. Rostova: "Effect of Scandium on the Structure and Properties of Alloy Al-5.5% Zn-2.0% Mg", *Metal Science and Heat Treatment* **36**, 375-380 (1994).

[91] C. S. Paglia, K. V. Jata und R. G. Buchheit: "A cast 7050 friction stir weld with scandium: microstructure, corrosion and environmental assisted cracking", *Materials Science and Engineering* **A424**, 196-204 (2006).

[92] O. G. Senatorova, A. N. Uksusnikov, S. F. Legoshina, I. N. Fridlyander und I. P. Zhegina: "Influence of Different Minor Additions on Structure and Properties of High-Strength Al-Zn-Mg-Cu Alloy Sheets", *Materials Science Forum* **331-337**, 1249-1254 (2000).

[93] I. Charit und R. S. Mishra: "Low temperature superplasticity in a friction-stir-processed ultrafine grained Al-Zn-Mg-Sc alloy", *Acta Materialia* **53**, 4211-4223 (2005).

[94] I. N. Ganiev: "Corrosion - Electrochemical Behavior of Special-Purity Aluminum and Its AK1 Alloy Alloyed with Scandium", *Russian Journal of Applied Chemistry* **77**, 925-929 (2004).

[95] G. V. Kharina und V. P. Kochergin: "Corrosion of Alloys of Aluminum with Zinc and Rare Earth Metals in Sodium Metavanadate Solutions", *Protection of Metals* **32**, 134-136 (1996).

[96] G. V. Kharina, M. V. Kuznetsov und V. P. Kochergin: "Mechanism and Kinetics of Anodic Dissolution of Aluminum and Its Alloys with Zinc and Rare-Earths in a Sodium Polyvanadate Solution", *Russian Journal of Electrochemistry* **34**, 482-485 (1998).

[97] G. V. Kharina und V. P. Kochergin: "Corrosion - electrochemical Behaviour of Al-Zn-rem Alloys in the Presence of Polyvanadate-ions", *Protection of Metals* **37**, 575-579 (2001).

[98] N. V. Vyazovikina: "The Effect of Scandium on the Corrosion Resistance of Aluminum and Its Alloys in 3% NaCl Solution", *Protection of Metals* **35**, 448-453 (1999).

[99] V. S. Sinyavskii, V. D. Val'kov und E. V. Titkova: "The Effect of Scandium and Zirkonium Additions on Corrosion Properties of Al-Mg Alloys", *Protection of Metals* **34**, 549-555 (1998).

[100] I. N. Ganiev: "High-Temperature and Electrochemical Corrosion of Aluminum-Scandium Alloys", *Protection of Metals* **31**, 543-546 (1995).

[101] Z. Ahmad: "The Properties and Application of Scandium-Reinforced Aluminum", *JOM* **February**, 35-39 (2003).

[102] M. K. Cavanaugh, N. Birbilis, R. G. Buchheit und F. Bovard: "Investigating localized corrosion susceptibility arising from Sc containing intermetallic Al_3Sc in high strength Al-alloys", *Scripta Materialia*, doi:10.1016/j.scriptamat.2007.01.036 (2007).

[103] Z. Wang, P. Wang, K. S. Kumar und C. L. Briant: "Stress Corrosion Cracking of Aluminium-Magnesium Alloys Containing Scandium and Silver Additions" in Chemistry and Electrochemistry of Stress Corrosion Cracking: A Symposium Honoring the Contributions of R. W. Staehle, R. H. Jones (Hrsg.), TMS (The Minerals, Metals & Materials Society), 2001.

[104] V. I. Elagin, V. V. Zakharov, A. A. Petrova und E. V. Vyshegorodtseva: "Influence of Scandium on the Structure and Properties of Al-Zn-Mg Alloys", *Russian Metallurgy (Metally)* **4**, 143-146 (1983).

[105] Y.-L. Wu, F. H. Froes, C. Li und A. Alvarez: "Microalloying of Sc, Ni, and Ce in an Advanced Al-Zn-Mg-Cu Alloy", *Metallurgical and Materials Transactions A* **30A**, 1017-1024 (1999).

[106] A. V. Sameljuk, O. D. Neidov, A. V. Krajnikov, Y. V. Milman und G. E. Thompson: "Corrosion behaviour of powder metallurgical and cast Al-Zn-Mg base alloys", *Corrosion Science* **46**, 147-158 (2004).

[107] M. Pourbaix: "Atlas of electrochemical equilibria in aqueous solutions", NACE, Houston, 2. Auflage, 1974.

[108] R. C. Weast (Hrsg.): "CRC Handbook of Chemistry and Physics", CRC Press, Inc., Boca Raton, 66. Auflage, 1986.

[109] W. Hufnagel: "Key to Aluminium Alloys - Aluminiumschlüssel", Aluminium-Verlag GmbH, Düsseldorf, 4. Auflage, 1991.

[110] R. Braun: "Nd:YAG laser butt welding of AA6013 using silicon and magnesium containing filler powders", *Materials Science and Engineering* **A 426**, 250-262 (2006).

[111] M. C. Reboul, B. Dubost und M. Lashermes: "The Stress Corrosion Susceptibility of Aluminium Alloy 7020 Welded Sheets", *Corrosion Science* **27**, 999-1018 (1985).

[112] J. A. Garrido, P. L. Cabot, R. M. Rodríguez, E. Pérez, A. H. Moreira, P. T. A. Sumodjo und A. V. Benedetti: "Voltammetric study of Al-Zn-Mg alloys in chloride solutions", *Journal of Applied Electrochemistry* **29**, 1241-1244 (1999).

[113] P. L. Cabot, J. A. Garrido, E. Pérez, A. H. Moreira, P. T. A. Sumodjo und A. V. Benedetti: "Effect of the addition of Cr and Nb on the microstructure and electrochemical corrosion of heat-treatable Al-Zn-Mg alloys", *Journal of Applied Electrochemistry* **25**, 781-791 (1995).

[114] DIN 1910-T1: Schweißen - Begriffe, Einteilung der Schweißverfahren (1983).

[115] X. Cao, W. Wallace, C. Poon und J.-P. Immarigeon: "Research and Progress in Laser Welding of Wrought Aluminum Alloys. I. Laser Welding Processes", *Materials and Manufacturing Processes* **18**, 1-22 (2003).

[116] C. Liu, D. O. Northwood und S. D. Bhole: "Tensile fracture behaviour in CO_2 laser beam welds of 7075-T6 aluminum alloy", *Materials and Design* **25**, 573-577 (2004).

[117] L. Boehm: "New Engineering Processes in Aircraft Construction: Application of Laser-Beam and Friction Stir Welding", *Glass Physics and Chemistry* **31**, 27-29 (2004).

[118] G. Schulze, H. Krafka und P. Neumann: "Schweißtechnik: Werkstoffe - Konstruieren - Prüfen", VDI-Verlag, Düsseldorf, 2. Auflage, 1996.

[119] E. Ciompi und A. Lanciotti: "Susceptibility of 7050-T7451 electron beam welded specimens to stress corrosion", *Engineering Fracture Mechanics* **62**, 463-476 (1999).

[120] J. B. Lumsden, M. W. Mahoney, G. Pollock und C. G. Rhodes: "Intergranular Corrosion Following Friction Stir Welding of Aluminum Alloy 7075-T651", *Corrosion* **55**, 1127-1135 (1999).

[121] P. S. Pao, S. J. Gill, C. R. Feng und K. K. Sankaran: "Corrosion-fatigue crack growth in friction stir welded Al 7050", *Scripta Materialia* **45**, 605-612 (2001).

[122] J. Lumsden, G. Pollock und M. Mahoney: "Effect of post weld heat treatments on the corrosion properties of FSW AA7050" in Friction Stir Welding and Processing II, K. V. Jata, M. W. Mahoney, R. S. Mishra, S. S.L. und T. Lienert (Hrsg.), TMS, 2003.

[123] E. I. Meletis, P. Gupta und F. Nave: "Stress corrosion cracking behaviour of friction stir welded high-strength aluminium alloys" in Friction Stir Welding and Processing II, K. V. Jata, M. W. Mahoney, R. S. Mishra, S. L. Semiatin und T. Lienert (Hrsg.), TMS, 2003.

[124] R. Braun, C. Dalle Donne und G. Staniek: "Laser beam welding and friction stir welding of 6013-T6 aluminium alloy sheet", *Materialwissenschaft und Werkstofftechnik* **31**, 1017-1026 (2000).

[125] R. Schneider, *persönliche Mitteilung*, LG-SC, EADS Corporate Research Center Germany GmbH, München, 2005.

[126] DIN EN 515: Aluminium and aluminium alloys: Wrought products Temper designations (European Standard, 1993).

[127] E. Weck und E. Leistner: "Metallographische Anleitung zum Farbätzen nach dem Tauchverfahren", Fachbuchreihe Schweißtechnik, Deutscher Verlag für Schweißtechnik (DVS) GmbH - Düsseldorf, 1. Auflage, 1982.

[128] H. Schumann: "Metallographie", VEB Deutscher Verlag für Grundstoffindustrie, Leipzig, 8. Auflage, 1974.

[129] F. J. Humphreys und M. Hatherly: "Recrystallization and Related Annealing Phenomena", Pergamon, Oxford, 1. Auflage, 1995.

[130] D.-W. Suh, S.-Y. Lee, K.-H. Lee, S.-K. Lim und K. H. Oh: "Microstructural evolution of Al-Zn-Mg-Cu-(Sc) alloy during hot extrusion and heat treatments", *Journal of Materials Processing Technology* **155-156**, 1330-1336 (2004).

[131] G. Petzow: "Metallographische Ätzen", Materialkundlich-Technische Reihe, Gebrüder Borntraeger, Berlin-Stuttgart, 5. Auflage, 1976.

[132] M. M. Lohrengel: "Electrochemical capillary cells", *Corrosion Engineering, Science and Technology* **39**, 53-58 (2004).

[133] T. Suter, Y. Müller, P. Schmutz und O. v. Trzebiatowski: "Microelectrochemical Studies of Pit Initiation on High Purity and Ultra High Purity Aluminum", *Advanced Engineering Materials* **7**, 339-348 (2005).

[134] T. Suter: "Mikroelektrochemische Untersuchungen bei austenitischen "rostfreien" Stählen", *Ph.D. Thesis No 11962, ETH Zürich* (1997).

[135] T. Suter und H. Böhni: "A new microelectrochemical method to study pit initiation on stainless steels", *Electrochimica Acta* **42**, 3275-3280 (1997).

[136] H. Böhni, T. Suter und A. Schreyer: "Micro- and Nanotechniques to Study Localized Corrosion", *Electrochimica Acta* **40**, 1361-1368 (1995).

[137] H. Böhni, T. Suter und F. Assi: "Micro-electrochemical techniques for studies of localized processes on metal surfaces in the nanometer range", *Surface and Coatings Technology* **130**, 80-86 (2000).

[138] T. Suter und H. Böhni: "Microelectrodes for corrosion studies in microsystems", *Electrochimica Acta* **47**, 191-199 (2001).

[139] T. Suter und H. Böhni: "Microelectrodes for studies of localized corrosion processes", *Electrochimica Acta* **43**, 2843-2849 (1998).

[140] R. R. Leard und R. G. Buchheit: "Electrochemical Characterization of Copper-bearing Intermetallic Compounds and Localized Corrosion of Al-Cu-Mg-Mn Alloy 2024", *Materials Science Forum* **396-402**, 1491-1496 (2002).

[141] T. Suter und R. C. Alkire: "Microelectrochemical Studies of Pit Initiation at Single Inclusions in a 2024-T3 Al Alloy" in, (Hrsg.), Electrochemical Society Proceedings, 1998.

[142] T. Suter, A. Spiegel und H. Böhni: "Microcell Applications on Different Systems" in Critical Factors in Localized Corrosion IV, S. Virtancn, P. Schmuki und G. S. Frankel (Hrsg.), The Electrochemical Society Proceedings Series, 2003.

[143] N. Birbilis, B. N. Padgett und R. G. Buchheit: "Limitations in microelectrochemical capillary cell testing and transformation of electrochemical transients for acquisition of microcell impedance data", *Electrochimica Acta* **50**, 3536-3544 (2005).

[144] M. Büchler, N. Margadant, S. Siegmann, J. Ilavsky, G. Barbezat, J. Pisacka und R. Enzl: "Determination of the integrity of thermally sprayed coatings with a new laterally resolving electrochemical technique" in ITSC 2002 International Thermal Spray Conference, Essen, (Hrsg.), 2002.

[145] M. Büchler: "Electrochemical Cell, Use of the Electrochemical Cell, and Method for Electrolytically Contacting and Electrochmeically Influencing a Surface", Patent WO 02/25249 A2, Switzerland, 2002.

[146] M. Büchler, C.-H. Voûte, D. Bindschedler und F. Stalder: "The ec-pen in quality control: Determining the corrosion resistance of stainless steel on-site" in International Symposium (NDT-CE 2003), (Hrsg.), 2003.

[147] M. Büchler, Bedienungsanleitung zum EC-pen (2004).

[148] T. Hack, *persönliche Mitteilung*, LG-SC, EADS Corporate Research Center Germany GmbH, München, 2004.

[149] N. Margadant und M. Büchler: "A Novel Laterally Resolving Method for Characterizing the Defect Structure in Thermal-Sprayed Coatings", *Corrosion* **61**, 923-932 (2005).

[150] M. Büchler, C.-H. Voûte und F. Stalder: "A New Locally Resolving Electrochemical Sensor: Application in Research and Development" in Critical Factors in Localized Corrosion IV, S. Virtanen, P. Schmuki und G. S. Frankel (Hrsg.), The Electrochemical Society Proceedings Series, 2003.

[151] S. Maitra und G. C. English: "Mechanism of Localized Corrosion of 7075 Alloy Plate", *Metallurgical Transactions A* **12A**, 535-541 (1981).

[152] M. Bobby Kannan, V. S. Raja, A. K. Mukhopadhyay und P. Schmuki: "Environmentally Assisted Cracking Behavior of Peak-Aged 7010 Aluminum Alloy Containing Scandium", *Metallurgical and Materials Transactions A* **36A**, 3257-3262 (2005).

[153] F. Stoll, W. Hornig, J. Richter und H. Kaesche: "Interkristalline, Kornflächen- und Spannungsriß-Korrosion von ausgehärteten AlZnMg1-Legierungen", *Werkstoffe und Korrosion* **29**, 585-593 (1978).

[154] W. Zhang und G. S. Frankel: "Transition between pitting and intergranular corrosion in AA2024", *Electrochimica Acta* **48**, 1193-1210 (2003).

[155] M. Tanaka, R. Dif und T. Warner: "Chemical Composition Profiles across Grain Boundaries in T6, T79, T76 Tempered AA7449 Alloy", *Materials Science Forum* **396-402**, 1449-1454 (2002).

[156] J. Wloka, T. Hack und S. Virtanen: "Influence of temper and surface condition on the exfoliation behaviour of high strength Al-Zn-Mg-Cu alloys", *Corrosion Science* **49**, 1437-1449 (2007).

[157] T. W. Jelinek: "Oberflächenbehandlung von Aluminium", Eugen G. Leuze Verlag, Saulgau, 1. Auflage, 1997.

[158] S. Wernick, R. Pinner, E. Zurbrügg und R. Weiner: "Die Oberflächenbehandlung von Aluminium", Eugen G. Leuze Verlag, Saulgau/Württemberg, 2. Auflage, 1977.

[159] Q. Meng und G. S. Frankel: "Effect of Cu Content on Corrosion Behavior of 7xxx Series Aluminum Alloys", *Journal of The Electrochemical Society* **151**, B271-B283 (2004).

[160] Q. Meng und G. S. Frankel: "Effect of copper content on chromate conversion cocating protection of 7xxx-T6 aluminum alloys", *Corrosion* **60**, 897-905 (OCT, 2004).

[161] G. Bürklin: "Vergleichende Untersuchungen zum Einfluss von Scandium auf die Repassivierungseigenschaften höchstfester AlZnMgCu-Legierungen", Diplomarbeit, Erlangen-Nürnberg (2007).

[162] W.-J. Lee und S.-I. Pyun: "The effect of chromate addition to a chloride solution on crack growth in pre-pitted samples of Al-Zn-Mg alloy", *Materials Science and Engineering* **A279**, 172-178 (2000).

[163] G. Song und A. Atrens: "Understanding Magnesium Corrosion - A Framework for Improved Alloy Performance", *Advanced Engineering Materials* **5**, 837-858 (2003).

[164] C. E. Mortimer: "Chemie - Basiswissen der Chemie", Georg Thieme Verlag, Stuttgart, 6. Auflage, 1996.

[165] S. Virtanen, *persönliche Mitteilung*, Lehrstuhl für Korrosion und Oberflächentechnik, Universität Erlangen-Nürnberg, Erlangen, 2007.

[166] O. Lunder, J. C. Walmsley, P. Mack und K. Nisancioglu: "Formation and characterisation of a chromate conversion coating on AA6060 aluminium", *Corrosion Science* **47**, 1604-1624 (2005).

[167] M. Bobby Kannan und V. S. Raja: "Hydrogen embrittlement susceptibility of over aged 7010 Al-alloy", *Journal of Materials Science* **41**, 5495-5499 (2006).

[168] I. N. Bronstein, K. A. Semendjajew, G. Musiol und H. Mühlig: "Taschenbuch der Mathematik", Verlag Harri Deutsch, Frankfurt am Main, 4. Auflage, 1999.

[169] J. K. Park und A. J. Ardell: "Microchemical Analysis of Precipitate Free Zones in 7075-Al in the T6, T7 and RRA Tempers", *Acta Metallurgica et Materialia* **39**, 591-598 (1991).

[170] J. Wloka, T. Hack und S. Virtanen: "Repassivation Kinetics of Al-Alloys for Aircraft Structures" in Passivation of Metals and Semiconductors, and Properties of Thin Oxide Layers, Paris, P. Marcus und V. Maurice (Hrsg.), Elsevier, 2006.

[171] Y. A. Filatov, V. I. Yelagin und V. V. Zakharov: "New Al-Mg-Sc alloys", *Materials Science and Engineering* **A 280**, 97-101 (2000).

[172] F. Vollertsen und S. Vogler: "Werkstoffeigenschaften und Mikrostruktur", Carl Hanser Verlag, München, 1. Auflage, 1989.

[173] W. Bergmann: "Werkstofftechnik - Teil 1: Grundlagen", Carl Hanser Verlag, München, 4. Auflage, 2002.

[174] R. Hermann, S. S. Birley und P. Holdway: "Liquation cracking in aluminium alloy welds", *Materials Science and Engineering* **A212**, 247-255 (1996).

[175] J. Wloka, H. Laukant, U. Glatzel und S. Virtanen: "Corrosion Properties of Laser Beam Joints of Aluminium with Zinc-Coated Steel", *eingereicht bei Corrosion Science* (2007).

[176] R. G. Buchheit: "A Compilation of Corrosion Potentials Reported for Intermetallic Phases in Aluminum Alloys", *Journal of The Electrochemical Society* **142**, 3994-3996 (1995).

Printed by Books on Demand GmbH, Norderstedt / Germany